大数据技术与应用

数据密集型计算和模型

童维勤 黄林鹏
主编

上海科学技术出版社

图书在版编目(CIP)数据

数据密集型计算和模型 / 童维勤，黄林鹏主编．—上海：上海科学技术出版社，2015．1(2023．8 重印)
(大数据技术与应用)
ISBN 978-7-5478-2269-2

Ⅰ．①数… Ⅱ．①童… ②黄… Ⅲ．①计算模型 Ⅳ．①TP301

中国版本图书馆 CIP 数据核字(2014)第 133107 号

数据密集型计算和模型
童维勤　黄林鹏　主编

上海世纪出版(集团)有限公司
上海科学技术出版社 出版、发行
(上海市闵行区号景路159弄A座9F-10F)
邮政编码 201101　www.sstp.cn
苏州市古得堡数码印刷有限公司印刷
开本 787×1092　1/16　印张 15
字数 330 千字
2015 年 1 月第 1 版　2023 年 8 月第 5 次印刷
ISBN 978-7-5478-2269-2/TP·26
定价：88.00 元

内容提要

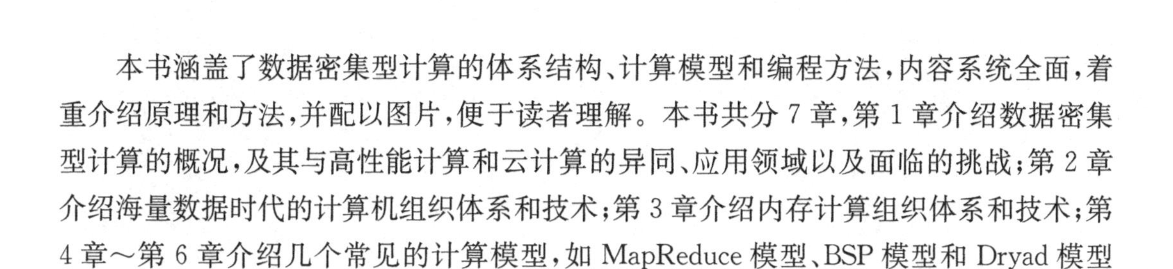

本书涵盖了数据密集型计算的体系结构、计算模型和编程方法，内容系统全面，着重介绍原理和方法，并配以图片，便于读者理解。本书共分 7 章，第 1 章介绍数据密集型计算的概况，及其与高性能计算和云计算的异同、应用领域以及面临的挑战；第 2 章介绍海量数据时代的计算机组织体系和技术；第 3 章介绍内存计算组织体系和技术；第 4 章～第 6 章介绍几个常见的计算模型，如 MapReduce 模型、BSP 模型和 Dryad 模型等；第 7 章综合介绍一些专门领域的计算模型，如 All - Pairs 模型等。

本书主要读者对象是信息技术领域的从业者以及广大的计算机学科及其相关学科的师生。

大数据技术与应用

学术顾问

大数据技术与应用

编撰委员会

本书编委会

主　编

上海大学　**童维勤**

上海交通大学　**黄林鹏**

编　委

国防科学技术大学　**谢伦国**

上海大学　**支小莉**

上海科学院　**吴俊伟**

中国电信股份有限公司上海分公司　**廖文昭**

前 言

随着大数据时代的到来，适应数据密集型应用的计算模型与体系结构的研究以及平台应用技术的发展均呈现出快速增长态势。

大数据所特有的海量规模、急剧增长、移动变化和结构多样等特征，给计算机体系结构的计算、存储、网络等部件的设计提出了诸多新的挑战，众核架构、混合异构、分布存储、内存计算、软件定义基础设施等概念和技术层出不穷。蓬勃发展和不断演变的各种新技术给科学工作者和工程技术人员全面了解大数据时代的计算模型和体系结构带来了许多困难。

另外，针对不同的数据类型特点和数据处理流程，新的计算模型和新的计算平台不断涌现。目前，数据密集型计算模型繁多，那么，这些模型产生的动机是什么？它们之间又有着什么样的联系？它们分别适合于哪些类型数据的处理？从业者为了熟练掌握数据密集型计算技术需要进行大量的摸索和实践，但目前系统介绍这方面技术和知识的资料文献还比较欠缺。

本书试图阐述大数据时代数据密集型计算技术对于数据分析和处理的核心支撑作用，并系统地介绍当前主流的适合数据密集型计算的体系结构和计算模型，以使相关领域的从业者能一书在手、了然于胸，亦使广大计算机以及相关专业的教师和学生能在短时间内通过阅读本书而对信息技术的这个前沿话题有个大致了解，这既是本书的目的，也是编者的心愿。

在计算机体系结构方面，本书主要介绍计算、存储、网络等功能部件，并从软件定义基础设施的角度进行统一阐述，此外，还讨论了抽象资源管理技术，并对当前较为流行的虚拟资源管理系统进行了横向对比。本书还将重点介绍目前备受关注的内存计算技术。近年来，材料技术的巨大进步使得过去停留在概念阶段的内存计算技术得到了前所未有的发展和应用，本书将详细阐述内存计算技术给大数据处理带来的性能提高并讨论其对系统架构和系统软件设计的影响。

在计算模型方面，本书重点介绍了成熟的 MapReduce、BSP（Bulk Synchronous Parallel）、Dryad 等计算模型并对其适用性进行分析。MapReduce 模型适用于处理用键值对表示的密集型数据，本书阐述了 MapReduce 模型的基本原理及执行机制，并详细介绍了针对 MapReduce 模型的若干改进以及基于 MapReduce 模型的编程框架。BSP 模型是一种桥接模型，用来架起并行体系结构和并行编程语言之间的桥梁，本书介绍了 BSP 模型的产生背景、基本概念、基本原理和发展概况，分析了 BSP 模型的优缺点，并重点介绍了基于 BSP 模型用于大数据分析和处理的并行编程框架。针对 Dryad 架构，本书详细讨论分布式文件系统 Cosmos、执行引擎 Dryad 以及运行在 Dryad 之上的编程语言 DryadLINQ 和 SCOPE。另外，本书第 7 章还对一些用于专门领域的新兴并行计算模型进行了介绍。

本书第 1 章～第 3 章由童维勤、黄林鹏、谢伦国、廖文昭和吴俊伟组织编写，第 4 章～第 7 章由童维勤、黄林鹏和支小莉组织编写，全书由童维勤、黄林鹏组织统稿。上海大学计算机学院的博士研究生刘晓东、高强、申超，硕士研究生林凯、胡超、张利平、万浩然、鲁圣鹏做了大量的素材收集和整理工作，在此一并致谢。

本书虽数易其稿，几经增删，但由于编者水平有限，错误和不当之处在所难免，恳请广大读者朋友批评指正。

作 者

目 录

第5章 BSP 模型 147

第6章 Dryad 模型 177

第1章

绪论

人类社会的快速发展使得反映人类生活和生产活动的数据急剧增加，同时数据类型也日渐丰富。如何对海量的、非结构化的和快速增长的数据进行分析和处理成为一个亟待解决的问题。数据密集型计算作为大数据处理的一种核心支撑技术得到了广泛的应用，它基于并行计算模型和高性能计算机系统对海量数据进行分析处理，以满足数据应用的需求。本章将从数据密集型计算的概念开始，对大数据时代的数据密集型计算技术、数据密集型计算与高性能计算和云计算的关系、数据密集型计算的应用领域，以及大数据带来的挑战等内容进行介绍。

1.1 数据密集型计算概念

并行应用可以划分为计算密集型和数据密集型两类。计算密集型应用是指那些需要大量计算资源和计算的应用，这类应用往往处理的数据量较小，但需要大量的计算，它们把大部分执行时间花费在计算上而不是数据的输入/输出上。在对计算密集型应用进行并行处理时，首先需要对应用的算法并行化，之后整个处理过程将被分解成多个独立的任务，这些任务将在计算平台上并行执行，以达到比串行处理更高的性能。在计算密集型应用并行化运行过程中，多个计算作业同时进行，每个计算作业解决问题的一小部分，这通常被称作函数并行化或控制并行化[1]。

数据密集型应用是指那些需要处理大量数据和大量输入/输出的应用，这类应用要处理的数据量较大，它们把大部分执行时间用于数据的处理和输入/输出上。在对数据密集型应用进行并行处理时，首先需要把大量数据分割成多个小数据块，每块数据用统一的并行算法在计算平台上执行，最后每个数据块得出的执行结果将被合成为一个完整的输出结果[2]。因此，数据密集型应用中最重要的问题包括：怎样管理和处理以指数速度增长的数据、怎样缩短对大量数据分析的周期以支持实时应用，以及如何开发支持大量数据检索、处理的新算法[3]。

这两类应用可以用图 1-1 表示[4]。其中，右下象限表示计算密集型问题，大型的计算密集型应用目前主要使用高性能计算机来求解。而数据密集型计算的研究则主要针对图中上半部分两个象限的问题展开。与传统的高性能计算相比，数据密集型计算不仅要具备存储大规模数据集和高速 I/O 传输的能力，还要处理复杂的数据计算、数据分析和数据可视化问题。

数据密集型计算(Data Intensive Computing, DIC)目前尚未统一定义。在《数据密集

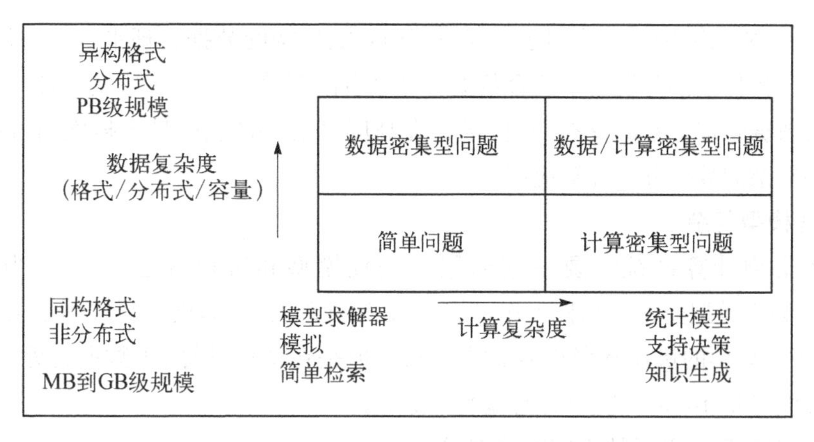

图 1-1 数据/计算密集型计算

型计算手册》这本书中,数据密集型计算是指能推动前沿技术发展的对海量和高速变化的数据的获取、管理、分析和理解[5]。维基百科(Wikipedia)将数据密集型计算定义为采用数据并行方法实现数量达 TB(太字节,1 TB=10^{12} BYTE)或 PB(拍字节,1 PB=10^{15} BYTE)级数据并行计算应用。本书如下定义数据密集型计算:

数据密集型计算是用可扩展的并行方式来解决大量数据的即时处理,以及支持这种并行处理的有关软硬件技术,包括算法、计算模型、软件平台、硬件体系结构和系统等。数据密集型计算是大数据的核心支撑技术。

数据密集型计算的特征体现在复杂的数据与计算的多样性、复杂的编程模型、非本地计算等方面,主要包括以下四点[6]:

1) 数据密集型计算处理的数据是大规模、快速变化、分布式和异构的

数据密集型应用的数据可达到 PB 级,所以传统的数据存储、索引技术已经不再适用。即使是执行非常简单的查询操作,在数据密集型计算下也会变得十分复杂,例如以 80 MB/s 的速度从 1 GB(吉字节,1GB=10^9 BYTE)数据中顺序扫描需要 12.5 s。如果数据量变成 1 PB,那么就需要 145 d,这对于任何一个计算任务来说都无法接受。这些数据呈现出地理上分布的、数据模型异构的、表达方式多样的等特征,这些都给访问、整合造成了诸多不便。数据的源头各不相同导致数据格式的多样性和异构性,也导致除了传统的结构化数据存在以外,半结构化和非结构化数据也大量涌现。另外,这些数据的快速变化对数据实时处理提出了要求,传统的静态数据库管理技术很难满足需求。

2) 计算具有多种含义

“计算”包括从数据管理到分析、理解的全过程[7]。一些科学研究领域,例如地球科学、天文学,会使用非常复杂的计算模型。在这些计算过程中,问题的局部优化计算和数据管理的计算复杂度对计算模型提出了新的挑战。

数据密集型计算中的数据处理操作除了包括搜索、查询和其他传统数据处理操作以外,还包括数据分析理解等智能处理操作。数据的分析理解过程不只表示简单的数据分析挖掘算法，它还要求算法能够适用于大规模、分布式、异构的数据管理平台。为每一个数据存储、索引、分析任务都开发一个适合数据管理平台的新算法显然无法实现，因此数据密集型计算需要数据管理平台的支持，它要求存在高度灵活、可定制、易于搜索、查询和分析的工具以支持复杂的数据分析理解应用。

3）编程模型复杂

数据密集型计算系统需要一些通用的编程模型和编程方法。例如，当前流行的MapReduce编程模型简化了编程工作，提高了数据处理的效率，被广泛应用于索引系统、机器学习、基于统计学的机器翻译以及日志分析。但是在迭代计算、小数据集处理和数据实时处理等方面，MapReduce模型的处理效率低下。

4）数据密集型计算通常不在本地完成

数据密集型计算需要大规模的高性能存储计算平台，用户本地计算机显然不能胜任。为此，让远程服务器提供给用户Web服务接口是一种简单有效的解决方法。不同于高性能计算，用户的请求可能包括数据采集、预处理和数据分析过程。在这些复杂的过程中，数据密集型计算服务接口必须要提供完整的功能说明，使得客户端和服务器之间具有良好的交互。

数据密集型计算的这些特征，在面对当前常见的PB或ZB(泽字节，1 ZB=10^{21} BYTE)量级的海量数据处理和请求任务时，会对当前的高性能计算机和集群系统造成很大的难题，诸如高并发微处理器设计、高性能读写(I/O)存储、低功耗设计方法等研究课题也应运而生[8]。2007—2008年，卡耐基·梅隆大学等相继提出了“数据密集型超级计算”(Data Intensive Supercomputing)和“数据密集型可扩展计算”(Data Intenseive Scalable Computing)的概念，数据密集型计算在新时代背景下面临与以往不同的新的问题和挑战。

1.2 大数据时代的数据密集型计算技术

当前的数据密集型计算呈现出多样化的格式、严格的时间限制、复杂的底层分布构架等特点。以下为数据密集型计算的典型例子[4]：

(1) LSST(The Large Synoptic Survey Telescope，大型综合巡天望远镜)项目每年将生成PB级的新图像和日志。SKA(The Square Kilometer Array，平方千米阵)项目每秒将生成约200 GB的原始数据并需要PFLOPS乃至EFLOPS的处理速度来得出详细的天空图谱。处理这个数量级的数据并用科学社区使用的格式来表示是个很大的挑战。

(2) 预测、检测、回应网络攻击要求入侵检测系统能以GB级的速度来处理网络包。理想情况下，这些系统应该在几小时几分钟甚至几秒钟内得出可使用的结果，以使防御操作可以在攻击发生时即时启动。

(3) Internet Archive(www. archive. org)、MySpace(www. myspace. com)这些站点存储了大量必须在几秒钟内处理、检索、发布给全因特网用户的内容。这一数据规模对系统构架和算法极具挑战。

当前,数据密集型计算面临的数据规模不断扩大,远远超出了之前研究者的预期[8],数据密集型计算正面临来自“大数据”的挑战。

随着大数据时代的到来,商业、政府组织不断产生大量结构化的、半结构化的以及非结构化的信息。Google 的 Vinton Cerf 曾把这一现象称为“信息雪崩”,并指出“必须在信息量无止境的淹没我们之前治理因特网的能量”[9]。对这些信息进行检索、分析、挖掘以及可视化的基本前提是实现对大量数据的存储、访问、处理技术,而如何实现这些技术是当前面临的巨大挑战[10]。2003 年,LexisNexis 公司把这些问题定义为“数据鸿沟”现象,即收集的信息量远远超过有效使用量的一种现象。

为了解决“数据鸿沟”问题,亟须开发可扩展的数据密集型系统。同时,为了解决大数据时代面临的种种问题,数据密集型计算系统要满足一些必要的要求。这些要求可以概括为:

(1) 并行编程中解决数据并行执行的方法;

(2) 有高可靠性、高效率、高可用性、高扩展性的数据密集型计算平台;

(3) 编程模型、编程语言、支持并行表达式的算法等编程抽象;

(4) 识别出符合当前并行化编程抽象的应用,判断如何改进当前并行化编程抽象以支持新出现的数据密集型应用。

这四个方面,概括了大数据时代数据密集型计算的硬件和软件需求,也是大数据时代数据密集型计算呈现出的与以往时期不同的主要方面。美国太平洋西北国家实验室指出,“开发新型的、可以快速扩展的、能以高效率提供即时分析处理结果的软硬件和算法是解决高速增长的数据量的必要条件”[11]。由此可见,计算平台的扩展性、编程模型的多样性、新算法的时效性是当前大数据时代的数据密集型计算所亟待解决的问题。

1.3 数据密集型计算与高性能计算、云计算的关系

互联网将全世界的企业和个人连接起来,人们对软件的认识和使用已经发生改变,由此给计算模式带来一系列挑战。数据密集型计算和高性能计算、云计算这三种计算模式既有关联,又有区别。

1.3.1 数据密集型计算与高性能计算

高性能计算(High Performance Computing, HPC)通常是一个计算机集群系统,通过

各种互连技术将多个计算机系统连接在一起,利用所有相连接系统的综合计算能力来处理大型计算问题,所以又称为高性能计算集群。由于计算集群利用多台计算机进行并行计算,因此其计算速度比一台计算机的计算速度快得多。长期以来,HPC 的主要应用领域是科学与工程计算,诸如高能物理、核爆炸模拟、气象预报、石油勘探、地震预报、地球模拟、药品研制、CAD 设计中的仿真与建模、流体力学的计算等。目前,有多种 HPC 系统存在,其范围囊括了从标准计算机大型集群到高度专用的硬件体系结构[12]。

数据密集型计算所处理的对象是数据,是围绕数据而展开的计算,其计算方式不同于传统的高性能计算,事实上 HPC 系统并不完全适合于数据密集型计算。首先,HPC 系统动辄高达数百万甚至上千万元的价格,使其很难应用到民用领域;其次从技术角度看,HPC 的计算方式需要将数据从存储节点传输到计算节点,而对于高达 PB 级的海量数据而言,数据读取的时间将远高于数据处理所需的时间。

数据密集型计算面向的是海量数据的处理,这些处理任务应最大限度在存储节点本地进行,避免数据的迁移,因此数据密集型计算系统中的计算和存储应是一体化的,节点之间是对等的。

当大规模计算的数据量达到 PB 级时,传统的高性能计算系统的存储子系统难以满足海量数据处理的读写需要。数据密集型计算系统在系统结构方面面临的最大挑战是如何在存储超大规模数据量的同时保证存储系统与计算系统之间的 I/O 带宽[13]。由于数据密集型计算处理的数据呈现出大规模、快速变化、分布式和异构等特征,因此容错是急需解决的问题。目前被广泛采用的方法是数据冗余,通常一份数据存储有多个副本,分别存储在不同的节点上,从而提高系统的性能和访问容错[14]。

1.3.2 数据密集型计算与云计算

云计算(Cloud Computing)是一种基于互联网的计算方式,通过这种方式,共享的软硬件资源和信息可以按需提供。云计算建立在一个高效的、高度自动化的、虚拟化的 IT 基础架构上。

云计算可以根据需求提供三种不同的服务模式:① 基础设施即服务(Infrastructure as a Service, IaaS),它向最终用户提供计算能力、存储、网络等资源,用户可以选择不同的操作系统,定制应用程序,然后按照使用资源的情况支付费用。② 平台即服务(Platform as a Service, PaaS),它是一个更高层次的抽象,提供开发环境,托管应用程序。③ 软件即服务(Software as a Service, SaaS),它通过客户端接口向最终用户提供访问应用服务。在数据密集型应用中,使用者需要一个能够提供强大计算能力、海量存储空间、高速互联网络的硬件环境,并且这个硬件环境最好是动态灵活可伸缩的,在这个硬件环境上运行的应用最好可以方便地提供给使用者。而云计算所提供的三种不同的服务模式恰恰可以满足数据密集型应用对运行环境及交付方式的要求。特别是在计算能力和存储能力方面,云计算为数据密集型应用提供了非常可观的支持。

云计算是分布式计算(Distributed Computing)、并行计算(Parallel Computing)和网格计算(Grid Computing)的发展。它不仅能提供网格计算所具有的分布式计算能力,还具有网格计算所不具备的处理多用户大量请求的能力。

云存储是一种网络在线存储(Online Storage)模式,即把数据存放在通常由第三方托管的多台虚拟服务器上。云存储通常需要几十台到几百台服务器来保证系统冗余。云存储具有高度可扩展性以保证服务的运营者可以在需要的时候动态无缝地调整容量。

目前,有许多数据密集型应用被部署在云上。得益于云计算所提供的并行计算能力、弹性存储能力以及高可用性,应用的开发者和运营者能够方便快捷地将应用提供给使用者。

1.4 数据密集型计算的应用领域

数据密集型计算有着广泛的应用领域,其中主要包括社会管理、教育、医疗、交通、农业、金融、食品安全、科学、制造和电力等多个领域。哪里有大量数据的产生及分析需求,哪里就有数据密集型计算应用。

1.4.1 社会管理领域

近些年来,飞速的城市化进程和愈加复杂的社会关系以及日趋严峻的国际恐怖主义问题三者夹杂在一起,使得我国的社会管理受到了前所未有的挑战。在这一情况下,如何保证人民群众的生命及财产安全,把握社会舆论导向,及时公布政务信息,已经成为国家管理者及社会公众所日益关心的问题。数据密集型计算技术,可以为这些问题提供良好的解决途径,海量社会信息在数据密集型计算技术的作用下能够纵向、横向地全方位关联到一起并得到充分的提炼和挖掘,从而为社会管理提供各个方面的帮助。

1.4.1.1 公共安全

1) 反恐

通过截获通信双方的通信时间、地点、设备、参与者、电话及邮件等内容,并对通信内容、关键词以及对互联网上其他数以亿兆计的数据进行存储和分析,调查人员可以快速地发现海量信息中与被监控对象相关的重要线索。比如,如果一个国内的恐怖分子用电子邮件与海外同伙进行了联系,那么他们之间的发信时间、地点、设备、频率等基本数据将会被收集到数据库中。以往,这样的信息是相对孤立的,不能形成有价值的破案线索,安全部门会把更多精力放在搜集信件内容上。而通过数据密集型计算技术,这些相互关联的繁杂信息在经过计算机的分析后，就会显露出以前不易察觉的规律，从而形成有效的反恐情报。

2）信息安全

如果能够将全球骇客在什么样的时间、攻击什么样的网站、使用什么样的攻击工具、有着什么样的配合等攻击事件的详细信息进行记录，那么这些海量的数据在经过多维度的自动整合与输出后，能够生成漏洞支持库、骇客行为特征库、全球被骇客站库等数据库。信息安全部门在将这些数据库进行横向或纵向匹配后，能够根据那些看似不相关的蛛丝马迹，判断出是否有攻击行为发生，甚至锁定攻击者以做到有效、准确的定位及预警。

3）治安执法

大数据还可以用于预防和打击犯罪。研究人员利用大数据来协助警方筛选出有哪些容易受到犯罪分子袭扰的城区，利用大量数据构造各类犯罪高发区的时间及空间犯罪趋势图。另外，在研究一个区域的犯罪概率时，将其相邻区域的各种社会因素列为评估参数能够进一步提高犯罪预警的广度和深度。随着更多社会信息加入到治安执法的数据库中来，能够在额外变量如何影响犯罪率这一问题上得到更准确的结论，帮助公安部门更准确地锁定犯罪易发点、抓获逃犯。

此外，犯罪嫌疑人的生物特征信息，如图像、语音等数据的处理及存储一直是公安部门花费巨大人力和财力成本却又难以高效解决的问题。利用大数据技术，上述问题将会迎刃而解。通过数据密集型计算技术对数据进行分析、挖掘，实现对人像、指纹等信息的比对，卡口等数据的融合处理，公安部门的指挥决策、情报分析将会获得有力的信息支撑，警务系统的整体工作能力也将会因此得到提升，广大公安人员可以从海量数据中解放出来，快速高效地侦破案件。

4）舆情分析

微信、微博、QQ等社交工具的兴起已经改变了人们的交流方式。在使用这些社交工具的过程中，用户留下了大量的使用痕迹，在这些使用痕迹的背后，蕴藏着巨大的信息资源。如果能够充分挖掘这部分信息，国家的决策者就能对人民群众的价值取向、社会价值观等重要情况有更清晰的把握。另外，人民群众的舆论导向可能会随时发生改变，随着这些社交工具的广泛使用，舆论的传播速度和范围将会因为这些社交软件的应用而进一步加快和扩大。通过数据密集型计算技术对社交工具上收集的海量通信数据进行分析，能够准确及时地进行舆情监控。

1.4.1.2 城市管理

社会管理和城市管理是大数据的重要应用领域。我国在经历了一段时间的粗放型经济发展后，环境的破坏和过快的城市化进程，造成流行病的多发、交通的拥堵以及教育资源的不均衡分配。利用大数据技术，城市管理者能够更准确地预测疾病暴发、建立交通模型、合理地分配教育资源。另外，我国城市管理也面临着预算超支、基础设施建设滞后以及在飞速进行的城乡一体化进程中遇到的其他各种各样的问题。通过政府公共数据公开化以及市民生活的数字化，再结合大数据技术，这些城市管理中遇到的问题将能够得到极大的缓解。

1）政务信息发布和传播

客观的市政数据是消除争端、保证社会公平的基础。如何让公民能够及时地获取这些数据，政府还需要依赖更多的产品和技术。而智能手机的兴起跨越了个人与个人、个人与政府之间的数字鸿沟。手机应用软件打通了政府和数以亿计公民之间的信息通道。伴随着国家政务的数字化进程以及政务数据的透明化，利用数据密集型计算技术和通信技术，公民将能准确获得政府信息，了解政府运作效率。

2）公共管理

数据密集型计算技术在公共管理中发挥着越来越重要的作用。急剧扩大的城市规模为公共管理带来了交通、医疗、建筑等各方面的压力，城市管理者迫切需要能够更合理地进行资源布局和调配的方法，而依托数据密集型计算技术所建立起来的智慧城市正是城市公共管理的一个解决方案。智慧安防、智慧交通、智慧医疗、智慧城管等技术的应用，使得城市的管理变得更精确更智能。

3）城市平安

在城市平安管理方面，及时发现和预测公共场合发生了什么异常情况对政府来说非常重要。以北京市的地下室租住问题为例，居住在人防工程中的流动人口有15万左右，而北京市住建委2009年的统计数据显示，北京的1.7万套普通地下室中，还居住着近80万人口。这意味着，在北京市中心城区的地下空间中，住着近百万的流动人口。如此众多的人口居住在狭窄阴暗的地下室内，造成了巨大的治安、防火隐患，如何保证此类地区居民及建筑物安全是一个亟待解决的问题。国外一些城市利用数据密集型计算技术，探索了一些较为有效的解决策略。例如，美国纽约市政府通过对整个城区建筑物的统计分析发现了许多安全隐患爆发的规律。比如，如果发现原来只能容纳6个人，后来却住入了60个人，这样的建筑比较容易发生火灾，而且这些建筑物的逃生口往往被堵塞，危害更大。在此情况下，可以根据危险建筑物的地理分布，有针对性地安排消防力量[15]。

1.4.2 教育领域

在教育中有两个特定的领域会用到数据密集型计算技术：教育数据挖掘和学习分析。教育领域的数据挖掘是通过应用统计学、机器学习等技术对教学和学习过程中收集的数据进行分析的过程。教育领域的数据挖掘能够检验教学理论并引导教育实践。学习分析是利用应用信息科学、社会学、心理学、统计学等技术，对教育管理和服务过程中收集的数据，创建应用程序直接影响教育实践的过程。基于这两点所获得的有效数据，数据密集型计算的应用可以扩展到教育领域的各个方面[16]。

1）教育政策的实证的决策

教育是国家的百年大计，正确的教学方式和教育制度是关乎国家科教兴国战略成败的基石。与数据密集型计算在农业、商业决策中的应用一样，它也可以推进教育界基于教育数据的验证和决策的能力。毫无疑问，数据能够全面和真实地反映和呈现事物的特性、发展状况及规律，相对于完全根据个人经验和直觉做出的决策而言，基于数据的决策更为客观、科学、有效和合理。特别是在当前，我国的高考制度、高校教育方式等教育改革在不断探索和深化的情况下，"用数据说话"是验证教育改革是否沿着正确方向前进的重要依据。

2）学生个性化教育

我国拥有世界上最大的学生群体，相对于数量庞大的学生群体，我国的教师数量、教学资料数量相对较匮乏。面对这一情况，过去学校的教育计划往往是面向大多数学生甚至是成绩优异的学生，学校趋向于将有限的教育资源集中在能给本校带来升学数量、学校声誉等利益的学生身上。这造成了教育资源的分配不公正，成绩较差的学生得不到老师有针对性的辅导和帮助。利用数据密集型计算技术，能够从海量的学生历史数据中挖掘和学生学习有关的规律性信息，更精确地获得学生的个人学习情况和需要获得的帮助。

3）学生成绩实时动态监控

随着人口流动性越来越大和教育区域改革的深化，如何做到教育的个性化，使得每个学生都因材施教，甚至根据每个学生每个学习阶段的情况施教，一直是教育界不懈的追求。而数据密集型计算的一个特点就是数据流速快，处理速度快和时效性强。基于数据密集型计算的智能自适应教学系统可以根据所收集的学生背景、行为、成绩等数据即时决定和随时调整每个学生每一步的学习内容，以及提供相应的反馈和指导[17]。

1.4.3 医疗领域

我国卫生统计部门拥有覆盖国家、省、市、县、乡、村六级的，从业人员达10万人的工作网络，90余万家医疗卫生机构通过统计直报系统上报年报及月报。国家利用这些资源，建立了医疗卫生机构、卫生人力、卫生资源、卫生服务利用、疾病报告与健康监测等大型数据资源库。此外，卫生部门还有覆盖全国31个省份的家庭基本信息、人口基本信息、患病、就医、基本医疗卫生服务利用等200余项指标的数据库。这两种数据库，存储了可进行时间序列分析的一系列海量数据。如果能将这些海量的数据有效地关联在一起，并深度挖掘其潜在价值，将会对我国的卫生事业起到巨大的促进作用。

1）药品的使用和研发

在医药的使用方面，通过对各类医疗卫生数据的分析和处理，如对患者甚至大众的行为和情绪的细节化测量，挖掘其症状特点、行为习惯和喜好等，可以找到更符合个人特点或症状的药品和服务，并针对性地进行调整和优化用药。在医药研发方面，通过数据密集型计算技术分析来自互联网及各大医院数据库中的公众疾病药品需求趋势，确定更为有效的投入产出比，合理配置有限研发资源。除研发成本外，医药公司还能够优化物流信息平台及管理，更快地获取回报，提早将新药推向市场。

2）疾病的诊疗

通过对医疗机构多年采集的居民健康数据进行分析，专家可以对居民健康程度做出诊断，预警可能发生的健康问题，避免慢性病患者病情恶化，减轻居民在医疗方面的开支。对于医疗机构而言，通过对在线问答系统及远程医疗系统产生数据进行分析，医院可以对病人进行预诊和分流，减少医院的门诊负担。通过对当前系统产生的数据及历史数据的大数据分析，医院还能够获得就诊资源的使用情况，实现各医疗部门的科学管理，提高医疗卫生服务的效率，优化医疗卫生资源的科学规划和配置。利用数据密集型计算技术，还能实现个性化医疗，比如基于基因科学的医疗模式。

3）公共卫生管理

数据密集型计算技术可以连接和整合各个卫生部门的公共卫生数据，提高国家对疾病的预报和预警能力，防止疫情暴发。公共卫生部门可以通过覆盖城乡的卫生综合管理信息平台和居民健康信息数据库，及时探测到传染病的流行，进行疫情的监测和传播趋势预告，并通过与政府的传染病预警机制相连接，对疫情进行快速响应，将能有效降低传染病感染率。通过提供及时和广泛的公众健康咨询和科普，将会大幅提高公众健康风险意识，降低传染病感染风险，免除公众在面对传染病威胁时的恐慌心理。

4）居民健康管理

利用多年建立起来的居民医疗档案，数据密集型计算技术可以促进居民健康管理服务，改变现代营养学和信息化管理技术的模式，更全面深入的从环境、心理、运动、营养的角度给每个居民提供全面的健康保障服务，指导居民有效的保护身心健康。另外，大数据可以对患者健康信息进行整合，为疾病的诊断和治疗提供更好的远程数据参考，通过数据挖掘对居民健康进行智能化预防和检测，通过移动设备的位置信息对影响居民健康的环境因素进行分析等，进一步提升居民健康管理水平。

5）健康危险因素分析

互联网、物联网、医疗卫生信息系统及相关信息系统的普遍使用，不断地收集影响居民健康的各方面数据，包括环境、生物、社会、个人习惯、心理、卫生环境、生物遗传等。利用数据密集型计算技术对这些影响居民健康的因素进行比对关联分析，根据不同区域、不同人群的发病特征遴选出影响居民健康的危险因素，进一步制作健康监测评估图谱和知识库，提出有针对性的居民健康干预计划，促进居民健康水平的提高[18]。

1.4.4　交通领域

随着城市的迅速发展，交通拥堵、交通污染日益严重，交通事故频繁发生，这些都是各大城市亟待解决的问题。在这一情况下，及时、高效、准确获取交通数据成为分析交通管理机制、构建合理城市交通管理体系的前提，而数据密集型计算技术可以有效地解决上述问题[19]。

1）交通实时监控

通过数据密集型计算技术可将分散、独立的图像采集点进行联网，实现跨区域、全国范围内的统一监控、统一存储、统一管理、资源共享，并且数据采集系统可扩展支持移动终端，改变传统意义上将视频监控作为静态交通检测方式的观念。另外，通过对大数据分析可以对外提供实时服务，比如，交通事故地点、交通拥挤路段、畅通路段等，可以通过信息广播电台自动将信息发布出去，以最快的速度提供给驾驶员和交通管理人员，实现交通问题的自动处理。因此，数据密集型应用可以跨越行政区域的限制，较好地配置公共交通信息资源，进而促进公共交通均衡性发展。

2）公共车辆管理

采用数据密集型计算技术对车辆进行电子识别，获取车辆的运行信息（如车牌号、车辆位置、车辆违章信息等），同时将车辆信息和道路实时监控信息相结合，构成一个大数据环境，并实现驾驶员与调度管理中心之间的双向通信，以及公共车辆信息与终端的实时链接（如公交车到站时间预测、乘客附近出租车的位置等信息），不仅可以提升商业车辆、公共汽车和出租车的运营效率，还可以提高交通运转效率，促进交通的智能化管理。

1.4.5 农业领域

在我国的产业结构中，农业是第一大产业，是人民安居乐业、国家繁荣昌盛的根基。在大数据时代，农业与大数据必然发生各种联系，利用数据密集型计算技术，将能极大地推动农业的信息化发展。数据密集型计算技术可以应用到销售、灌溉、播种、耕地、杀虫、施肥、收割、育种等各个环节，推动农业产业的跨业务、跨专业发展。

1）面向三农的直接应用

在过去的农业问题决策中，经验往往是做出决定的重要参考，数据密集型计算在农业上的应用将为农业发展的决策提供更有力、更准确的指导，不仅能为农民的生产、生活提供方便，而且将为国家农业的发展和政府决策提供科学、准确的依据。利用面向农业市场的数据密集型计算应用系统，农民在田间地头就能及时获知各种农业产品的市场信息；利用面向农业的移动智能大数据传感器网络，农民将能实时地获得农作物的生长情况。

2）农业数据预测

近些年，农产品的价格起伏不定，价格便宜导致农民权益得不到保证，价格过高导致农民们蜂拥而上开始种植或饲养该农产品。农产品的价格周期问题和农业产品与信息不对称的难题可以通过数据密集型计算技术来解决。通过数据密集型计算技术，能够对农产品的生长、位置、市场、收益等细节全面掌握，过去那种盲目的市场行为必将减少。如果全国所有农户及产品市场的信息可以统一整合，然后通过数据密集型计算技术对庞大的数据进行研究、分析、判断，研究出一个模型，建立信息系统，农业生产将会变得更加科学化[20]。

3）跨农业的数据整合

目前我国的农业生产管理，几乎没有建立在科学的模型基础之上，农民依靠经验来管理生产生活，难免会遇到考虑片面、决策失误等情况。通过将与农业相关的各个行业的各种数据进行存储、分析，将能够为农民的生产管理提供横向的参考依据。大数据驱动的农业，将会使得农民的生产生活更高效、更精细。另外，基于数据密集型计算技术所获得的分析结果，也能够为政府提供农业政策的反馈信息，及时纠正农业生产中的偏差和失误。

1.4.6 金融领域

过去几十年，分析师们都依赖来自 Hyperion、Microstrategy 和 Cognos 的商业智能软件产品的海量数据分析报告。这些商业软件能够很好地得到企业的增长速度、产品利润、销售人员个人业绩等分析结果。然而这些分析结果往往是结构化的数据，如果涉及决策和规划方面的非结构化数据的时候，传统的商业智能软件则不能给出答案。大多数传统商业智能软件都受到以下两个方面的局限：首先，它们都是“预设-抓取”工具，由分析师预先确定收集什么数据用于分析。其次，它们都专注于报告“已知的未知”，也就是知道问题是什么，然后去找答案。而大数据会给出一些未知的未知，也就是没有想到的一些问题的结果[21]。而数据密集型计算技术的引入将为商业领域的决策和规划提供强有力的支撑，通过对海量历史数据及行业内部数据的分析，凭借数据密集型计算技术对非关系型数据处理的先天性优势，商业分析软件将被赋予辅助用户决策和规划的能力。

1）信用评估

从经济的角度理解“信用”，它是指“借”和“贷”的关系。信用实际上是指“在一段限定的时间内获得一笔钱的预期”。比如，借款者借得一笔钱，实际上就相当于借款者得到了对方的一个“有期限的信用额度”，而借款者之所以能够得到对方的这个“有期限的信用额度”，大部分是因为对方对借款者的信任。然而在商业往来中，交易双方不可能总是两个相互熟悉的个人或企业，那么如何减少坏账，提前预警发现不守信用的个人或企业从而拒绝给其提供金融服务是商业生活中一个需要解决的命题。

无论从经济角度还是从人力角度，银行或交易双方都不可能完全依赖人工对申请进行审批，因此需要根据大量客户历史数据建立数学模型，寻找出有关客户信用风险的特征值和规律，然后利用这个数学模型为新的信用申请者或已有的客户进行风险评估。基于数据密集型计算的信用评估系统有着比人工主观判断更客观公正的评判与预测能力，可以大大降低商业活动中诈骗、违约等行为的发生。

2）客户挽留

客户挽留是指运用科学的方法对将要流失的有价值的客户采取措施，争取将其留下的一种营销活动。它将有效地延长客户购买服务的周期，保持企业市场份额和运营效益。数据密集型计算为客户挽留注入新鲜的血液，它利用对海量历史数据的分析，帮助用户分析客户流失的根本原因，预测客户流失的时间规律，甄选流失客户中那些需要挽留的客户，从而保证客户规模，并减少挽留客户所花费的成本。传统上，商家都有业已形成的客户挽留体系，依靠大数据技术，商家能够完善甚至重建他们的客户挽留体系，更精确及时地预测客户的流失，挽留有价值的客户。

3）精准营销

利用大数据技术，企业可以通过对客户的商品购买历史及浏览历史分析，获得客户的购物偏好和消费能力，为客户提供更为精准的产品和服务。也就是说，利用数据密集型计算技术，商家能够精确地预知客户下一步的购买计划并及时地将自己符合客户需求的商品推荐给客户，在激烈的市场竞争中那些能从大数据中提炼出客户需求的企业将更具有市场竞争力。另外，利用大数据分析所获得的结果，企业能够将传统上使用的、面向所有受众的广告投放策略精细化为面向潜在购买者的点投放策略，从而减少广告投放成本、提高广告投放回报。最后，通过分析客户在购买时所搭配购买的商品，商家可以了解顾客购买商品之间的关联度。通过对商品销售数据及商品关联度的分析，可以发现哪些商品搭配在一起销售更能提高商品的销量，从而刺激顾客购买、提高商家商品的销量。

1.4.7 其他领域

1.4.7.1 食品安全

民以食为天，食品安全是关系国计民生的重大问题。近几年来，毒胶囊、镉大米、瘦肉精、洋奶粉等事件不断发生，让人们对食品安全产生了担忧。因此，迫切需要建立食品安全风险监测数据密集型计算平台，专门负责汇聚政府各部门的食品安全监管数据、食品检验监测数据、食品生产经营企业索证索票数据、食品安全投诉举报数据等，并在动态监测中对食品进行及时分析、跟踪、监测和评估，进行食品安全预警，发现潜在的食品安全问题，促进政府部门间联合监管，为企业、第三方机构、公众提供食品安全大数据服务。

1.4.7.2 科学领域

科学数据的爆炸式增长给前沿科学项目带来了巨大挑战，科学计算变得更日益复杂和庞大，但是科学计算的使用者对尽快获得计算结果的要求并没有降低。所以，如何更快速高效地为科学计算提供支撑，成为目前科学计算领域一个亟待解决的问题。

大多数的科学数据分析以分级步骤进行。在第一步中，对数据子集进行抽取，这一工作要通过过滤某些属性（如去除错误的数据）或抽取数据列的垂直子集完成。在第二步中，通常以某种方式转换或聚合数据。而随着数据集的日益增大，传统的高性能计算方法越来越不适应当前的科学计算要求，一个有效的解决方法是尽可能地使分析功能与数据密切结合，使大多数的数据很容易通过集合型的表述语言来表达，这种语言的运用可以从基于成本的查询优化、自动并行化和索引中获得巨大收益[22]。在此基础上，MapReduce、BSP 等数据密集型计算模型将计算用于数据，而非将数据用于计算，已经成为分布式数据分析和计算的普遍范式。同时，为数据密集型计算而设计的分布式体系结构，其简易、低成本和总体高性能的特性足以弥补数据分布式存储和处理额外产生的复杂性。这些数据密集型计算模型和体系结构已经在处理巨量科学计算时显示出了巨大的优势，极大地提高了科学计算的效率。

1.4.7.3 制造领域

制造业的运营越来越依赖信息技术，它的整个价值链和产品的整个生命周期都涉及诸多的数据，并且呈现出爆炸式增长的趋势。同时，随着互联网社区的发展，制造业还需要考虑对互联网上相关的新闻、咨询、文章、博客、QQ群、微博、微信等传播媒介的信息进行监控，为企业的运营服务及时规避风险。因此制造业对大数据的分析与处理提出了迫切的需求。

大数据的管理与应用对制造业的安全和灾备策略起到至关重要的作用，同时合理地利用大数据可以改进制造业的发展，主要体现在以下几个方面：针对科学评价生产系统规划、降低产品缺陷率等需求，建立制造业大数据系统；整合已有的物理工厂、质量体系、工序数据、成本核算等建模数据，建立仿真工厂，对已有的生产实际数据进行生产仿真，模拟工厂运行，为工厂实际建设提供决策依据；收集产品生产过程各环节的实时质量数据，实现敏捷的一体化质量监测和管控，并支持产品质量追溯，形成基于大数据的一贯过程质量控制及分析系统，并向第三方提供服务。

1.4.7.4 电力领域

长期以专业信息系统为主的信息化建设，导致电力生产在发电、输电、变电、配电、用电和调度各个环节的专业数据彼此独立，形成信息孤岛，严重影响了数据潜在价值的挖掘，阻碍了电力业的发展，并且随着数据量的快速增加，对数据的存储和处理也带来了极大的挑战。采用数据密集型计算对电力大数据进行深度分析和处理已经成为必然的趋势。

数据密集型计算技术对电力领域的改进主要体现在以下几个方面：针对智能电网建设、维护和管理的需求，收集发电厂实时运行数据，建立发电厂数字仿真模型，为提高生产安全性、提高发电效率（降低单位电能煤耗、厂用电指标）提供决策依据；实时收集电网电力资产状态数据，实现电力资产在线状态检测、电网运行在线监控、主动安全预警及调度维保，保障电网可靠高效运行；快速收集用电数据，为需求响应、负荷预测、调度优化、投资决策提供支持。

1.5 大数据带来的挑战

随着数据的规模和种类越来越多，对数据集成、分析、处理等提出了新的需求，数据密集型计算面临着新的挑战。

1.5.1 大数据集成

1）广泛的异构性

传统的数据集成中也会面对数据异构的问题，但是在大数据时代这种异构性出现了新的变化，主要体现在[23]：① 数据类型从以结构化数据为主转向结构化、半结构化、非结构化三者的融合。② 数据产生方式的多样性带来的数据源变化。传统的电子数据主要产生于服务器或者个人电脑，这些设备位置相对固定。随着移动终端的快速发展，手机、平板电脑、GPS（Global Positioning System）等产生的数据量带有很明显的时空特性。③ 数据存储方式的变化。传统数据主要存储在关系数据库中，但越来越多的数据开始采用新的数据存储方式来应对数据爆炸，比如存储在 Hadoop 分布式文件系统（Hadoop Distributed File System，HDFS）中。这就必然要求在集成的过程中进行数据转换，而这种转换的过程是非常复杂和难以管理的。

2）数据质量

数据量大并不能代表信息量或者数据价值增大，相反可能意味着垃圾信息的泛滥。一方面很难有单个系统能够容纳下从不同数据源集成的海量数据；另一方面，如果在集成的过程中仅仅简单地将所有数据聚集在一起而不作任何的数据清洗，会使得过多的无用数据干扰后续的数据分析过程。因为相对细微的有用信息混杂在庞大的数据量中，因此大数据时代的数据清洗过程必须更加谨慎。如果信息清洗的粒度过细，很容易将有用的信息过滤掉；清洗粒度过粗，又无法达到真正的清洗效果，因此在数据的质与量之间需要进行仔细的考量和权衡[23]。

1.5.2 大数据分析

传统意义上的数据分析主要针对结构化数据展开，且已经形成了行之有效的分析体系。但是随着大数据时代的到来，半结构化和非结构化数据量的迅猛增长，给传统的数据分析技术带来了巨大的冲击和挑战，这也是数据密集型计算的难题，主要体现在以下几个方面[23]：

1）数据处理的实时性

随着大数据时代的到来，更多应用场景的数据从离线分析转向了在线分析，开始出现实时处理的需求。大数据时代的数据实时处理面临着一些新的挑战，主要体现在数据处理模式的选择及改进。在实时处理的模式选择中，主要有三种思路：即流处理模式、批处理模式以及二者的融合。虽然已有一些研究成果，但是仍未有一个通用的大数据实时处理框架。各种工具实现实时处理的方法不一，支持的应用类型都相对有限，这导致实际应用中往往需要根据自己的业务需求和应用场景对现有的这些技术和工具进行改造才能满足要求。

2）动态变化环境中索引的设计

关系数据库中的索引能够加速查询速率，但是传统的数据管理中模式基本不会发生变化，因此在其上构建索引主要考虑的是索引创建、更新等的效率。大数据时代的数据模式随着数据量的不断变化可能会处于不断的变化之中，这就要求索引结构的设计简单、高效，能够很快地适应数据模式变化。在数据模式变更的假设前提下设计新的索引方案将是大数据时代的主要挑战之一。

3）先验知识的缺乏

传统数据分析主要针对结构化数据展开，这些数据在以关系模型进行存储的同时隐含了这些数据内部关系等先验知识，比如知道所要分析的对象会有哪些属性，通过属性又能大致了解其可能的取值范围等。这些知识使得数据分析在分析过程之前就已经对数据有了一定的理解。而在面对大数据分析时，一方面半结构化和非结构化数据大量存在，很难以类似结构化数据的方式构建出这些数据内部的正式关系；另一方面很多数据以流的形式源源不断地到来，这些需要实时处理的数据很难有足够的时间去建立先验知识。

1.5.3 计算机体系结构面临的挑战

大数据也给经典的计算机体系结构带来了挑战。在计算部件方面，面对海量数据，仅具有一个逻辑处理单元的 CPU 所能提供的数据吞吐量和处理速度已经不能满足数据处理的需要。为使数据的使用者尽快地获得数据的计算和分析结果就需要有更快的计算部件出现。CPU 体系结构的发展为该问题的解决提供了强有力的硬件支持，多核、众核、CPU+GPU 混合结构的出现使得计算机系统单机的处理能力得到了质的飞跃，同时利用集群技术，海量的数据可以被分配到众多单机系统里同时处理，进一步提高了计算机系统对海量数据的处理速度。

在存储部件方面，大数据对传统存储设备提出了两个方面的挑战，一个是如何快速地访问如此多的数据，另一个是如何为海量的数据提供存储空间。为了迎接第一个挑战，片上存储技术和内存计算技术通过将重要数据暂存于快速存储器之上来提高数据的访问速度。为了迎接第二个挑战，分布式存储技术通过建立存储集群，将海量数据分散地保存于各个存储节点之上来为数据的存储提供无限的扩展空间。

在网络部件方面，依托经典的七层网络结构所建立的数据中心，虽然依旧能够胜任海量数据的存储，但是却越来越不适用于海量数据的处理。为了快速处理海量的数据，面向大数据处理的数据中心应该具备动态地、灵活地分配任务和资源的体系特征，将数据分配到合适的计算节点上处理，并尽量减少数据的流动。同时，面向大数据的数据中心之间还应该具有 2 层和 3 层网络连接，使得地理上分散的数据中心之间能够灵活的分配工作负载，避免访问热点的产生。

可见，为了迎接大数据对计算机体系结构的挑战，引入了复杂的计算部件、存储部件、网络部件。如何能够统一高效地管理这些硬件资源,又成了摆在大数据研究和工程人员面前的一道难题。软件定义部件试图将这些复杂的硬件资源抽象成资源池,并通过虚拟资源管理系统加以控制,从而使得资源的使用更方便、更灵活。

1.5.4 编程模型面临的挑战

海量数据分析通常在概念上比较简单,比如对索引进行排序、计算给定日期内最常用的查询等。由于输入的数据非常大,为了能在合理的时间内处理完数据,计算通常分布到成百上千台计算机上去执行。如何分布数据、如何并行计算、如何处理失效等相关问题合在一起就会导致原本简单的计算淹没在为解决这些问题而引入的代码中,导致应用程序非常复杂。这对编程模型提出了以下新的挑战[24]:

1) 编程模型的易用性

编程模型为开发人员提供一个简洁而强大的编程抽象,让开发人员可以轻松地编写在成百上千台计算机上并行执行的程序。开发人员只需要关注要解决的问题,不需要关心应用程序在大规模集群上运行的细节(如数据分布、任务调度和容错处理等)。编程模型对开发人员隐藏这些细节,有助于应用程序清晰地表达对数据的处理过程,使得代码更容易理解、重用和维护,从而最大限度地减轻开发人员编程的负担。

2) 编程模型的性能

编程模型除了要保证应用程序在大规模集群上能够高效率、高可靠和可扩展地运行外,也要允许多个作业并行的运行、共享集群资源,提高整个集群的资源利用率和作业的吞吐量。在大规模集群系统上高效地实现一个编程抽象需要面临很多的挑战。例如,如何尽量利用本地数据以减少网络传输,如何解决机器的异构性问题,如何保证作业之间的公平性等。

◇参◇考◇文◇献◇

[1] Ahmar Abbas. Grid computing: practical guide to technology & applications[M]. Charles River Media, 2004.

[2] Nyland L S, Prins J F, Goldberg A, et al. A design methodology for data-parallel applications[J]. IEEE Transactions on Software Engineering, 2000, 26(4): 293 - 314.

[3] Gokhale M, Cohen J, Yoo A, et al. Hardware technologies for high-performance data-intensive

computing[J]. IEEE Computer, 2008, 41(4): 60 - 68.

[4] Gorton I, Greenfield P, Szalay A, et al. Data-intensive computing in the 21st century [J]. Computer, 2008, 41(4): 30 - 32.

[5] Furht B, Escalante A. Handbook of data intensive computing[M]. Springer, 2011.

[6] Wu Yanhui, Li Guoqing, Wang Lizhe, et al. A review of data intensive computing[C]. The 12th IEEE International Conference on Scalable Computing and Communications, ScalCom, 2012: 1 - 6.

[7] 吴信才,白玉琪,郭玲玲. 地理信息系统(GIS)发展现状及展望[J]. 计算机工程与应用,2000,829(4): 38.

[8] 肖侬,赖明澈. 数据密集型计算系统结构[J]. 中国计算机学会通讯,2011,7(7): 8 - 12.

[9] Cerf V G. An information avalanche[J]. Computer, 2007, 40(1): 104 - 105.

[10] Berman F. Got data?: a guide to data preservation in the information age[J]. Communications of the ACM, 2008, 51(12): 50 - 56.

[11] Kouzes R T, Anderson G A, Elbert S T, et al. The changing paradigm of data-intensive computing [J]. IEEE Computer, 2009, 42(1): 26 - 34.

[12] 迟学斌,赵毅. 高性能计算技术及其应用[J]. 中国科学院院刊,2007(22): 307 - 313.

[13] 廖小飞,范学鹏,徐飞李,等. 数据密集型大规模计算系统[J]. 计算机学会通讯,2011,7(7): 33 - 40.

[14] 宋杰,李甜甜,闫振兴,等. 数据密集型计算中负载均衡的数据布局方法[J]. 北京邮电大学学报,2013,36(4): 76 - 80.

[15] 吕本富. 大数据背景下的智慧城市建设. 智慧城市在中国,2011(2): 25 - 29.

[16] 陆璟. 大数据及其在教育中的应用[J]. 上海教育科研,2013(9): 5 - 22.

[17] 沈学珺. 大数据对教育意味着什么[J]. 上海教育科研,2013(9): 9 - 13.

[18] 周光华,辛英,张雅洁,等. 医疗卫生领域大数据应用探讨[J]. 中国卫生信息管理杂志,2013,10(4): 296 - 304.

[19] 上海推进大数据研究与发展三年行动计划(2013—2015 年)[DB/OL]. http: //www. stcsm. gov. cn/gk/ghjh/333008. htm.

[20] 蔡书凯. 大数据与农业: 现实挑战与政策[J]. 电子商务,2014(1): 3 - 4.

[21] 杨池然. 跟随大数据旅行[M]. 北京: 机械工业出版社,2013.

[22] 潘教峰. 第四范式: 数据密集型科学发现[M]. 北京: 科学出版社,2012.

[23] 孟小峰,慈祥. 大数据管理: 概念,技术与挑战. 计算机研究与发展[J],2013,50(1): 146 - 169.

[24] 王鹏,孟丹,詹剑锋,等. 数据密集型计算编程模型研究进展[J]. 计算机研究与发展,2010,47(11): 1993 - 2002.

[illegible] Computer, 2008, 41(4): [illegible]

[illegible] Grossman R, Szalay A, [illegible] Data intensive computing in the [illegible] Computer, 2008, 41(4): [illegible]

[illegible] Furht B, Escalante A. Handbook of data intensive computing[M]. Springer, 2011.

[illegible] Xuehui L, Guoning [illegible] A review of data intensive computing[C]. The 12th IEEE International Conference on Scalable Computing and Communications [illegible] 2012 [illegible]

[illegible]

[illegible] Computer, 2008 [illegible]

[illegible]

[illegible] Kouzes R T, Anderson G A, Elbert S T, et al. The changing paradigm of data-intensive computing[J]. IEEE Computer, 2009, 42(1): 26–34.

[illegible]

第2章

大数据时代的计算机体系结构

在大数据时代，传统计算机体系结构的计算、存储、网络等部件已经逐渐不能适应数据的爆炸性增长以及商业模式的快速变迁。为此，研究者们相继提出了云计算、大数据等面向海量数据处理的新型数据处理模型。这些面向海量数据处理的数据处理模型，一方面依托既有的、面向海量数据处理的硬件资源如多核、众核、分布式存储、数据中心网络等，以期能够迅速、经济地形成生产力；另一方面，为了进一步挖掘新型数据处理模型的性能，并且更灵活地分配系统中的硬件资源，研究者提出了软件定义基础设施等新概念技术，以期从系统软件层面对海量数据的处理提供支持。

2.1 计算部件

自计算机诞生至今，计算机的计算能力经历了翻天覆地的变化，计算部件的变化直接反映了计算机计算能力的变化。工业界通过不断提高 CPU(Central Processing Unit，中央处理器)的内核(Core)频率来提升 CPU 的计算能力，当内核频率的提升遇到瓶颈之后，工业界选择了多核结构，并通过简化内核结构来避免片内线延迟的影响。多核处理器集成了多个独立处理器内核，有效提高了计算能力。但是随着计算密集型计算需求的出现，通过优化多核体系结构来降低多核通信代价的方法变得越来越低效。众核是通过提高制作工艺和减少内核的计算能力，换取处理器内核数量的提高，从而提高计算能力的一种新技术。另外，研究人员也将目光投向了原本用于图形处理的图形处理器(Graphic Process Unit，GPU)，利用 GPU 天然具有的优良并行性处理海量通用任务的处理器一般被称为通用型图形处理器(General Purpose Graphic Process Unit，GPGPU)。为了进一步满足更高的计算要求，集群计算这种以低廉成本获得强大计算能力的计算机系统应运而生。通过高速互联网络，可以将一组相互独立的计算机连接在一起，从而构成超级计算机系统。

2.1.1 多核

由于受到生产工艺和散热等问题的制约，凭借提高处理器主频来提高处理器性能的方法已不能满足处理器发展的需求，多核体系结构的出现为处理器性能的提高提供了新思路。多核是指在一个单一的处理器芯片中，集成两个或两个以上的独立中央处理单元，每一个独立的中央处理单元称为一个处理器内核。在多核架构中，多个处理器内核共同完成以往由一个内核独立完成的任务，以提高 CPU 的处理性能。多核处理器的硬件构架如图 2-1 所示[1]。每个处理器内核可拥有单独的 Cache，也可以多个处理器核共享一个 Cache。

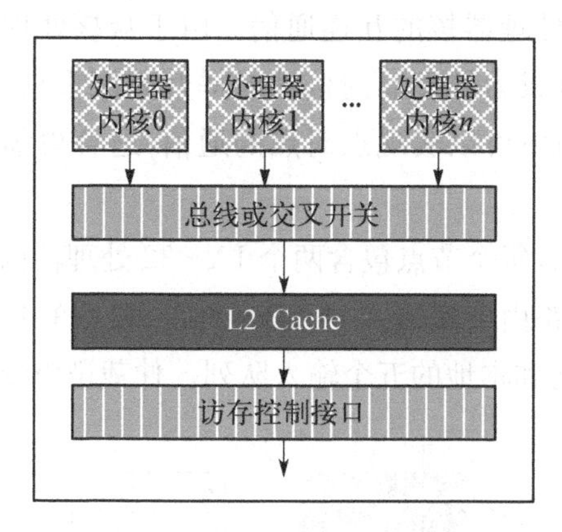

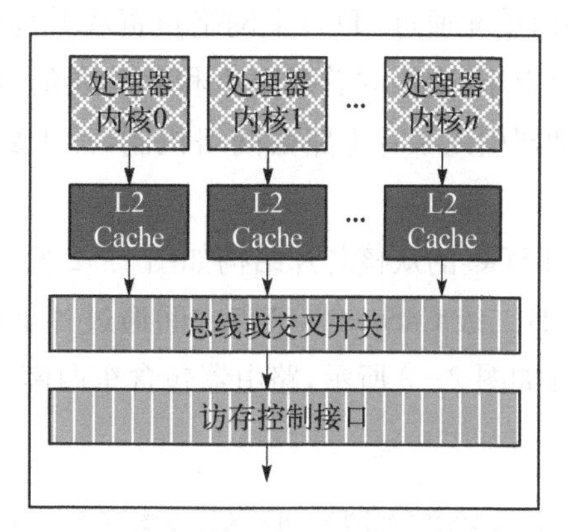

图 2-1 多核的硬件构架

与多处理机系统类似，多处理器核之间的互连可以采用总线或者交叉开关甚至多级网络实现，具体选择哪种互连方式需要在可扩展性和复杂性之间进行权衡。多个处理器核通过共享 Cache 数据单元或共享存储器单元实现信息交换和同步。多核处理器除了要考虑传统的多处理机的 Cache 一致性问题外，还需要考虑芯片内多处理器内核之间的 Cache 一致性问题。Cache 一致性维护方法与多处理机系统 Cache 一致性维护方法类似，在多核间采用总线互连时，通常采用监听一致性协议；当多核之间采用非总线互连时，可以采用基于目录的一致性协议。另外，板级多处理机的 Cache 一致性接口可以由多处理器核共享，需要考虑该接口能否满足多处理器核的带宽[1-2]。多核间的互连系统和共享的二级（或三级）Cache 将因多核争用而成为性能瓶颈，提高带宽或者降低通信代价可以有效提高多核的性能。

多核处理器体系结构的设计，也是当前研究和实践的热点。多核研究的重点方向包括：① 融合异构加速内核设计，以获取更高性能功耗比，回避暗硅问题；② 采用可扩展的片上网络（NoC, Network on Chip）结构，以支持不同处理器核数量配比关系；③ 采用多级缓存、多体存储、多存储端口和新型存储器件，为多核计算能力提供数据和指令，缓解访存墙压力；④ 根据应用需求，综合利用单发射、乱序多发射、分支预测、顺序流水线、同时多线程和前瞻执行等已有的处理器流水线和体系结构研究成果。

2.1.2 众核

随着芯片设计进入多核时代，一个 CPU 开始具有多个独立的内核，每个内核都有自己复杂的内部结构。为了追求更高的性能功耗比和性能面积比，人们在提高芯片制作工艺的同时，通过减少处理器内核的内部复杂度，在一个芯片上可以集成更多的处理器内核，达到成百上千甚至更多，形成众核处理器。

相对于多核处理器，众核处理器不仅仅是内核数的增加，芯片内部结构也发生了变化。比如 Intel 的 80 核北极星(Polaris)处理器，每个核集成了两个浮点数运算引擎和一个路由单元，路由单元通过 3D 片上网络负责和其他处理器核的互连通信。由于众核处理器内核数量成百上千，全局的总线同步和存储通信将成为处理器内核性能提升的沉重负担，所以众核处理器引入了片上路由网络机制，片上路由可以实现点对点的通信，适合更细粒度的任务。

Intel SCC 的众核芯片结构如图 2-2 所示，每个节点包含两个 IA-32 处理器内核和两个 256 KB 二级 Cache 体，节点之间通过片上路由器实现点对点的通信。典型的片上路由逻辑原理如图 2-3 所示，路由器包含东西南北和本地的五个输入队列。仲裁逻辑依据优先

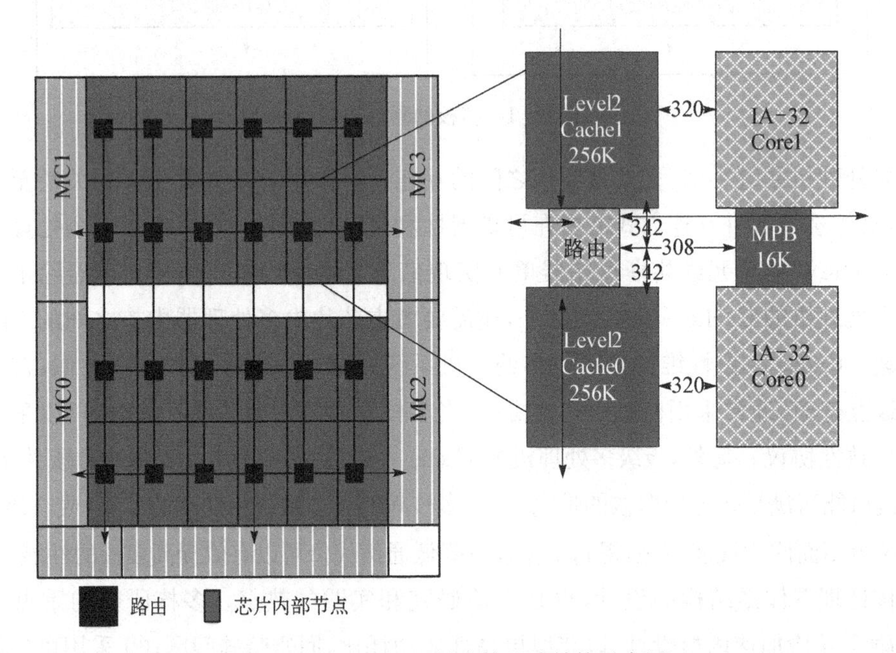

图 2-2 Intel SCC 的众核芯片结构示意图

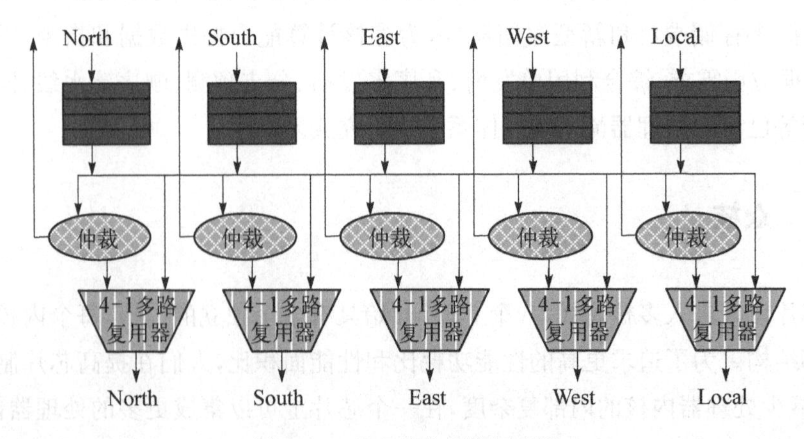

图 2-3 片上路由逻辑原理图

级从五个输入队列中选取一个输出至五个方向中的一个。通过这种方式来实现点对点的通信，最终完成片内计算单元之间的通信。

Intel最新的众核架构协处理器至强融核(Xeon Phi)基于传统X86结构，采用22 nm 3D晶体管工艺制造，外形则采用标准规格的PCI-E扩展卡。Xeon Phi可以兼容Intel至强处理器的许多编译程序，例如常用的C语言、C++和Fortan。

融核系列的"Xeon Phi 5100P"拥有60个核，主频1.053 GHz，双精度浮点性能1.011TFlops，一级指令/数据缓存1.875 MB(每个核为32 KB)，二级缓存30 MB(每个核为512 KB)，搭载十六通道、512-bit位宽的8 GB GDDR5显存，等效频率5 GHz，带宽320 GB/s。可见融核系列的协处理器可以很好地支持并行运算，大大提高数据密集型计算的计算能力。

2.1.3 GPU+CPU混合异构

根据提供计算类型多样性的形式，可将异构计算分为系统异构计算和网络异构计算两大类。SHC(System Heterogeneous Computing)以单机多处理器形式提供多种计算类型，NHC(Network Heterogeneous Computing)则以网络连接的多计算机形式提供多种计算类型[3]。

主流计算机中的处理器主要包括CPU和GPU。其中，GPU传统上主要负责图形的渲染，但随着GPU可编程性的不断提高，可编程浮点单元已经成为GPU内部的主要运算单元，GPU除了负责图形渲染外，也越来越多地参与通用计算。

图2-4对CPU与GPU中的逻辑架构进行了对比。由于图形渲染的高度并行性，GPU可以通过增加并行处理单元和存储控制单元来提高处理能力和存储器带宽，而且成本和功耗上也无须付出过高代价。因此GPU在处理能力和存储器带宽上相对于CPU具有明显优势。

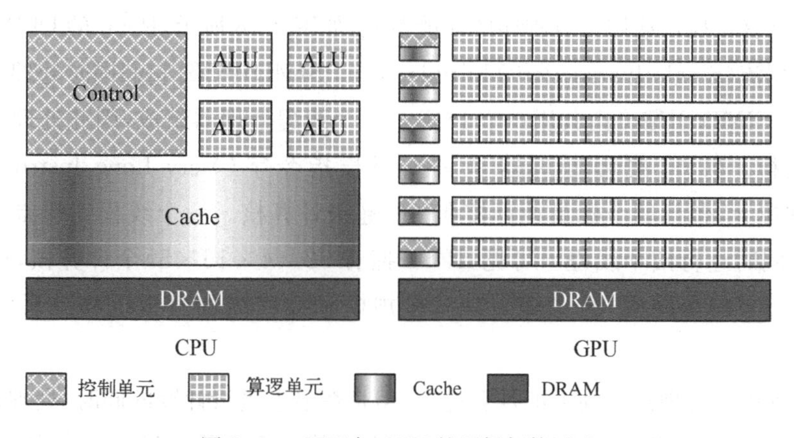

图2-4 CPU与GPU的逻辑架构对比

CPU的整数计算、分支、逻辑判断和浮点运算分别由不同的运算单元执行。因此，CPU面对不同类型的计算任务会有不同的性能表现。而GPU是由同一个运算单元执行整数和浮点计算的，因此，GPU的整型计算能力与其浮点能力相似。

CPU-GPGPU是一种SHC异构体系结构，在这种体系结构中，GPGPU作为CPU的协处理器来完成图形计算和通用计算，其以外部设备的形式，通过PCI-E总线和CPU通信。CPU和GPU拥有各自的存储系统，它们之间通过DMA操作实现数据传递。以AMD R600(图2-5)为例，R600主要包含四大部件：数据并行处理器阵列(Data Parallel Processing Array, DPPA)、命令处理器、片上内存单元、存储控制器。其中，命令处理器负责管理GPGPU的整个运行过程，片上内存单元是GPGPU的本地存储器件，存储控制器完成对系统主存和本地内存的数据访问，DPPA负责执行各种渲染程序以完成计算任务[4]。

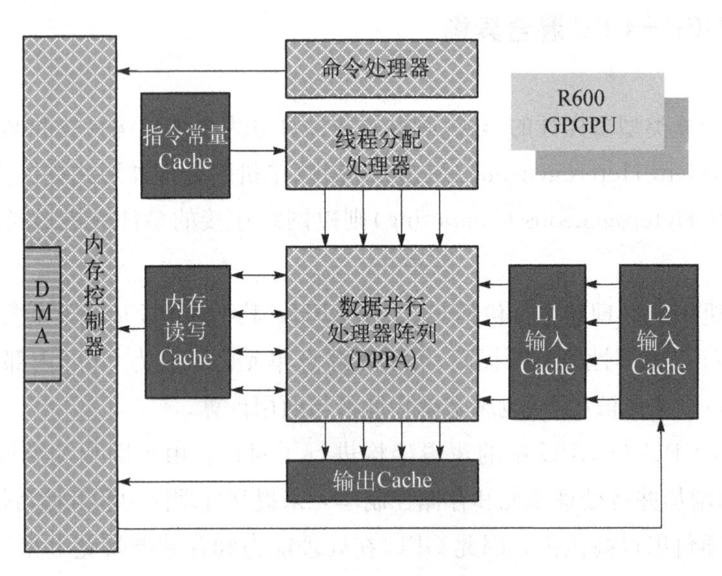

图2-5 GPGPU体系结构

DPPA是真正执行通用计算程序的功能单元，如图2-6所示，R600的DPPA拥有四个单指令多数据流(Single Instruction Multiple Data, SIMD)引擎，它们同时处理一个内核程序，并且每个SIMD引擎又由共用一个PC的16个线程处理器组成，因此处理器之间能够完全同步执行。另外，线程处理器是一个超长指令字(Very Long Instruction Word, VLIW)处理单元，包括四个标量计算核和一个超级计算核。一个线程处理器通过阻塞多线程的方式同时运行四个线程。可见，R600拥有320(4×16×5)个计算核，可以同时运行256(4×16×4)个线程，通过提高计算核规模和线程规模可以提高处理海量数据的能力[2]。

虽然GPGPU表现出了强大的计算能力，但是在显卡进行计算的同时，处理器处于闲置状态。如果能够使得CPU和GPU协同运算，将两种计算单元有机地融合在一起，那么计

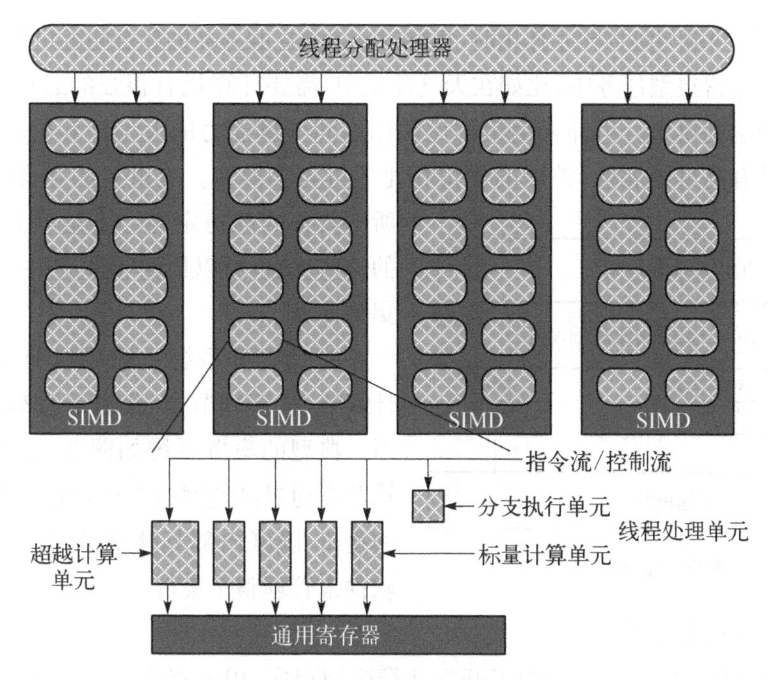

图 2-6 功能单元结构图

算机的处理能力将被推向一个新的高峰。在这一思想的指导下,在 SHC 领域,CPU 厂商提出了"融聚"的概念,在 NHC 领域,"天河"、"美洲虎"等超级计算机被设计出来。

"融聚"的中心思想是将 CPU 和 GPU 整合到一个芯片中,但这种技术不是简单地在 CPU 里集成显卡,而是将 CPU、GPU 更加无缝地紧密联系在一起,相比 CPU-GPGPU 体系结构的 PCI-e 总线,CPU 与 GPU 之间的总线带宽将获得极大地提高。不仅如此,系统中的任何计算单元都能访问统一的内存,并且任何一个计算单元对内存的更新对于其他所有计算单元都是可见的;同时,计算可以在 GPU 和 CPU 上交替进行,应用程序能够始终在最适合的计算单元上高效地执行。从硬件角度看,通过内存的统一编址,极大地提高了 CPU、GPU 两种计算单元之间的数据带宽。从软件角度看,应用开发将变得更为简便,程序开发者不必再关心 CPU、GPU 之间的差异。

"天河"、"美洲虎"等 NHC 体系结构的大型机,使用高速网络连接了上万个通用 CPU 和 GPU,这些计算单元分布在不同计算节点之中,以充分发挥不同计算部件的优势。当需要进行较多逻辑计算时,可以使用 CPU 节点完成。当需要大量的浮点运算时,则使用 GPU 节点加速运算。如果其他处理单元的某些核正处于空闲状态,也可以让其加入计算中来。这种分布式的体系结构属于"集群"的范畴,将在下一节进行介绍。

2.1.4 集群

集群是一组相互独立的、通过高速网络互连并以单一系统模式加以管理的计算机群构成的系统。一个客户端与集群相互作用用时,集群以一个独立服务器的形态向客户提供服务。

在一些计算密集型任务中,比如在天气预报中,需要计算机有很强的运算处理能力,一般的单机很难达到要求。另外采用集群比使用相同计算能力的大型计算机具有更高的性价比。集群具有高可扩展性,扩展的代价相比单机要小得多。更重要的是,集群具备单机所不具备的高稳定性。正是因为集群所具有的这些优点,所以集群非常适用于进行数据密集型计算。

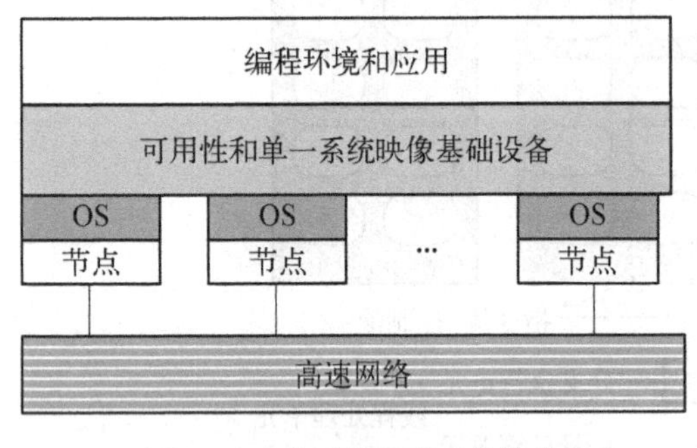

图 2-7 典型的集群系统结构

一个集群系统一般可以分为四个部分:计算节点、管理节点、集群管理软件和高速网络。典型的集群系统如图 2-7 所示,多个计算节点通过高速网络互连,对使用者提供统一的接口,隐藏内部具体细节,管理者通过集群软件来管理整个集群。

典型的 Linux 集群可以分为三类:

(1) 科学计算集群。主要是为了开发并行应用程序,用来解决复杂的科学问题。科学计算集群通常由十到上万个独立的处理器组成。

(2) 负载均衡集群。提供和节点个数成比例的负载能力,比较适合大量的 Web 访问,可以动态地实现负载均衡,同时拥有容错能力。在负载均衡集群服务器上面的中间层通常有一个分发器(Director),它位于多台服务器上面的中间层,当有服务请求的时候,分发器根据负载均衡算法从服务器集群中选取一个来响应请求。

(3) 高可用性集群。运行于两个或者两个以上的节点上,一个称为主节点,负责任务处理;其他节点称为次节点,通常是主节点的备份。当主节点发生故障时,则由次节点代替主节点,在系统出现某些故障的情况下,仍能继续对外提供服务,最大限度地减少系统的中断时间。

2.2 存储部件

随着近十几年来信息技术的突飞猛进和广泛的应用,人类掌握了前所未有的海量数据。面对如此巨大的数据量,如何更快速地访问和存储这些数据,成为当前数据密集型计算领域内一个亟待解决的问题。为了解决存储器的读写速度落后于 CPU 访问速度的问题,业界将存储器嵌入 CPU 内部,以提高数据带宽和访问速度,解决 CPU 对部分关键数据的快速访问问题。在 CPU 外部,为了提高 CPU 对本地磁盘上大量数据的访问效率,研究者们提出了一些更为高效的存储方式,例如数据的列式存储等。另外,为了给海量数据的存储提供更大、更安全的空间,集群存储等分布式存储系统也应运而生。

2.2.1 片上存储

随着CPU速度的迅速提高,CPU与片外存储器的速度差异越来越大,为了让CPU与外部存储器速度相匹配,通常采用Cache或者片上存储器。片上存储器主要采用分块结构,以便CPU使用多条数据线并行访问存储器,部分存储器块为双端口随机存储器(Dual-Port Random Access Memory, DPRAM),一个周期内执行两个存储访问。

按照数据访问频率,片上存储器的分配一般有以下几种策略: ① 通过静态分析的方法,将访问次数比较多的变量分配到片上存储器,加快平均访问数据的速度;② 动态的方法,根据程序执行时数据的使用频度动态地分配存储器;③ 把大的数据矩阵进行拆分,分时存储到片上存储器。

存储器的分配策略需要考虑存储器端口的特性,单端口随机存储器(Single Access Random Access Memory, SARAM)在一个周期内仅能执行一个存储访问操作,而双端口随机存储器则能一个周期内执行两个存储器访问。只有两个数据分配在不同的存储器块内,或者双端口存储器块内时,同一周期同时访问这两个数据才不会产生延时。CPU的总线结构导致某些特殊指令(或DMA操作)可能会在一个周期内访问同一存储器块的两个数据[5]。

2.2.2 本地存储

随着数据量的急剧增长,如何更快、更密集地存储数据成为摆在研究和工程技术人员面前的一道难题。在传统的关系数据库中,数据按行进行存储,CPU只需进行一次寻址,就可以方便地完成数据插入、删除及修改等操作。所以行式数据库系统非常适用于频繁进行更新操作的数据库系统。但传统的行式存储存在一些不足,例如: ① 在行式数据库中要读取某列时,必须读取整行数据;② 因为行的长度不相等,修改数据可能会导致行迁移;③ 当行数据量太大时,可能导致行链。

相对于传统的行式存储,列式存储的定义为数据在物理上基于列存储。列式存储一方面可以减少查询数据的数据量,另一方面数据易于压缩。行式和列式数据存储方式如图2-8所示[6]。

1) 列式存储主要采用的数据压缩方法

(1) 行程编码算法(Run Length Encoding)。行程编码算法用一个三元组记录数据值、数据出现的起始位置和持续长度(即行程),代替具有相同值的若干连续原始数据,使三元组的存储长度少于原始数据的长度。

(2) 词典编码算法(Dictionary Encoding)。词典编码算法生成一个“原始值-替代值”的

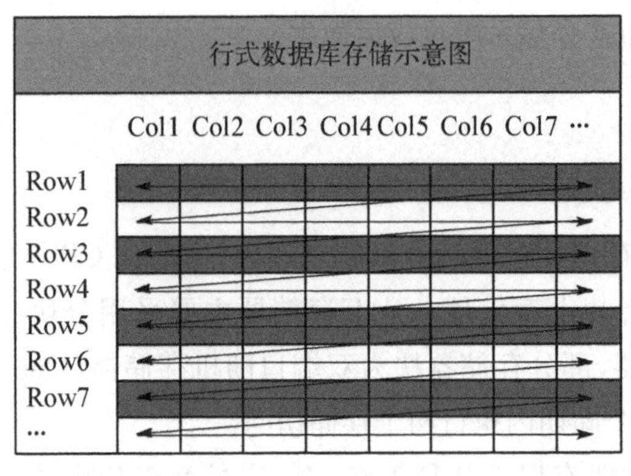

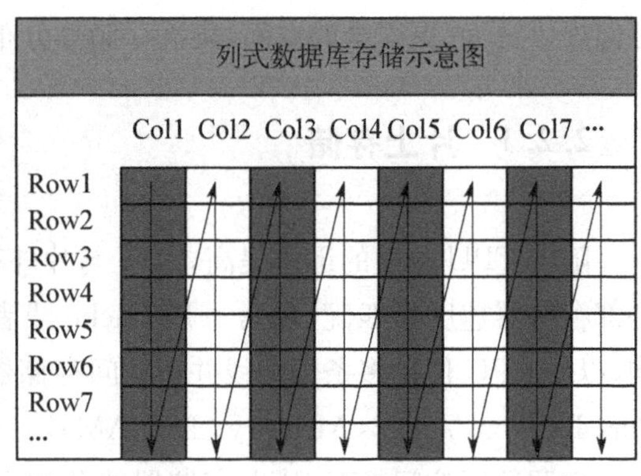

图 2-8 行式和列式数据存储比较

对照词典，并使替代值的长度小于原始值的长度，存储的时候，只存储替代值，从而达到压缩存储空间的目的。

(3) 位向量编码算法(BitVector Encoding)。位向量编码算法为每一个不同的取值生成一个位向量，根据位向量(串)中不同的位置取值 0 或 1 来对应并确定不同的原始值。

上述几种是目前比较常用的轻量级压缩算法，目前有很多基于上述算法改进和优化而来的算法，但就目前的列数据库而言，行程编码算法是一种最容易实现的存储方法[6]。

2）列式存储的一些关键技术

除数据压缩之外，列式存储还采用了以下关键技术：

(1) 延时物化。为了说明延时物化，首先介绍元组物化的概念，元组物化也称为物化，即将常用元组或可能用到的逻辑元组由实际物理存储的状态生成为实体化的元组，存储在内存中，在随后查询时，直接读取已经物化的元组，以提高查询的效率。而元组物化有两种方案，分别是提前物化和延时物化，前者在提交查询之前物化元组，后者尽量推迟物化元组的时间，在查询中间的某个时刻物化元组。

对于列数据库来说，提前物化需要解压所有已经压缩的数据，导致很大的时间和空间开销。同时，提前物化会涉及很多不必要的列，有悖于列数据库按列存储、按需读取用的初衷。因此，在列数据库领域，提出了延时物化的思想。延时物化最主要的优点在于其高效的压缩传输数据开销，在执行计划中用位图(位向量) 来标志行的位置，直到最后必须读取属性值时再实际读取相应列的值，尽可能地避免不必要的数据传输开销。延时物化非常适合在列数据库中使用。

(2) 成组迭代。若要处理一系列记录，行数据库要对每个记录依次进行迭代，从每个记录的操作接口中选取需要的属性或者执行函数的调用。这是一个高成本的操作，故而可以成组地调用函数，以节约资源。对于 CPU 而言，CPU 在缓存中找到有用的数据被称为命中；当缓存中没有 CPU 所需的数据时(即未命中时)，CPU 才访问内存。所以，CPU 访问内存的频率越低，查询的效率越高。列式存储具有高度的可压缩性。假设对一列使用行程编码压缩，如果占 10 个字节，那么利用 64 字节的高速缓存行，可以将 6 个压缩的列值载入一个高速缓存行。这样,每次访问内存读取的压缩列值是6个,而这些压缩的列值对应的实际数据就远远不止6个。此外,如果列被设定为固定宽度,这些值可以直接对应为一个数组。把数据当作一个数组来操作,可以使单个记录的处理代价最小化。所以,列数据库的存储方式可以大大提高CPU的吞吐量。

(3) 不可见连接。这是一种专门针对数据库进行查询效率优化的技术,采用位向量的方式来标定各个表的属性查询中的符合条件的情况,之后对这些位向量进行逻辑与或运算,得到最终可用于标定结果的位向量。整个过程没有属性或列之间直接的值连接操作,这些直接的操作被位向量直接的逻辑与或运算所替代,因此被称为不可见连接。不可见连接充分利用按列存储的便利,采用位向量的方式来标定和连接符合条件的中间结果,尽可能地避免原始数据传输、处理和缓存的开销。

通过这些技术可以有效提高列式存储的效率,使列式存储在数据密集型计算中的优势更加明显。

2.2.3 分布式存储

随着数据存储量的剧增,服务器的负荷越来越大,繁重的数据存储任务严重地降低了服务器的性能。通常,为了提高网络服务的性能,将服务和存储分离,因此出现了分布式存储方式。分布式系统通过连接大量的普通计算机作为存储节点来提供高性能、可扩展的分布式网络存储服务[7-8]。

分布式存储技术如图2-9所示[9]。底层主要涉及数据分布、负载均衡以及容错等技术。底层为上一层提供各种服务,比如分布式锁服务等。最上层则是分布式存储的具体应用,如分布式文件系统、分布式表格系统、分布式数据库以及访问加速等。这些应用都有具体实现,比如谷歌文件系统(Google File System, GFS)就是一种分布式文件系统的实现。

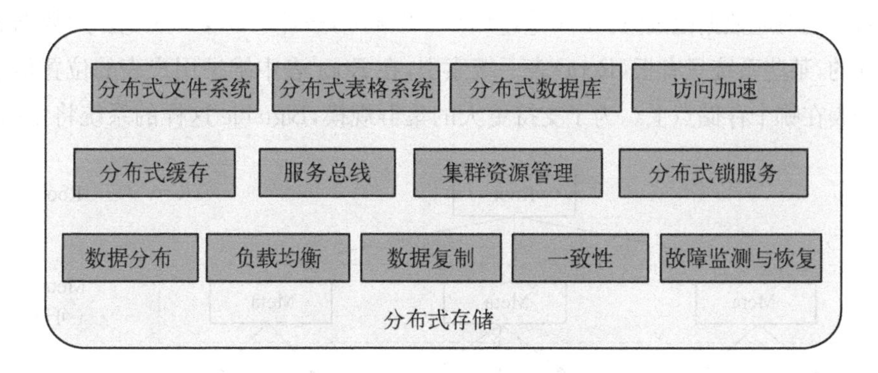

图2-9 分布式存储技术体系

2.2.3.1 数据分布

与传统的单机系统不同,分布式存储能够将数据分布到多个节点上,并且在多个节点之间实现负载均衡。数据分布的主要方式有两种[9]，一种是哈希分布，另外一种是顺序分布。

1）哈希分布

哈希分布取模的基本思想是根据数据的某一种特征计算哈希值，并将哈希值与集群中的服务器建立映射关系，从而将不同哈希值的数据分布到不同的服务器上。

分布式集群的服务器可以按0到$N-1$（N为服务器的数量）进行编号，根据数据的主键（hash(key)%N）或者数据所属的用户id(hash(user_id)%N)计算哈希值，进而决定将数据映射到哪一台服务器。但是当添加服务器或者有服务器发生故障的时候，N值将发生变化，原来的映射关系将被打乱，导致大规模的数据迁移。

一种解决办法是不再简单地将哈希值和服务器个数进行取模映射，而是将哈希值与服务器的对应关系作为元数据，交由专门的元数据服务器来管理。访问数据时，首先计算哈希值，然后从元数据服务器中查得该哈希值对应的服务器。这样分布式集群在扩容时，可以将部分哈希值分配给新加入的机器，并迁移对应的数据。

另一种办法就是采用分布式哈希表（Distributed Hash Table, DHT）算法给系统中的每一个节点分配一个随机Token，这些Token构成一个哈希环。执行数据存放操作时，首先计算Key（主键）的哈希值，然后存放到顺时针方向第一个大于或者等于哈希值的Token所在的节点。这样，当节点加入或者删除时，只会影响到哈希环中的相邻节点，而不会影响其他节点。

2）顺序分布

哈希散列破坏了数据的有序性，只支持随机的读取操作，不支持顺序扫描。某些系统可以在应用层作折中，顺序分布在分布式表格系统中较常见，一般的做法是将大表顺序划分为连续的范围，每个范围称为一个子表，总控节点负责将这些子表按照一定的分布策略存储节点上。

如图2-10所示[9]，在分布式存储体系中，用户（User）表的主键范围为[1, 7 000]，划分为多个子表，分别对应数据范围[1, 1 000]，[1 001, 2 000]，…，[6 001, 7 000]。元数据表（Meta表）是可选的，某些系统只有根（Root）表一级索引，在Root表中维护用户表的位置信息，即每个User子表在哪个存储点上。为了支持更大的集群规模，Bigtable这样的系统将索引分为两

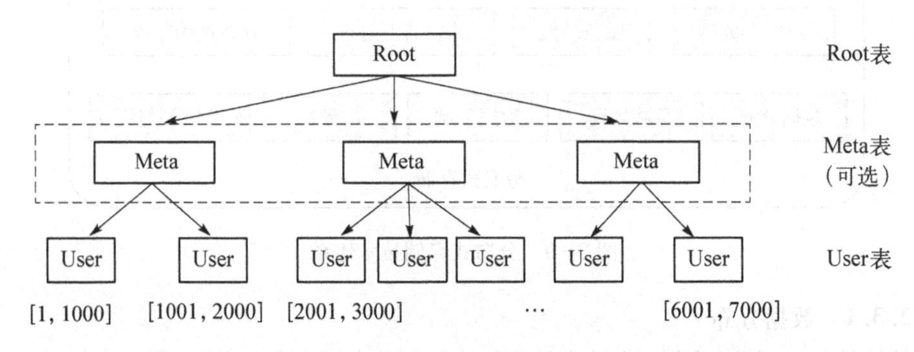

图2-10 顺序分布

级，由 Meta 表维护 User 表的位置信息，而 Root 表用来维护 Meta 表的位置信息。

2.2.3.2 负载均衡

分布式存储系统的每个集群中一般有一个主控节点，其他节点为工作节点，由主控节点根据全局负载信息进行整体调度。工作节点刚上线时，总控节点需要将数据迁移到该节点。另外，系统运行过程中也需要不断地执行迁移任务，将数据从负载较高的工作节点迁移到负载较轻的工作节点。

工作节点通过“心跳（Heartbeat）包”将与节点负载有关的信息发送给主控节点。主控节点计算出工作节点负载以及需要迁移的数据，生成迁移任务放入迁移队列中等待执行。在分布式存储系统中存储数据一般有多个副本，其中一个副本为主副本，其他为备副本。在数据的迁移过程中，如果是迁移备副本，则不会对服务造成影响。迁移主副本时可以首先将数据的读写服务切换到其他备副本，迁移过程对使用者完全透明。

假设有一份存储的数据 D 有两个副本 D1 和 D2，分别存储在工作节点 N1 和 N2。其中，D1 为主副本，提供对外读写服务，D2 为备副本。如果需要将 D1 从工作节点 N1 中迁移出去，主要流程如下：

（1）将数据 D 的读写服务从工作节点 N1 切换到 N2，此时 D2 变成主副本；

（2）增加副本，选择某个节点，例如 B 节点增加 D 的副本，即 B 节点从 N2 节点获取 D 的副本数据，并且与它保持同步；

（3）删除工作节点 N1 上的 D1 副本。

这样，D1 就从工作节点 N1 迁移到了节点 B。

2.3 网络部件

网络部件在计算机体系结构中起到连接节点设备的作用，而对于数据密集型计算而言，大量数据的快速流动更需要快速和高带宽的网络部件支持。从处理器的角度来讲，数据密集型计算所使用的计算部件中，多核、众核、GPU 等都是由一定数量的计算单元集成到一片处理器内而构成的，同时为了能够让处理器内数据的流动更快速，就需要合理的片上互连网络。从设备互联的角度来讲，需要行之有效的软、硬件及协议的支持，以保证海量数据能够在不同计算节点之间畅通无阻地流动。从数据中心的角度来讲，数据中心内部以及数据中心之间需要拥有更高带宽和更高可靠性的网络结构，从而支持外部数据访问和内部数据迁移，这些网络被称为数据中心网络和数据中心互连网络。对于设备互联而言，其网络架构一般服从经典的七层网络结构，故本书不再复述。

2.3.1 片上通信

随着片上系统(System on Chip，SoC)复杂度的增加，多处理器系统的性能提升主要取决于各个处理器核之间的有效通信和负载均衡，而不仅是处理器核的速度，因此片上通信成为片上系统的性能瓶颈。目前，常用的片上通信结构主要有五种：共享总线、交叉开关、点对点全连接、片上网络和片上混合互连。

1) 共享总线

共享总线通信结构分为单总线、多总线和层次化总线。尽管共享总线通信结构能够适合大量的应用，而且现有系统芯片通信结构也一般采用共享总线。系统芯片中各种各样的IP模块都有各自的通信需求，因此，在SoC内部，应当具有多条数据总线，以满足具有不同流量特点的各模块需求。如存储单元需要高带宽的总线，而一些实时数据通信则需要低延迟的总线。现有的标准片上共享总线结构都采用了两种不同的总线，一种适合于处理器和存储器等大通信量模块进行通信的总线，另一种适合于慢速I/O及通信量较小的总线。

2) 交叉开关

基于交叉开关的通信结构已经有很长历史，从规则的阵列处理器到共享主存的UMA多处理器系统都采用了交叉开关通信网络，它包括单级交叉开关和多级交叉开关。一些研究认为，对于多处理器的并行计算应用，采用交叉开关作为通信结构，其效率是最高的，但其实现的代价较大。近些年，随着集成电路工艺特征尺寸的逐渐缩小，交叉开关通信结构在SoC中得到了进一步的应用。

3) 点对点

点对点片上通信结构是指各个IP核之间都有专用的通信链路。相比共享总线，点对点片上通信结构具有独特的优点：① 容性负载相对较小，有较小的通信延时。② 由于每个IP核之间都有专用的通信链路，可以实现并行通信，避免了共享总线互连结构中的竞争现象。③ 在每个通信周期中，只有进行通信的链路被使用，而不像共享总线中所有总线都被使用，因此其功耗相对较小。④ 由于通信链路的专用性，因此每条链路的物理性能可以被分别优化。⑤ 可以采用全局异步、局部同步的互连技术解决多时钟域的亚稳定性问题。但是，由于每对IP核之间都有通信链路，因此其互连线资源增多，造成布局布线的困难，同时每个IP核也需要更多的通信端口，增加了芯片的硬件开销。

4) 片上网络

Standford大学的De Micheli教授在2002年提出了采用计算机网络通信技术对SoC片上通信结构进行设计的思想，认为片上网络可以为SoC带来更高带宽的通信链路和易于扩展的特点，同时可以根据不同的应用需求，提高SoC的服务质量(Quality of Service，QoS)。在宏观网络中，为了减少复杂度、提高设计的模块化和复用性，将通信协议分为五层：物理层、数据链路层、网络层、传输层和应用层。

对于SoC通信结构来说，其各个节点之间的通信协议结构不需要如此清晰，数据链路层、网络层、传输层部分功能可以合并在一起实现。数据采用报文交换，将消息划分成固定长度的报文，每个报文的前几个字节包含路由和控制信息。每个报文从源节点到目的节点独立路由，报文在向下一个节点转发之前完全缓冲在每个中间节点中，中间路由器提取头信息，从而确定报文转发的输出链路。在报文转发中，路由算法决定报文的传输路径，交换算法决定两个相邻路由节点之间的数据传输方式。由于报文可以通过不同的链路进行传输，因此多个报文可以同时传输，链路的使用率提高。此外，由于报文在各个节点之间的路由可以看成是一个分布式的处理过程，报文交换具有内在的局部同步、全局异步性质，因此在多时钟域处理方面，性能优于共享总线片上通信结构[10]。

5）片上混合互连

混合互连采用不同片上通信结构的组合，使得片上通信结构变得多样化。通过把整个芯片分为几个孤岛，每个孤岛可能采用不同的电压和时钟频率，从而达到对系统性能参数，如功耗、吞吐率进行优化的目的。尤其是片上计算机网络的提出，使得片上通信网络的组合越来越丰富。通过以上提到的四种片上通信结构组合，利用各种通信方式的优点，如共享总线开销较小，且对需要大量共享数据应用场合的传输性能高，而微型计算机网络的片上通信结构可以增加数据传输的可靠性以及并行性，具有较高的通信带宽，因此，这种组合为高性能片上系统通信结构设计提供了新的设计思路[11]。

2.3.2 数据中心网络

数据中心通过由成百上千服务器组成的数据中心网络（Data Center Network，DCN）向使用者提供数据密集型计算服务。通过大量数据中心，在线服务提供商可以向使用者提供可扩展、高可用的服务。

2.3.2.1 典型数据中心网络设计

现代数据中心网络可以追溯到20世纪90年代和21世纪初，起初它是为了支持企业级商业应用而设计的。那时的数据中心大多基于分层网络模型，分层数据中心网络方案视图如图2－11所示。

数据中心网络的访问层负责数据中心中服务器资源池的连通性。访问层的设计受服务器密度、形状特征、服务器虚拟化所允许的最大接入数量等很多因素的影响。通常采用End-of-Row交换机、Top-of-Rack交换机或者集成交换机的方法来保证访问层的连通性。另一种形式的集成交换机是软件交换机，它被安装到服务器管理程序或者嵌入综合型服务器网卡中。每一种方法都有优点和缺点，主要是依据服务器硬件和应用的需求来选择。

数据中心的聚合层充当连接到访问层交换机的聚合点。聚合层可以为多层应用服务

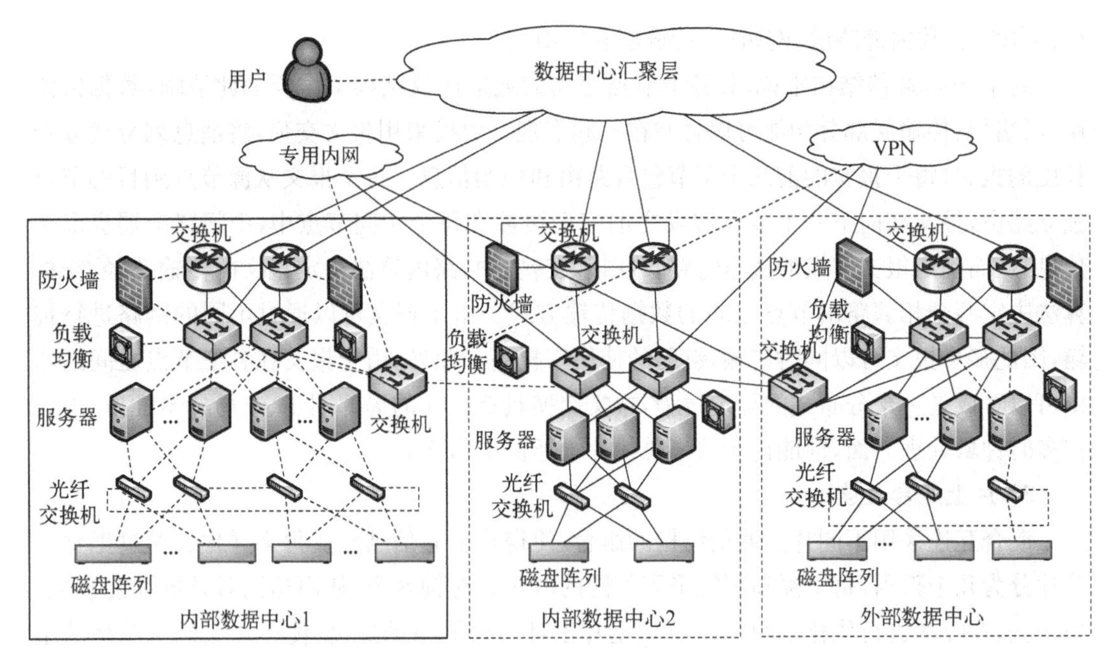

图 2-11　典型数据中心网络结构

器之间建立连接,就像在校园网、WAN 或者因特网上,通过核心网络连接到客户端。最重要的是,聚合层为数据中心中的三层路由和以太网广播域划分了界限。交换机通过 802.1q、VLAN 和 Trunk 技术连接到聚合层,可以将不属于同一个 VLAN 和 IP 子网的服务器连接到物理交换机。

在数据中心网络中,核心层最重要的功能是在数据中心与电话网、骨干网之间实现高可用性、高性能的面向 IP 的三层交换。在某些情况下,通过私有 WAN 或者 MAN (Metropolitan Area Network,城域网)将属于一个服务提供商的、多个地理上分散的数据中心连接起来。通常会在这种地理上分散的数据中心的网络拓扑结构核心交换机之间建立对等三层路由。为了核心交换机的控制面不被广播域上的终端节点感知到,或者为了防止生成树协议(Spanning Tree Protocol, STP)二层网络的回路,可以将所有连接到核心网络的链路配置成点对点的三层网络连接。

2.3.2.2　典型数据中心网络体系结构面临的挑战

典型的数据中心网络体系架构以及当今的二层、三层网络设备,都曾很好地支持了企业级服务器客户端应用。然而随着计算密集型模型的出现,典型的数据中心体系架构受到了前所未有的挑战。应用的任务动态地分布在包含成百上千台服务器的大型服务器池中,为了保证高可用性和动态可扩展性,数据中心网络必须保证任务能够灵活地分配到任意一个服务器上。现代计算密集型数据中心一般都有 Hadoop 和 Spark 之类的中间件,中间件可以让工作量动态地分配到合适的服务器节点上。然而典型的数据中心体系结构不具备动态地、灵活地分配工作量和资源的体系特征，比如带宽一致性、低延时性、高可用性等。

1）带宽一致性

在现代数据中心中，网络的带宽通常是不一致的，这主要是因为网络中树状网络拓扑结构以及过度订阅所导致的。两个服务器之间的通信量越大，那么经过树状网络的路径就会分配到越少的带宽。假设两台通过交换机连接的服务器通过三层网络结构进行了一次通信，每层过度订阅比例为1∶5，那么分配到这条通信路径上的带宽就只有1/125。在典型数据中心环境下，同一个ToR或者VLAN中，一般通过预先配置服务器支持的工作量来最大限度地解决这个问题。但在数据密集型计算环境下，这个情况发生了重大的变化，MapReduce编程框架将从一个巨大的服务器池中分配资源，而典型数据中心网络不具备带宽一致性将会导致服务器池碎片的产生。这是由于：一方面，网络淤塞和计算任务的不均匀分配是集群中普遍存在的现象；另一方面，数据中心中其他节点的空闲资源不能被有效利用。因此，在计算密集型网络环境中，从服务器通信带宽一致的角度看，必须保证每个节点都是对等的。

2）低延时性

高延时是数据中心网络体系结构进行数据密集型计算的主要性能瓶颈。研究表明，在一个包含数千服务器的大型数据中心中，延迟时间是200～500 μs，拥堵时刻的峰值可高达几十毫秒。网络延时的主要原因是数据中心网络体系结构引入了大量的路由跳转。

高延时严重制约了数据密集型计算。由于MapReduce计算模型将把一个应用拆分为一系列的并行任务，而这个应用所需要访问的数据却是顺序存放于节点当中。如果不能保证数据中心网络的低延时，这一情况将导致MapReduce框架在涉及随机存取的应用中难以使用。

3）可靠性和可利用性

在典型数据中心的网络设计中，使用STP协议来确保桥接以太网层是一个无回路的拓扑结构。STP也可以预防桥接回路和网络风暴的发生，在许多现代数据中心中，当一条或者多条链路失效的时候，生成树也用于动态地提供冗余链路，避免桥接回路的出现。

在这样的设计中，恢复模型的活动链路和冗余链路按照1∶1的比例进行配置。如图2-11所示，恢复模型让数据中心50%的上行链路处于空闲状态，就是为了确保能够处理活动链路的失效。虽然有一些技术，比如链路聚合（Link Aggregation，LAG）可以改善这一情况。然而，由于LAG本身也需要占用主干网带宽，用于两个虚拟端口之间的内部网络连接。因此，链路聚合不能用于创建一个完整的冗余数据中心，因为其不能防范单交换的失败。更加有效的方法是在交换机和终端之间创建多条路径，利用等价多路径（Equal-Cost Multipath Routing，ECMP）来防止一个或者多个设备（链路或交换机）的失效。

2.3.2.3 数据密集型数据中心设计原则

网络技术和体系结构对大规模数据中心的发展提供了有力的支持，其中最具代表性的是网络大规模数据密集型计算环境。虽然支持数据密集型计算的网络技术和体系结构还不够成熟,但是已经出现了一些面向未来数据中心和商用交换设备的设计理念。

1) 互不干涉网络

数据密集型应用对带宽一致性和点对点通信的低延迟性要求意味着其使用的理想网络必须是一种互不干涉网络。互不干涉的网络是类似于非阻塞电路交换网络里的分组交换技术。对于分组交换应用来说,非阻塞网络是一个过渡,因为在一次分组交换的过程中,只要能做到以下两点,就可以使得不同的会话和报文流可以共享一个连接而没有相互干涉:① 链路带宽大于数据流量。② 为链路分配的资源(如缓存和带宽)能够满足在为一个流提供服务的同时不会拒绝向另一个流提供服务。资源的分配约束可以通过端对端的流控制机制来实现。如果一个包交换网络符合以上两条特征,那么这种网络就可以被称为互不干涉网络[12]。

互不干涉网络将会给数据密集型计算带来很多优势,比如可以使本网络中的节点无论处于什么位置,都能获得带宽一致性和精确的端对端的传输延迟。互不干涉网络应用于数据中心网络的最直接结果是,在网络中上下行链路内不再有过度的订阅。然而,1∶1 的订阅不能满足互不干涉网络的通信需求,为了流量传播的一致性(避免热点和拥塞),应该设计一个合适的网络拓扑和路由算法。

一般来说,一个好的互不干涉数据中心网络的路由算法需要一个均衡的流量传输方案来避免网络中热点的形成。

在数据密集型数据中心环境下,流量模型是完全不规则和不可预测的。在这样的环境下,Valiant 负载平衡(Valiant Load Balancing, VLB)随机路径是一种实现传输一致性的优秀解决方案。

2) 平面网络拓扑和多路径

服务器和终端之间需要有平面网络拓扑结构和多路径功能以减少网络延迟;保证网络可靠性,克服由目前网络拓扑结构和以太网路径选造成的带宽利用率限制。当使用了像中间系统到中间系统的路由选择协议(Intermediate System to Intermediate System Routing Protocol, IS-IS)或开放短路径优先(Open Shortest Path First, OSPF)这样的三层链路状态路由协议来选择路径时,基于两级 Leaf-Spine 设计的折叠克洛斯网络可以在任意对等服务器间实现多路径。这一设计需要 Leaf 交换机和 Spine 交换机像三层交换机一样运转,利用路由表和 ECMP 等路由功能使得服务器之间的数据沿着多路传播。

目前,有许多方案可以将多路功能加入到二层交换机上。透明多链路互联(Transparent Interconnection of Lots of Links, TRILL)是在互联网工程任务组的发展过程中提出的一个标准。TRILL 提出了一个由设备来实现的 IETF 协议,被称作 R 网桥或者说是路由网桥。TRILL 结合了网桥和路由的优点,是通过链路状态机制解决 VLAN 使用者桥接问题的一种实际应用。TRILL 使用 IS-IS 链路状态路由协议来进行路由选择。最短路径网桥(Shortest Path Bridge, SPB)是由 IEEE(IEEE 802.1aq)发展出来的,旨在解决和 TRILL 一样的问题,但是稍有不同。SPB 同样使用 IS-IS 协议来进行路由选择。

除了基于网络的 TRILL 和 SPB 方法之外,还有一些实验性的方案。比如 Greenberg

提出了一种在主机辅助下实现的解决方案。通过在服务器网络协议栈内插入含有终端系统地址解析、OSPF 路由、负载平衡、随机路由选择等功能的 2.5 层以达到流量分布均衡和多路径的能力。这些基于网络的解决方案保证了数据中心网络能够在任意服务器之间拥有多路冗余路径的两层拓扑结构，从而降低了网络延迟，增加了链路的有效利用，改善了网络在遇到交换机和链路故障时的可靠性。

3）分层数据中心

许多大规模在线服务提供商已经采用了双层网络设计，用来优化数据中心和服务交付。在这样的体系结构下，服务的产生和提交是通过两层数据中心完成的，前端层和后端层服务器最主要的区别是规模的大小不同。比如 Web 搜索服务，集中式大型数据中心非常适合海量数据分析的应用，而分布式的微型数据中心，通常为了降低延迟和传输代价，每个节点都接近入口中心，适合交互式的前端应用。

2.3.3 数据中心互联网络

数据中心互联网络(Data Center Internetwork, DCIN)，用来连接多个数据中心，让使用者获得数据密集型计算服务的无缝用户体验，为地理上分散的数据中心提供任务分配的灵活性，避免需求热点，同时充分利用可用资源。为了达到这一目的，需要网络能够提供数据中心之间的三层和二层连接以及存储连接。这些连接必须在不影响数据中心自主工作和网络稳定性的前提下提供服务。

1）数据中心互联网络的要求

典型专用虚拟网络能够连接多个数据中心并提供安全的通信服务。这些特性能够支持数据密集型计算对动态任务的分配和数据移动的需求。而数据中心互联网络是一种特殊的、拥有独特架构解决方案的网络结构，其主要的技术要求如下：

(1) IP 地址保留。不管工作移动到哪个数据中心，与任务相关的 IP 地址应该保持一致，这是保证数据密集型应用完整的关键。

(2) 独立传输。数据中心之间的传输质量会受到数据中心的位置、网络服务质量等因素的影响。一个好的数据中心传输解决方案应该允许网络的设计者对应用环境隐藏其信息传输细节。一个实用的方案是利用 IP 层进行传输，这一方案还能提供额外的灵活性。

(3) 带宽优化。数据中心互联网络的带宽需要进行必要的优化，以获得最优的连通性和最佳的性能，平衡和加速所有路径上的负载，同时在数据中心之间提供高灵活性的连接。此外，多播和广播机制也需要进行优化以减少带宽消耗。

(4) 操作简单。静态的二层 VPN 可以提供数据中心之间的扩展连接，但是很难适应新型分布式应用的需求，这些需求通常包括提供复杂的协议变换操作、分布式配置和操作密集型层次扩展模型。在数据中心互联网络内，由一个拥有简单点对点配置的上层协议提供数据密集型计算应用所需的动态需求。

2）多数据中心层-2扩展

在典型数据中心网络的设计要求中，二层环境终端需要放置于数据中心的核心交换层。单个数据中心的二层连接扩展给数据密集型计算带来了巨大的便利，因为它允许任务在不被中断的情况下，动态地迁移到另一个数据中心。LAN扩展也可以帮助应用程序设计者在跨数据中心环境下简化程序在Web层、应用层和数据库层上的可伸缩性。其中，叠加传输虚拟化（Overlay Transport Virtualization，OTV）就是一个用以在数据中心间提供LAN扩展的架构解决方案。

OTV是一个基于IP协议，为任何传输设备提供层-2扩展的解决方案。它可为二层设备、三层设备、IP交换机等网络设备提供二层扩展。其实现的唯一前提是在两个数据中心之间能够建立IP连接。使用OTV技术可以轻松地在两个站点部署数据中心互联网络，而不需要改变或者重新配置现有的网络。更重要的是，使用OTV技术可以将不同地理域的数据中心站点构建成统一的虚拟计算资源群集，实现工作主机的动态迁移、业务弹性以及较高的资源利用性。

OTV引入了MAC路由的概念，即利用平面控制协议被用来交换MAC的可达性信息，这种交换存在于两个数据中心的网络设备之间，提供LAN扩展功能。需要强调的是，在OTV里，数据中心之间的二层通信更加类似路由而不是交换。

OTV还引入了另一个概念——动态封装层-2流，即那些不需要发送给远端数据中心的流。每个以太网帧被各自封装进IP数据报，跨广域网网络进行发送。这不需要在数据中心之间建立虚拟电路。其最直接的好处是提升了数据中心互联网络的灵活性，管理者可以方便地在这个OTV上增加或删除数据中心，从而有效地使用WAN带宽。

最后，OTV还具有基于自动检测的多归属能力，这对于提高整个数据中心互联网络的高可用性来说非常重要。两个或多个数据中心之间，可以利用其他数据中心来提供LAN扩展功能，并且不会有端到端Loop的风险。这得益于使用同样的控制平面协议来交换MAC地址信息，而不是在OTV网上配置Spanning Tree协议。表2-1和图2-12展示了基于二层网络扩展的数据中心网络方案。

表2-1 基于二层网络扩展的数据中心网络结构

广域网传输层	描　述	LAN扩展封装选项
暗光纤以及服务提供商一层	用户独占或者服务提供商提供租赁	本地以太网，IP，MPLS
服务提供商二层	服务提供商二层服务。私有的以太网	本地以太网，IP，MPLS
服务提供商二层	在线的IP租赁商	IP，MPLS

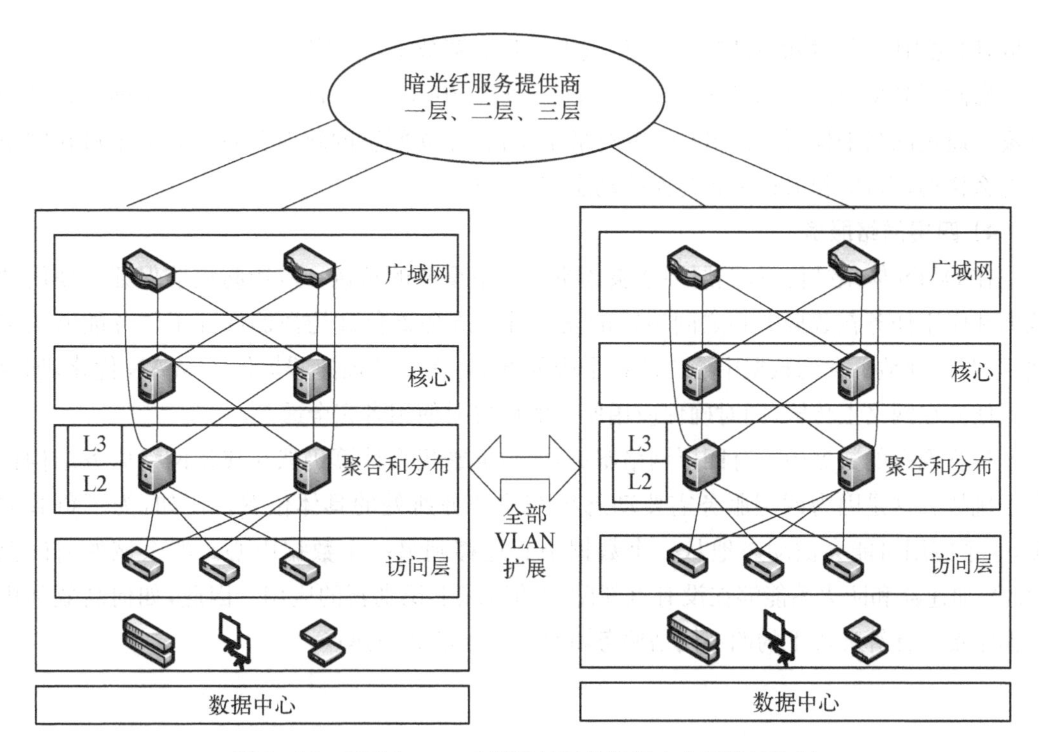

图 2-12　基于 Layer-2 网络扩展的数据中心网络结构图

3）本地和应用 ID 分离

在现行的互联网体系结构内，IP 地址充当了两种不同的功能。从应用的角度来看，一个 IP 地址识别一个主机，IP 地址作为对等主机的标志符，这一特性被称为识别功能。从网络的角度来看，IP 地址代表着主机连接到当前拓扑网络的接口，用于在特定网络中寻找到主机。当主机移动或者其依附的网络接口迁移到另一个地方的时候，IP 地址也会改变，这一特性被称为定位功能。

对于计算密集型应用，当工作量需要通过数据中心网络动态地无缝移动的时候，IP 的双重功能就给数据中心体系结构带来巨大的挑战。当任务在一个数据中心内迁移的时候，这个问题并不突出。因为二层网络是基于 MAC 地址的，而不是 IP 地址。但是，当任务在数据中心之间迁移时，由于使用三层路由，IP 地址的双重功能就会成为一个问题。

解决这个问题的一个方法是，在计算中心之间的网络扩展一个单独的 LAN 域，从而避免使用 IP 地址。科研人员已经提出了一些基于不同体系结构的解决方案。

一般来说，这些解决方案都是提出使用两个 IP 地址，一个用于识别应用，另一个用于识别位置。网络设备通过位置 IP 地址来计算路由路径；应用则使用专门的应用地址以区别于其他应用，不管是因为虚拟机的迁移或者是工作量的重新分配而导致的主机位置的变化，应用 IP 都不会改变。根据第二地址插入位置的不同，这些解决方案可以分为基于主机的和基于网络的。

主机识别协议（Host Identifier Protocol, HIP）方案是基于主机识别的方案。当主机迁移的时候，由于主机标志符（应用地址）从网络堆栈中引入，同时迁移动作会被目录服务所截取，因此当应用迁移的时候主机的位置地址将能够被重新绑定。

探测器分离协议(The Locator/ID Separation Protocol, LISP)方案是基于网络识别的方案。通过网络来检测主机ID，产生网络定位器，建立两者的映射关系。无论主机在网络中怎么移动，ITRs和ETRs始终保持动态绑定主机。

4）四层网络服务

在DCIN体系结构下，四层网络服务扮演着很重要的角色。应用防火墙保证了使用者数据和应用任务在数据中心之间传输的安全性。服务器负载均衡器保证了任务能够均匀地、按照计划地下发到数据中心内的各个服务器上。WAN加速器提供了WAN优化，加速目标任务在网络上传输，同时确保应用所处的位置对使用者完全透明。

尽管现在的数据中心有四层网络服务，但数据密集型计算仍然对典型网络服务结构提出了挑战。这是因为四层服务需要动态地获得任务所处的具体位置。比如，为了负载均衡，一个应用可能会被动态地从一个数据中心迁移到另一个数据中心。那么该如何确保WAN加速器和防火墙能够在没有重新配置的情况下识别新的应用？因此，如何高效利用数据密集型计算环境下的四层网络服务将会是未来的研究热点。

2.4 软件定义部件

所谓软件定义部件或软件定义基础设施就是尽量将计算、存储、网络甚至数据中心等硬件资源统一抽象、虚拟化为资源池，使得资源的管理者和使用者能够脱离硬件资源物理结构所造成的隔阂与束缚，统一、灵活地管理和使用这些资源。软件定义部件的核心就是要强化体系结构对服务器虚拟化、存储虚拟化和网络虚拟化的支持，并在此基础上进一步提升对这些资源管理和使用的自动化程度。软件定义部件的最终目标是将虚拟化扩展至数据中心的计算、存储、可用性、网络及安全等所有资源及服务上。

2.4.1 软件定义计算

2.4.1.1 虚拟机介绍

虚拟化(Virtualization)概念很早就已经出现。抽象地说，虚拟化就是资源的逻辑表示，不受物理限制的约束。具体来说，虚拟化技术的实现形式是在系统中加入一个虚拟化层，虚拟化层将下层的资源抽象成另一形式的资源供上层使用。通过空间的分割时间的分时以及模拟，虚拟化可以将一项资源抽象成多份。

虚拟机是虚拟化的一种，其抽象的粒度是整个计算机。通过虚拟化技术可以虚拟出一台或者多台虚拟计算机系统，简称虚拟机(Virtual Machine, VM)。每个虚拟机都拥有自己

的虚拟硬件(CPU、内存、设备等),提供独立的虚拟执行环境。

通过虚拟化层模拟,虚拟机中的操作系统认为自身仍然独占一台计算机在运行。每个虚拟机中的操作系统可以完全不同,并且它们的执行环境是完全独立的。这个虚拟化层被称为虚拟监控器(Virtual Machine Monitor,VMM)。典型的虚拟机系统结构如图 2-13 所示[14]。

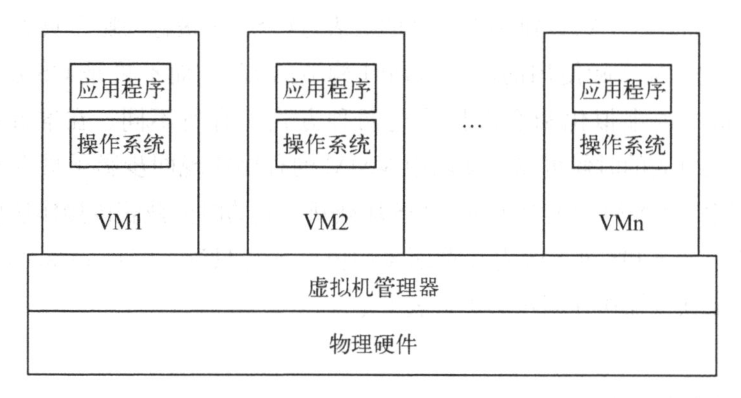

图 2-13 虚拟机系统结构

2.4.1.2 处理器虚拟化

一般来说,VMM 在设计时应当满足以下三个基本特性: ① 所有在 VMM 上运行的程序必须和在原始硬件上运行的效果相同,而且确保对操作系统的透明性;② 大多数指令必须能够直接在真实的物理处理器上执行,而不需要通过解释才能执行,以此保证虚拟机系统性能不会下降;③ VMM 必须能完全控制硬件,任何虚拟机都不能越过 VMM 而直接访问硬件,以确保虚拟机之间运行时能做到相互间的安全隔离。

X86 处理器中有一些能够显示或者修改处理器状态信息的非特权指令,称之为敏感指令。根据对这些敏感指令处理方式的不同,把虚拟机的实现方式分为两类: 全虚拟化和准虚拟化[13]。

全虚拟化能完全满足上述三个基本特性。当前虚拟机系统中主要采取使用二进制翻译的方法来实现全虚拟化: 在 VM 代码运行前,VMM 分析将要执行的二进制代码,然后将敏感指令代替为功能相同的非敏感指令或者调用 VMM 程序的指令。而在准虚拟化虚拟机上,当系统执行敏感指令时将会陷入 VMM,由 VMM 来模拟执行这些指令。

2.4.1.3 内存虚拟化

现代计算机系统一般通过采用虚拟内存的方式支持多进程,并实现进程间的隔离保护。进程访问内存时利用内存管理单元(Memory Manage Unit, MMU),根据页表将虚拟地址转换为物理地址,并根据物理地址(Physics Address, PA)来访问物理内存。物理内存的地址从 0X0 开始并且连续,OS 负责物理内存的管理调度。使用 VMM 后,内存由 VMM 来负责管理和调度,而且内存由多个 Guest OS 共享,Guest OS 不再拥有对内存的最终管理权限。为了区别机器上真实的内存和Guest OS"看到"的物理内存,业界一般将机器内存地址称为机器地址(Machine Address, MA),因此在虚拟机系统中就存在三种地址,需要执行两次地址翻译过程。

为了完成上述两个翻译过程,VMM在Guest OS构造的分区表的基础上再构造一个虚拟地址(Virtual Address, VA)到MA翻译的页表,这个页表被称为影子页表(Shadow Page Table, SPT)。处理器实际使用的就是VMM构造的SPT,而不再是OS建立的分区表。影子页表的构造在准虚拟化和全虚拟化这两种方式中有所不同。在准虚拟化方式下,Guest OS在修改页表的时候可以主动调用VMM的程序实现同步影子页表的更新。但是在全虚拟化系统中,VMM只有在Guest OS加载新页表的时候截获该操作然后构造影子页表,并将存放在Guest OS页表的内存页面属性值设置为只读,一旦Guest OS修改页表内容,VMM就能截获该操作并同步影子页表[13]。

2.4.1.4 I/O虚拟化

目前,虚拟机中I/O虚拟化实现方式有以下三种:VMM-Based I/O模型适合服务器的虚拟机系统;Host-Based I/O模型适合面向个人计算机的I/O虚拟化;Direct I/O模型适合高性能计算。下面分别做出介绍[14]。

1) VMM-Based I/O模型

如图2-14所示,在VMM-Based I/O模型中,由VMM实现对物理I/O设备的驱动。通过虚拟化技术,给每一个VM虚拟出一个独享的设备,而且这个设备可以和物理设备不同。当VM访问虚拟I/O设备时,会陷入VMM,VMM再根据虚拟设备的状态执行相关指令。当一个完整的操作能够执行的时候,比如已设置好虚拟网卡的相关寄存器并启动发送网络包时,VMM将会在真实的I/O设备中执行该操作。虽然这种模型性能优异,但由于计算机系统中I/O设备具有多样性和复杂性,为其开发驱动是一个极其繁重的工作,因此这种模型一般在面向服务器的虚拟机系统中使用。

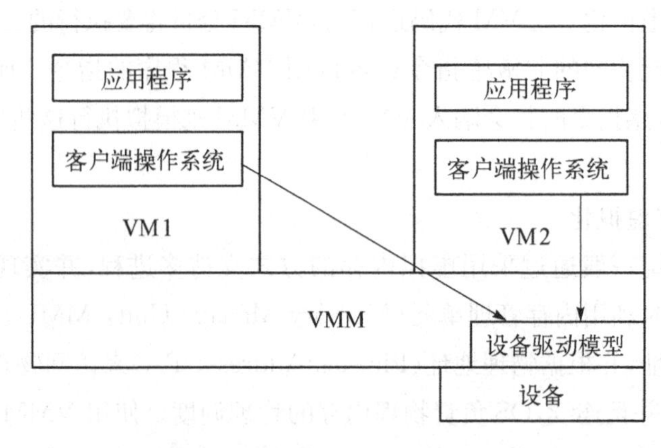

图2-14 VMM-based I/O模型

2）Host-Based I/O 模型

在 Host-Based I/O 模型中，直接利用操作系统中的驱动程序来直接访问 I/O 设备，可以显著简化虚拟机的设计。这种模型的结构如图 2-15 所示。该模型使用一个运行在 VM 上的 OS 来实现 I/O 设备驱动的功能，并且在 OS 上运行 I/O 设备模拟程序，这个 OS 称为 HostOS。当有 I/O 设备访问请求的时候，VMM 将 I/O 请求递交给 HostOS 上的设备模拟程序，最终通过调用 OS 的系统调用来完成物理 I/O 设备的访问。这种方式的优点在于简化了 I/O 驱动的开发，可以广泛应用，兼容性比较好，但是其代价是显著增加了 I/O 访问延迟，降低了 I/O 吞吐量。在虚拟机 Xen 中，在 HostOS 和 GuestOS 之间建立一个共享页面，可以减少数据复制次数，并且采用批处理的方式发送 I/O 请求。使得 GuestOS 访问 I/O 设备的性能可以接近于 HostOS 的性能。

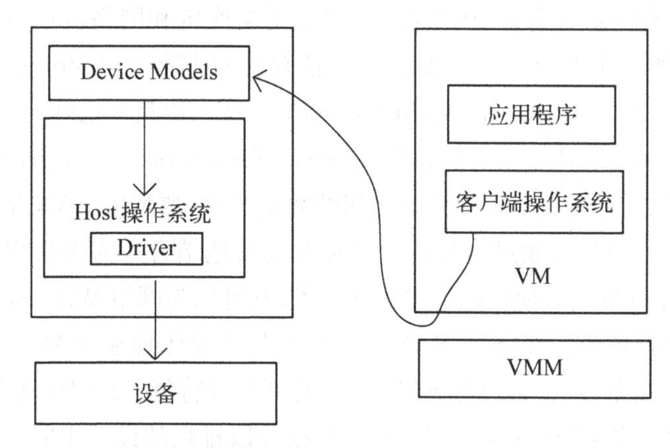

图 2-15 Host-Based I/O 模型

3）Direct I/O 模型

Direct I/O 模型又称为直接 I/O 模型，为了减少通信延迟，运行在 OS 上的应用程序直接和 I/O 设备通信，绕过了 OS 和 VMM。这种虚拟化模式可以有效地降低通信延迟，可以更加适合高性能计算的要求。这种模型的结构如图 2-16 所示。

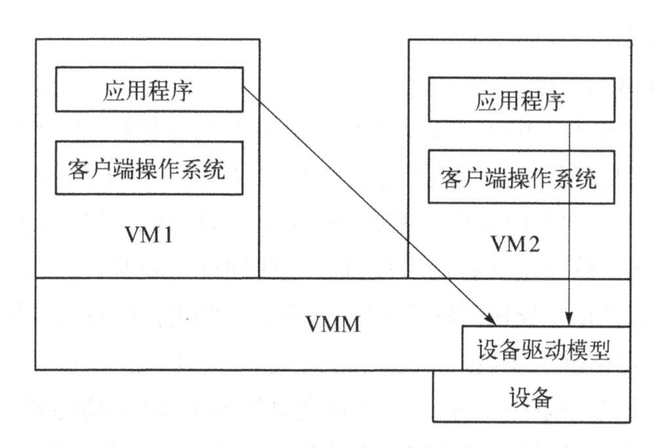

图 2-16 Direct I/O 模型

2.4.2 软件定义存储

2.4.2.1 软件定义存储介绍

1）软件定义存储概述

软件定义存储(Software-Defined Storage，SDS)是一种存储行业内革命性的技术，它是软件定义网络(Software-Defined Networking，SDN)和软件定义数据中心(Software-Defined Data Centers，SDDC)的一个重要组成。关于软件定义存储的定义，目前没有一个统一的标准。它主要要求存储功能要和存储硬件本身分离，使用智能软件在标准硬件中实现自动的、基于一定策略的针对应用需求的存储服务[15]。

这些标准硬件包括磁盘存储、网络设备(主要是交换机和网络接口)和服务器(存储管理进程常驻在服务器上)。磁盘存储主要包括存储区域网络(Storage Area Network，SAN)、网络附加存储(Network Attached Storage，NAS)、磁盘冗余阵列(Redundant Array of Independent Disks，RAID)或简单磁盘组(Just a Bunch of Disks，JBODS)等。SAN是一种高速网络，提供了计算机与存储系统之间的数据传输，典型的SAN是一个企业计算机网络的一部分，通常SAN会通过与其他计算资源紧密地结合来实现远程备份和档案存储过程。NAS是基于标准网络协议的数据传输技术，它可以为网络Windows、Linux、Mac OS提供文件共享和数据备份。NAS与SAN的不同之处主要体现在NAS有文件操作和管理系统，它比SAN更简单灵活，但没有SAN的高效可扩展特征。RAID和JBODS都是由独立磁盘组成的阵列，不同之处在于RAID配合数据分散排列的设计来冗余存储以提高数据的安全性，而JBODS不提供冗余存储和性能优化的作用，单个磁盘只是在整个磁盘空间中被当作一个独立的逻辑分卷来对待。

软件定义的基本特征主要有：自动存储管理功能，比如信息生命周期管理(Information Life Cycle Management，ILCM)、存储虚拟化、对存储体和数据底层构造的独立管理。相比传统存储系统使用硬件控制器来实现这些功能，软件定义存储多使用特殊的RAID控制器和定制的固件来实现这些存储功能。

2）软件定义存储的优势

将软件定义存储技术应用于大型数据中心有着突出的优势，主要体现在灵活性、自动化管理、较低的花费、良好的可扩展性等方面：① 灵活性上，传统的分布式存储平台，诸如SAN和NAS，需要特定的系统支持。例如，SAN需要复杂的SAN交换机、存储阵列和一些其他的组件来实现。软件定义存储可以打破这些硬件的限制，使用在一般性的、已有的硬件上。它甚至可以使用在异构的硬件组件上，提高这些组件的总体工作效率。② 自动化管理方面，软件定义存储使用包括信息存活周期管理、磁盘Cache管理、存储快照(Snapshots)、备份、数据分条(Stripping)、集群化(Clustering)等功能来实现存储系统自动管理。③ 从费用上来讲，软件定义存储不必使用大量专有的昂贵的硬件设备，使得企业或组织在使用软件定义存储时可以利用已有的硬件来组织软件定义存储，大大减少了费用。④ 扩展性上，软件定义存储可以快速将相对独立的标准硬件加入分布式系统，来提高整体存储性能和安全性。

2.4.2.2 SDS数据管理

软件定义存储意味着数据的存储位置对应用程序而言是透明的。如果存储体使用了诸如磁盘冗余阵列、存储集群等硬件设备，可以使用并行技术取得更高的访存性能。为了充分利用SDS带来的高性能访存特性，还需要一系列的数据管理软件工具来支持。SDS数据管理通常包括存储空间管理、数据安全性控制和空间使用控制三个方面的管理[16]。

1) SDS的空间管理

一般地，软件定义存储需要通过集群和网络来实现存储，因此需要把数据存放在集群中任一磁盘的任何位置。SDS使用磁盘阵列作为标准硬件设备，为了合理使用存储体，SDS存储管理使用了一些优化方法。图2-17展示了SDS空间管理中，存储系统把多个写入I/O聚合成少数大的磁盘I/O并写入一个RAID条带中。每两个写入时间点最长不会超过10 s，多个写I/O将被暂时记录下来以便同时写入。这样的优化大量减少了磁头的机械移动，以此获得极高的磁盘写性能。如果在使用了RAID的系统中加入了非易失性内存(Non-Volatile Memory, NVM)，通常在写入磁盘前，数据会暂时存放在NVM中。对于普通使用者而言，数据写入NVM中就意味着写入已经完成，这是因为NVM的断电不丢失数据的特征保证了数据的安全写入。这种NVM-RAID访存方式不依赖于特定的协议，无论是网状信道协议(Fibre Channel Protocol, FCP)还是网络文件系统(Network File System, NFS)都可以使用。

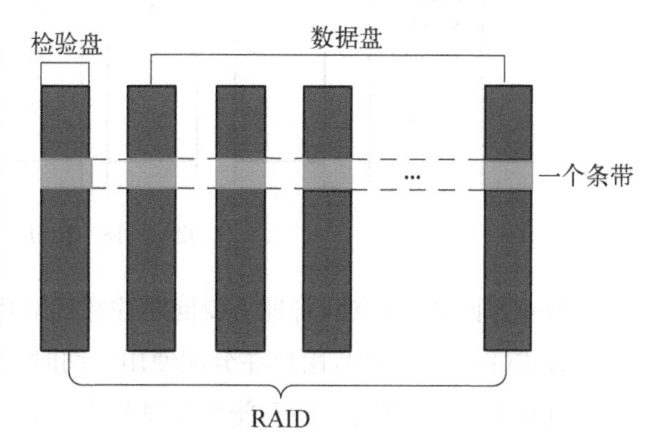

图2-17 SDS对RAID访存的性能优化

同时，为了保证SDS可扩展的特征，通常不会使用校验信息分散在各个磁盘上的RAID5技术，因为校验信息分散排列会导致校验信息在新的磁盘加入时重新计算，如果磁盘数太多，将会产生极大的时间开销，使得扩展磁盘存储变得十分不易。RAID4可以保证这种可扩展性，因为RAID4把一块磁盘作为专门的校验盘，意味着在加入新的磁盘时，只要保证磁盘中各位都格式化为0，那么在校验盘中得出的校验码将不变(因为校验码各位加0，结果不变)。同时，为了增加SDS空间管理中的可靠性，需要对RAID进行改进，使用两个专门的校验盘，如图2-18所示，这被称为RAID/DP(Redundant Array of Independent Disks/Double Parity，双校验磁盘冗余阵列)技术。双校验盘可以保证在磁盘阵列中有两个磁盘同时出现错误的情况下纠正错误，大大提高数据存放的可靠性。

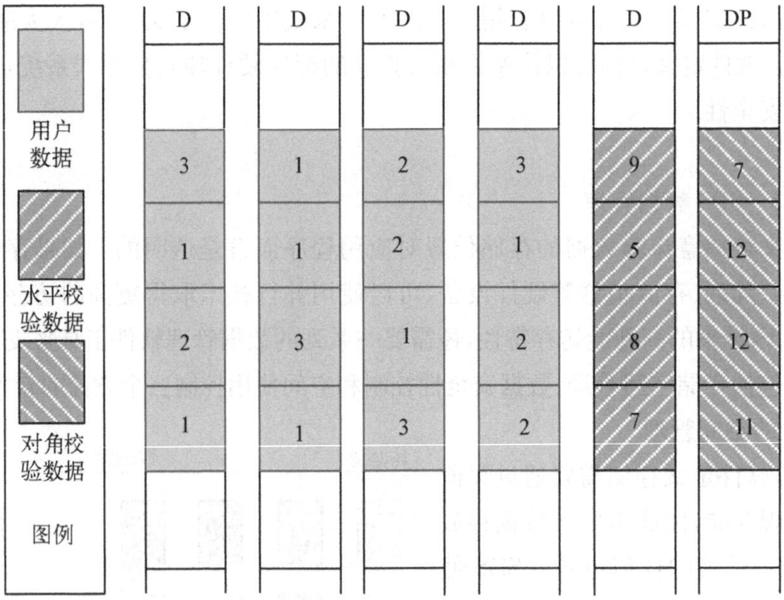

D	D	D	D	D	DP
3	1	2	3	9	7
1	1	2	1	5	12
2	3	1	2	8	12
1	1	3	2	7	11

图例：用户数据；水平校验数据；对角校验数据

图 2-18 RAID/DP 技术

另一方面，SDS空间管理需要同时注意到对用户空间配额的控制。在传统的存储空间分配方式(图 2-19)中，用户在分配使用空间时，会把空间固定分配给各个部门。这种做法的缺点在于，分配空间如果不能预先掌握各个部门的时间空间使用，可能在使用过一段时间后出现一部分部门存储空间紧缺、其他部门空间盈余的情况。为了达到 SDS 存储虚拟化的特征，SDS 使用存储空间预分配策略，对各个部门先预定空间使用配额，但在使用中如果未用到则不实际占用存储空间。如果某个部门出现空间不够的情况，可以再增加空间份额。如图 2-20 所示，这种可伸缩式的空间分配可以动态地调整部门配额，实现用户对存储空间的虚拟化。

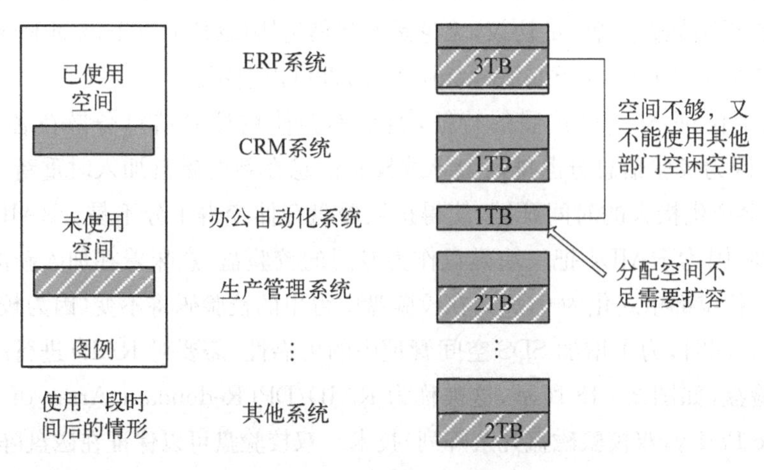

图 2-19 传统集群空间分配

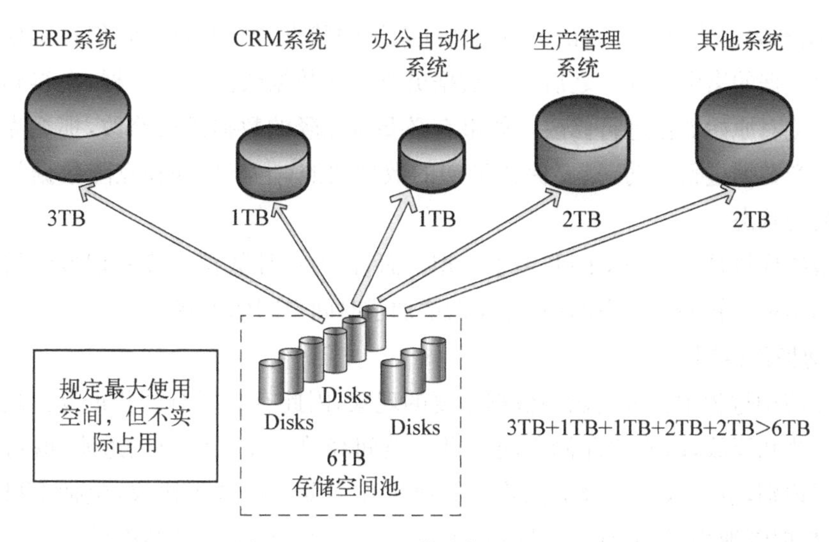

图 2-20 SDS可伸缩集群空间分配

2）数据安全性控制

SDS使用数据快照(Snapshot)、数据克隆等保证数据安全性。数据快照是对SDS文件系统某个时间点状态的保存。如图2-21所示，生产数据需要把数据块D修改为D′，为了保存之前的状态，可以对之前的状态做一个数据快照，然后新分配一个磁盘块给生产数据，把修改后的D′存放在新的数据块中。数据快照文件用与一般文件相同的格式存放在SDS虚拟存储空间中，简化了存储管理，而且不需要设置额外的空间给快照。

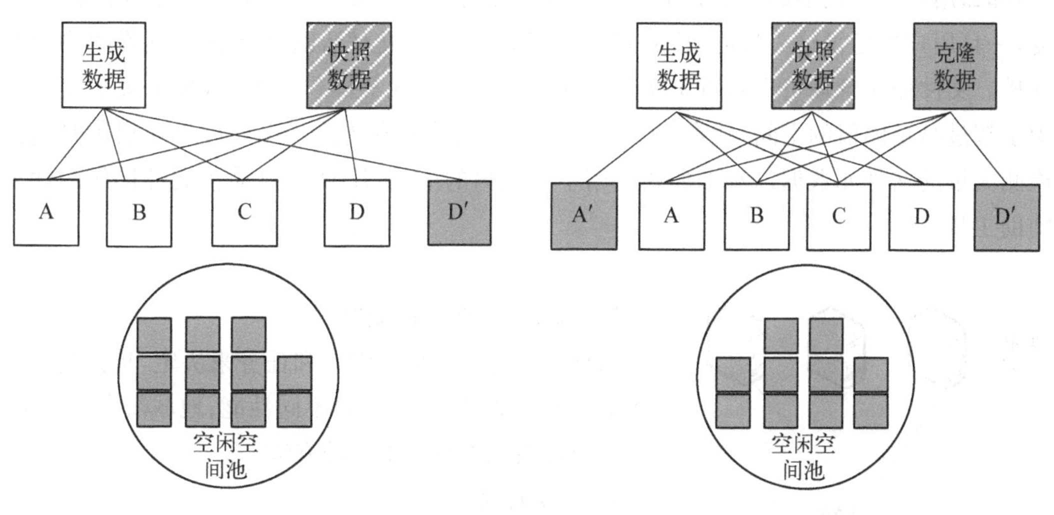

图 2-21 数据快照技术　　　　图 2-22 数据克隆技术

一旦出现因为使用者误操作等原因引起的数据错误的情况，数据快照可以快速恢复到数据出错之前的状态。为了达到这个目的，数据快照技术需要对被修改的数据块进行标记，在恢复过程中，只需要对被标记的数据块做恢复，这样就可以在短时间内完成数据恢复。

数据克隆技术是另一种数据安全策略。图2-22展示了一种数据克隆技术方案。图中，克隆数据和数据快照一样只记录原始文件系统的状态，换句话说，它们在实现中只记录一个对原始数据的索引文件。之后生产数据更改也和数据快照技术一样，会得到新分配的空间而不直接对原始数据进行修改。如果有必要对克隆的数据进行修改，那么克隆数据可以独立于生产数据进行改动，只要保留最初的数据快照，生产数据和克隆数据就可以随时恢复到之前的状态。

这样做的优势是时间和空间开销小。相比而言，另一种数据克隆实现方法需要把原本的数据实际拷贝到新的存储空间中，这样做增加了时间空间的浪费。

3）空间使用控制

SDS在使用过程中常常会出现数据重复的现象，因此有必要对这些重复出现的数据进行单独的检测和释放，以节约存储空间。SDS空间释放对使用者应用透明，既可以是数据块级的重复识别，也可以是卷级的操作。卷级操作需要支持各个协议，包括FTP、HTTP、NFS、网络数据管理协议（Network Data Management Protocol，NDMP）等。

信息生命周期管理（ILCM）是另一种合理使用空间的策略。大量的数据在创建后就不再被使用，数据被修改之后经历的时间越长，它被使用的可能性往往就更低，因此有时需要定期释放这些不被使用的空间。然而，单纯的自动删除超过修改时间阈值的文件也是不可取的，因为一些应用可能需要保存这些数据很长时间。ILM使用用户定制的方法来解决这些问题，它包括两个方面的操作：文件布局管理和文件操作管理。文件布局管理自动检测一个文件所在的物理位置。例如，如果一个SDS硬件使用了SSD和磁盘阵列的混合式布局，那么用户可以把活跃的、经常要读取的文件定制到SSD中，以求得到更高的读取速度，一旦用户指定了这一功能，ILM进程就可以自动完成对活跃文件存储位置的检测和安排。文件操作管理负责对特定文件做移动、复制、删除等操作。例如，如果某个文件占用了超过给定阈值的空间，就在一个报告文件中记录下该文件。ILM可以在很短时间内检测大量的文件元数据。对于那些使用了大数据的应用，ILM是自动化文件操作的优秀辅助工具。

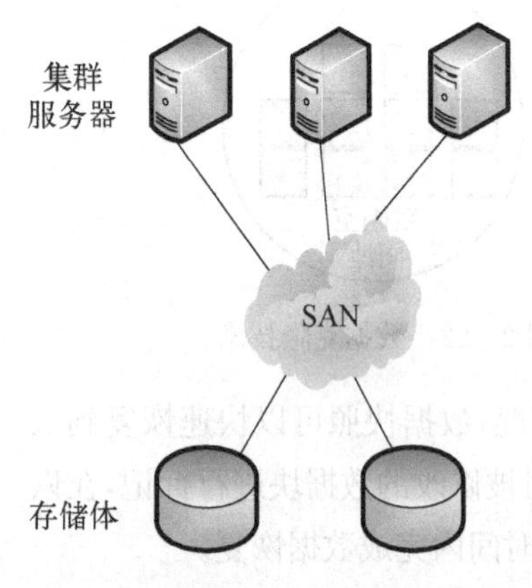

图2-23 共享磁盘SDS集群配置

2.4.2.3 SDS集群配置

SDS的集群配置根据硬件和任务来决定，集群配置一般独立于数据管理，为了应对不同性能、地域需求的应用，SDS集群配置主要有以下三种方法[15]。

1）共享磁盘

共享磁盘集群是一种最基础的集群环境，这种配置要求存储体通过特定的网络连接到服务器上，实现服务器和存储体分离，存储体为所有服务器共享。在图2-23中，集群服务器通过TCP/IP协议的存储局域网（Storage Area Network，SAN）连接存储体。

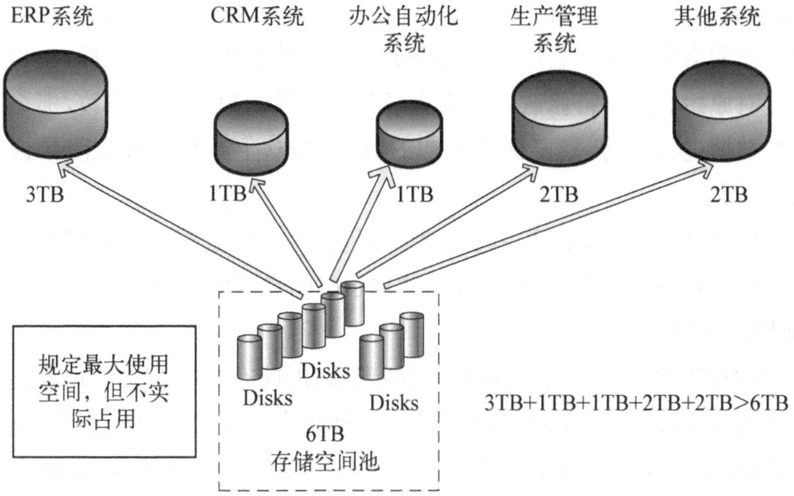

图 2 - 20 SDS 可伸缩集群空间分配

2）数据安全性控制

SDS 使用数据快照(Snapshot)、数据克隆等保证数据安全性。数据快照是对 SDS 文件系统某个时间点状态的保存。如图 2 - 21 所示，生产数据需要把数据块 D 修改为 D′，为了保存之前的状态，可以对之前的状态做一个数据快照，然后新分配一个磁盘块给生产数据，把修改后的 D′存放在新的数据块中。数据快照文件用与一般文件相同的格式存放在 SDS 虚拟存储空间中，简化了存储管理，而且不需要设置额外的空间给快照。

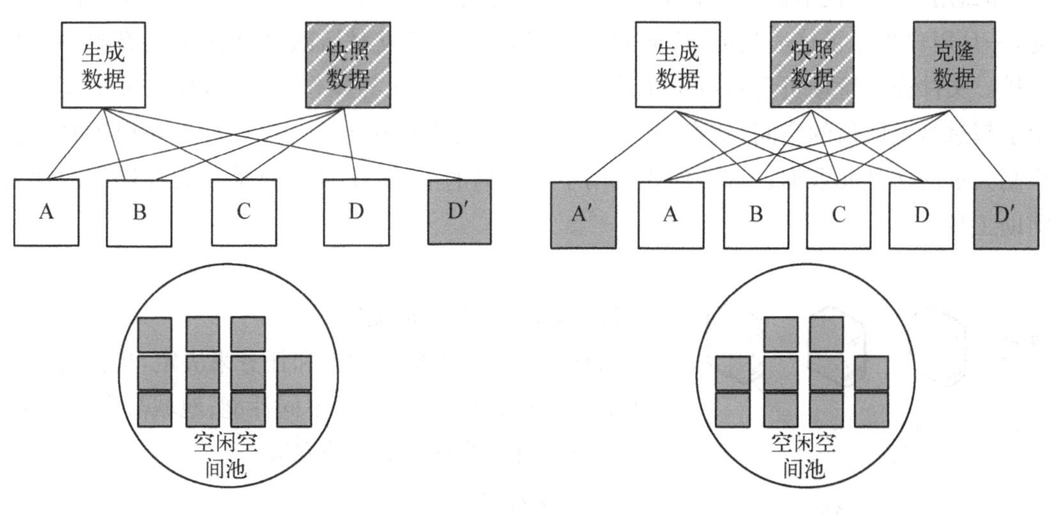

图 2 - 21 数据快照技术　　图 2 - 22 数据克隆技术

一旦出现因为使用者误操作等原因引起的数据错误的情况，数据快照可以快速恢复到数据出错之前的状态。为了达到这个目的，数据快照技术需要对被修改的数据块进行标记，在恢复过程中，只需要对被标记的数据块做恢复，这样就可以在短时间内完成数据恢复。

数据克隆技术是另一种数据安全策略。图 2 - 22 展示了一种数据克隆技术方案。图中，克隆数据和数据快照一样只记录原始文件系统的状态，换句话说，它们在实现中只记录一个对原始数据的索引文件。之后生产数据更改也和数据快照技术一样，会得到新分配的空间而不直接对原始数据进行修改。如果有必要对克隆的数据进行修改，那么克隆数据可以独立于生产数据进行改动，只要保留最初的数据快照，生产数据和克隆数据就可以随时恢复到之前的状态。

这样做的优势是时间和空间开销小。相比而言，另一种数据克隆实现方法需要把原本的数据实际拷贝到新的存储空间中，这样做增加了时间空间的浪费。

3）空间使用控制

SDS在使用过程中常常会出现数据重复的现象，因此有必要对这些重复出现的数据进行单独的检测和释放，以节约存储空间。SDS空间释放对使用者应用透明，既可以是数据块级的重复识别，也可以是卷级的操作。卷级操作需要支持各个协议，包括FTP、HTTP、NFS、网络数据管理协议(Network Data Management Protocol, NDMP)等。

信息生命周期管理(ILCM)是另一种合理使用空间的策略。大量的数据在创建后就不再被使用，数据被修改之后经历的时间越长，它被使用的可能性往往就更低，因此有时需要定期释放这些不被使用的空间。然而，单纯的自动删除超过修改时间阈值的文件也是不可取的，因为一些应用可能需要保存这些数据很长时间。ILM使用用户定制的方法来解决这些问题，它包括两个方面的操作：文件布局管理和文件操作管理。文件布局管理自动检测一个文件所在的物理位置。例如，如果一个SDS硬件使用了SSD和磁盘阵列的混合式布局，那么用户可以把活跃的、经常要读取的文件定制到SSD中，以求得到更高的读取速度，一旦用户指定了这一功能，ILM进程就可以自动完成对活跃文件存储位置的检测和安排。文件操作管理负责对特定文件做移动、复制、删除等操作。例如，如果某个文件占用了超过给定阈值的空间，就在一个报告文件中记录下该文件。ILM可以在很短时间内检测大量的文件元数据。对于那些使用了大数据的应用，ILM是自动化文件操作的优秀辅助工具。

2.4.2.3 SDS集群配置

SDS的集群配置根据硬件和任务来决定，集群配置一般独立于数据管理，为了应对不同性能、地域需求的应用，SDS集群配置主要有以下三种方法[15]。

1）共享磁盘

共享磁盘集群是一种最基础的集群环境，这种配置要求存储体通过特定的网络连接到服务器上，实现服务器和存储体分离，存储体为所有服务器共享。在图2-23中，集群服务器通过TCP/IP协议的存储局域网(Storage Area Network, SAN)连接存储体。

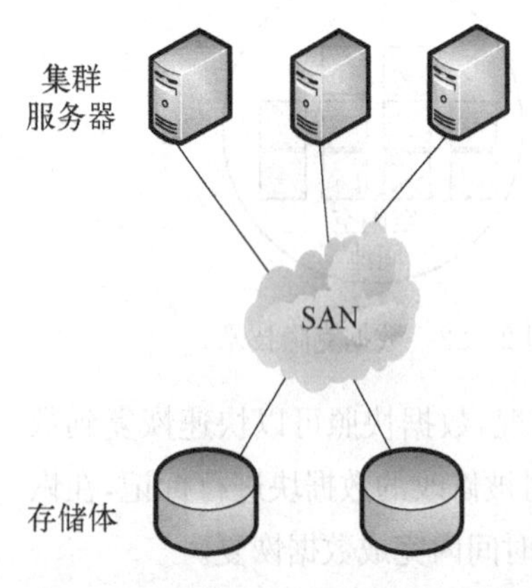

图2-23 共享磁盘SDS集群配置

共享磁盘是为较小的集群设计的，通常要求集群中服务器在50个以内。共享磁盘配置方法是三种集群配置方法中访存性能最快的。对于数字媒体、数据分析等需要高速访问的应用来说，共享磁盘配置是很好的选择。

2）网络簇

传统的文件系统使用"簇"作为磁盘上访问数据的基本单位。操作系统在格式化磁盘时会指定"簇"的大小，然后以簇为单位对磁盘进行整体读写。网络簇也是类似的一种配置方法。

图2-24展示了网络簇的工作原理。集群配置首先需要有一个统一的簇级网络接口实现对数据的访问，这被称为网络共享磁盘（Network Shared Disks，NSD）协议。使用NSD协议的集群可以实现对客户端服务器透明的I/O操作。图中，全部服务器中一小部分被用作NSD服务器，它们负责对存储体进行簇级的抽象。当客户端服务器有I/O请求时，首先会通过特定的网络发给NSD服务器一个访问请求，这些特定的网络可能是LAN，也可能是WAN。接着，NSD服务器根据请求的虚拟地址转换到实际物理存储地址，然后把得到的数据传输给客户端服务器，整个过程对应用保持透明。图中展示了存储体通过SAN和NSD服务器连接，客户端服务器通过LAN和NSD服务器连接的网络簇配置的例子。

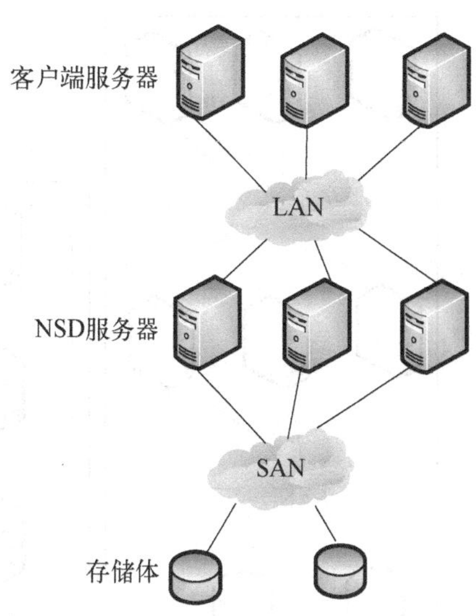

图2-24　网络簇SDS集群配置

NSD服务器数量的选择由服务器上的应用对性能的要求和存储体的容量来决定。客户端服务器和NSD服务器之间的网络如果选择高带宽的LAN网络连接，则该集群可以被用作大数据量传输的集群。网络簇集群配置方法支持各种网络技术，例如1 Gb、10 Gb以太网、IPoIB（Internet Protocol over InfiniBand，IB网络协议）等组成的TCP/IP网络。其中IPoIB无线带宽技术是一种高性能计算中常使用的交换结构通信技术。它的性能可以达到56 Gb/s，非常适合高I/O需求的应用。

对于大集群的环境，使用共享磁盘配置方式可能会使得时间开销和管理复杂度过高。而使用NSD服务器对存储体进行抽象的网络簇配置方式则可以取得更好的性能。

3）授权全球通信

以上两种SDS集群配置方式可以在单一地域的集群上取得很好的性能，如果要让大跨度的多集群联合为一个SDS集群，则需要通过授权的通信来实现。联合的集群需要有一个跨地域的全球命名空间，如果数据在一个地方被改写，所有其他地方的集群在读取该数据时也要得到更新过的数据。这显然对数据共享提出了更高的要求。关于授权全球通信方式的SDS集群配置方式，将在下一节"SDS数据共享"中重点讨论。

2.4.2.4 SDS数据共享

当SDS集群出现跨地域集群间通信时，不可避免地需要对多个集群间数据进行共享管理。根据集群地域跨度和规模，可以把数据共享分为两类：多集群数据共享和全球范围数据共享[15]。

1）多集群数据共享

在SDS集群配置中，网络簇配置方式使用NSD协议来统一数据访问接口。对于集群之间互相访问的情况，集群也需要使用NSD协议来获得全局一致的访存接口。多集群数据共享使用挂载对象集群文件系统来实现数据的共享。

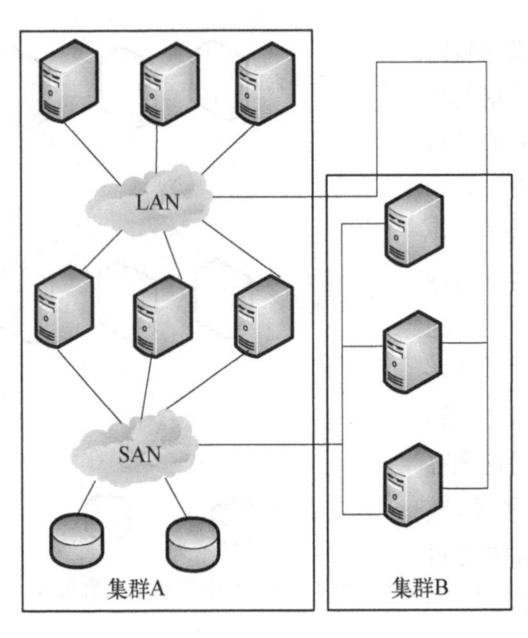

图2-25 多集群数据共享

例如在图2-25中，集群B没有自己的存储体。集群A有着自己独立的存储体和文件系统，它授权给集群B访问自己的文件系统。通过传递安全检查信息，集群B就可以通过NSD协议访问和使用集群A的数据，通过集群A的存储体实现数据的共享。

多集群数据共享环境非常适合于企业或组织为了合作计算、小组讨论等目的而对数据进行共享交换的场合。多集群数据共享一般需要相对可靠的网络，如果网络连接地域跨度很大而且不够可靠，多集群数据共享环境就难以搭建。

2）全球范围数据共享

要建立大范围的、各自独立的集群间共享数据，就不能像多集群数据共享那样，把数据都通过网络直接共享，因为这种情况下NSD协议的访存时延变得很难预测。这时候，就需要用户在自己的集群上先建立数据的备份，而不是直接访问数据源。

这类似于Cache技术，传统的操作系统在内存管理中，为了增加访存的性能，在CPU和内存之间加入了Cache，Cache其实是内存一部分的镜像，CPU可以直接和Cache进行数据交换，然后再把修改好的数据写回到内存中。

全球范围数据共享也是类似的方法，当本地集群要访问远程数据时，首先在本地建立一个拷贝了源数据的镜像文件，并把源数据原本所在的文件定为该镜像文件的目标文件。同一个目标文件的多个镜像文件都有自己的配置参数，只是它们共享了逻辑存储。镜像文件也可以设置为只读，以阻止对该文件的修改。文件中的数据按需要被拷贝进本地集群中，比如打开文件或者预读取。每个文件作为目标文件时，可以配置自己的镜像数量上限来控制带宽的使用。不同的镜像文件之间不必知道彼此的存在。

镜像文件如果设置为只读，那么只要保证数据在需要时从目标文件处得到拷贝就可以了。但是如果设置了独立写，那么数据将可以在各个不同的集群中被读取并修改。此时目标文件的数据将根据最后一次更新的镜像文件来决定。图 2-26 展示了三个站点共同看到全部数据的单一视图的例子。在该例中，每个站点一开始在本地都只有所有数据的 1/3，然后它们会把另两个集群中的文件作为目标文件来获得源数据。结果，用户无论登录哪个站点都可以看到相同的文件系统视图，如果该文件还没有被拷贝进登录的站点，那么读取该文件需要花费稍长一点的时间。

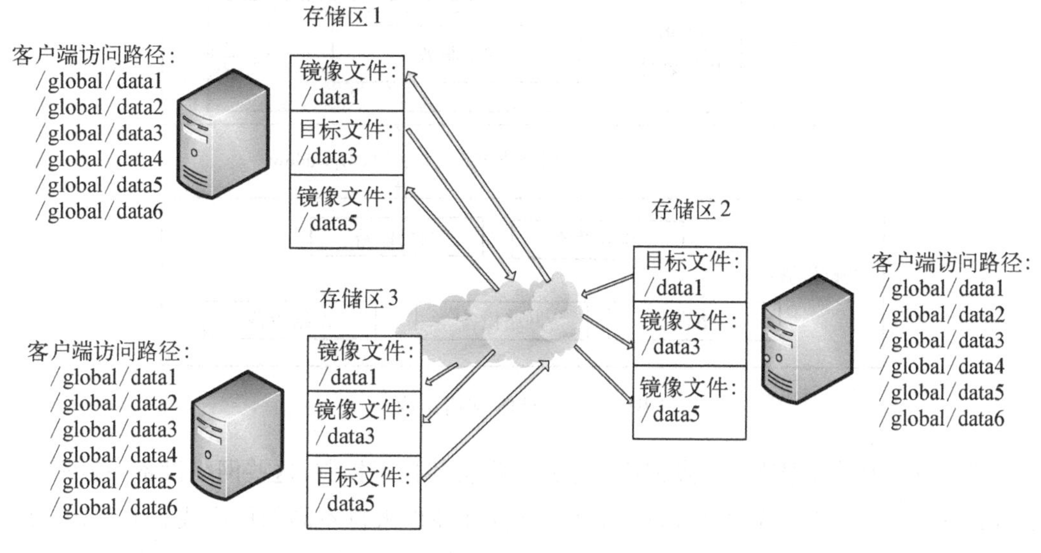

图 2-26　全球范围数据共享

全球范围数据共享的目标文件和镜像文件互相独立的模型使得该策略可以获得很好的扩展性。即使有很多的镜像文件，它们也可以在不感知到其他镜像文件的情况下独立完成各自的工作。与内存管理中的 Cache 技术不同，全球范围数据共享并不要求文件只能是镜像文件或者是目标文件，这意味着用户可能看到"瀑布式的镜像-目标文件关系"：比如说企业 B 的一个镜像文件是以企业 A 集群中的某文件为目标文件的，同时它也可以提供给企业 C 作为目标文件。

2.4.3　软件定义网络

2.4.3.1　软件定义网络简介

软件定义网络(Software Defined Network，SDN)是一种新型的网络架构，它的设计理念是将网络的控制平面与数据转发平面分离，并实现可编程化控制。SDN 的典型架构共分三层，最上层为应用层，包括各种不同的业务和应用；中间的控制层主要负责处理数据平面资源的编排，维护网络拓扑、状态信息等；最底层的基础设施层负责基于流表的数据处理、转发和状态收集。SDN 体系结构如图 2-27 所示[17]。

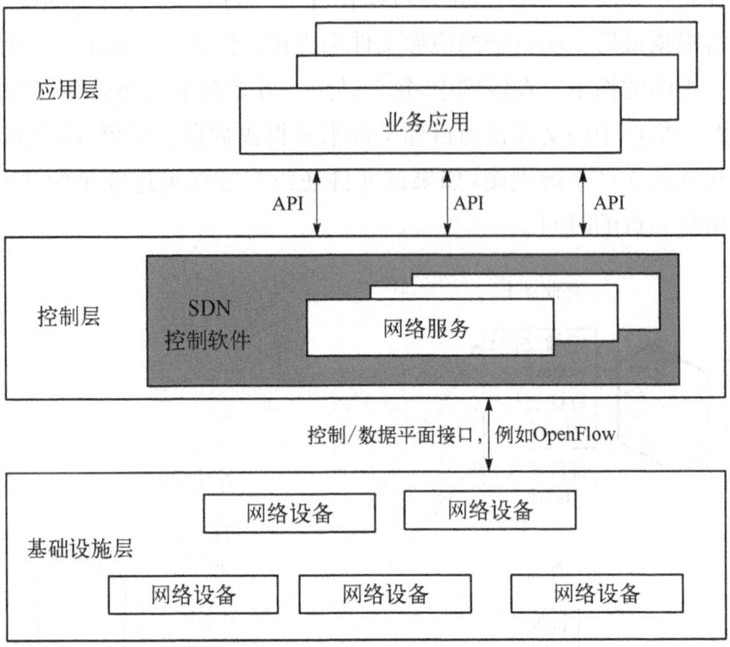

图 2-27 SDN 网络结构

现有网络中对数据流的转发都依赖于网络设备的自主控制，这些网络设备一般都集成了与业务紧密相关的系统软件和硬件，这些软件和硬件来自不同的厂商或企业联盟，彼此不能完全兼容。而在 SDN 网络中，网络设备只负责单纯的数据转发，可以采用通用的硬件，而原来负责控制的操作系统将被提炼为独立的网络操作系统，负责对不同业务特性进行适配，而且网络操作系统和业务特性以及硬件设备之间的通信都可以通过编程实现[18]。

SDN 本质上具有“控制和转发分离”、“设备资源虚拟化”和“通用硬件及软件可编程”三大特性，这带来了一系列的优势：

(1) 设备硬件归一化。硬件只关注转发和存储能力，与业务特性解耦，可以采用相对廉价的商用的架构来实现；

(2) 网络的智能性全部由软件实现。网络设备的种类及功能由软件配置而定，对网络的操作控制和运行由服务器作为网络操作系统(NOS)来完成；

(3) 对业务响应相对更快。可以定制各种网络参数，如路由、安全、策略、QoS、流量工程等，并实时配置到网络中，开通具体业务的时间将缩短。

2.4.3.2 SDN 实现方案

SDN 的核心理念是控制平面和转发平面的分离、支持全局的软件控制。遵循这一理念，各种类型的厂商结合自身优势提出了很多类型的实现方案，总体可分为三类：基于专用接口的方案、基于叠加(Overlay)网络的方案和基于开放协议的方案。三种控制平面方案如图 2-28 所示[19]。

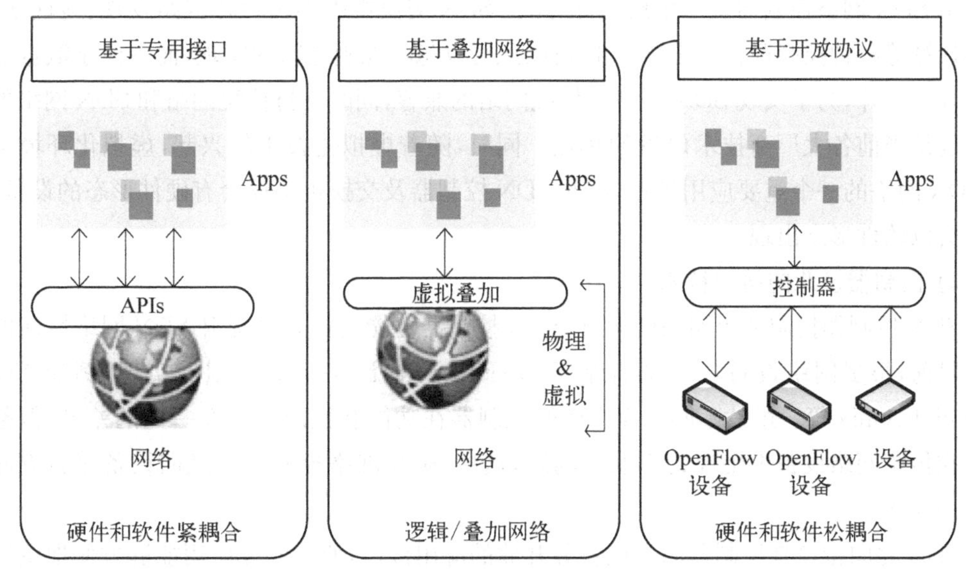

图 2-28 三种控制平面方案

1) 基于专用接口的方案

基于专用接口方案的实现思路是不改变传统网络的实现机制和工作方式,通过对网络设备的操作系统进行升级改造,在网络设备上开发出专用的 API 接口,管理人员可以通过 API 接口实现网络设备的统一配置管理和下发,改变原先需要登录每台设备进行配置的手工操作方式,同时这些接口也可供用户开发网络应用,实现网络设备的可编程。这类方案由目前主流的网络设备厂商主导。

2) 基于叠加网络的方案

基于叠加网络方案的实现思路是以现行的 IP 网络为基础,在其上建立叠加的逻辑网络(Overlay Logical Network),屏蔽掉底层物理网络差异,实现网络资源的虚拟化,使得多个逻辑上彼此隔离的网络分区,以及多种异构的虚拟网络可以在同一共享网络基础设施上共存。该类方案的主要思想可被归纳为解耦、独立、控制三个方面。

3) 基于开放协议的方案

基于开放协议方案是当前 SDN 实现的主流方案,ONF SDN 和 ETSI NFV 都属于这类解决方案。该类解决方案基于开放的网络协议,实现控制平面与转发平面的分离,支持控制全局化,获得了最多的产业支持,相关技术进展很快,产业规模发展迅速,业界影响力最大。

2.4.3.3 SDN 核心技术

1) 交换机及南向接口技术

在 SDN 网络中,数据的转发由 SDN 交换机实现。传统网络结构中使用的数据转发设备，如路由器、交换机等，一般通过内部存储的数据转发表对数据进行转发。与传统数据转发设备不同，SDN交换机内的转发表并不是由设备自身根据周边的网络环境自动生成的，而是由SDN网络控制器统一生成的，因此在SDN交换机中不再存在链路发现、地址学习、路由计算等各种控制逻辑。SDN交换机因此得以忽略控制逻辑的实现，而专注于数据的转发处理。另外，为了实现SDN网络与传统网络的兼容，同时支持传统网络和SDN网络的交换机也是当前各大厂商技术研发的热点。同时，随着虚拟化技术的兴起，虚拟化环境也将是SDN网络的一个重要应用场景，因此SDN控制器及交换机不仅会有硬件形态的设备，而且还会以软件形态出现。

2）控制器及北向接口技术

SDN控制器控制整个网络的运行，SDN控制器性能的提升是提升SDN网络性能的关键。目前，很多网络设备厂商都有基于OpenFlow控制协议的控制器实现，例如NOX、Floodligh、Onix等。虽然不同厂商生产的控制器在功能和性能上存在一定的差异，但是相对于在传统网络设备中出现的不兼容问题，这些SDN网络控制器已经向设备兼容方向前进了一大步。

SDN北向接口是控制器向上层业务开放的应用接口，使得业务应用能够方便地调用底层的网络资源。北向接口是直接为业务应用提供服务的，在设计北向接口时需要着重考虑业务的实际需求。与有国际标准的南向接口不同，北向接口还没有业界统一的标准，因此北向接口也成为目前SDN领域技术竞争的热点。目前，REST API就是一种在北向接口中比较流行的规范。此外，一些网络设备厂商在其生产的网络设备上开放的面向上层的可编程功能也可以被视为一种北向接口。

2.4.4 软件定义数据中心

2.4.4.1 软件定义数据中心概念的提出

在传统的数据中心中，每台服务器所提供的服务往往是独立的。服务器上的硬件，如CPU、内存、磁盘等设备为本服务器的使用者所独享，服务器上所安装的各种软件，如操作系统、数据库、监控软件也都是专门为服务器的使用者所订制。如果在数据中心中有大量服务器运行在这种状态下，将造成硬件、软件以及功耗上的浪费。如果可以将所有服务器的软硬件资源统一使用和管理，将会极大地节省数据中心的架设和运行成本。

在传统数据中心中，数据的存储系统是由多部磁盘阵列、交换机、服务器所组成。这种存储系统构成模式在各种应用场景当中已经服役了几十年，然而随着目前数据量的爆炸性增长，逐渐浮现出的三个矛盾是传统数据中心存储体系难以解决的：管理过于复杂，存储硬件成本过高，难以保证服务水平协议（Service-Level Agreement，SLA）。因此这种存储模式已经很难满足用户的需要，用户需要一种能够快速部署和配置的新型存储结构。

传统数据中心的网络是依照典型的七层网络协议及经典的网络拓扑结构组成的。这种网络结构在过去几十年的使用当中表现良好。然而，随着虚拟化技术的出现及大量网络设备的涌现，传统的网络结构已经越来越难以满足需求。这主要表现在：虚拟网络设备和物理网络设备的管理和使用方式不同，传统网络结构难以统一管理和使用这些网络设备；传统网络的扩展需要按部就班地依照既定拓扑结构扩充，然而随着网络终端的爆炸性增长，拓扑结构中的其他设备也要随之增加，这给用户带来了巨大的复杂性和设备成本。用户需要一个能够动态调整拓扑结构，并且可以灵活使用系统中所有网络资源的网络体系。

传统的IT管理，往往将应用和基础架构垂直地绑定在一起，从而造成了许多服务器孤岛。同时，在一个数据中心中，用户可能使用了多种管理平台上所分配的资源，而这些平台上的资源又可能分属于不同的服务提供商。这些复杂的从属及服务关系使得数据中心的管理变得异常困难。另外，传统上一个数据中心从架设到使用需要经过预算和服务的评估、硬件采购、硬件交货、硬件架设、硬件配置、软件安装、软件配置、系统测试、产品部署等一系列烦琐的步骤，一个数据中心在使用之前需要耗费漫长的建设时间，这是身处激烈市场竞争和千变万化的产品需求中的运营商和用户所不能接受的。如果数据中心的部署和管理，能够按照一个统一的规范自动进行，那么一个数据中心从架设到使用仅需经过预算和服务的评估、软件的安装、软件的配置、系统测试、产品部署五个步骤即可实现，这将会为数据中心的维护及用户的使用带来极大的方便。

为了解决上述传统数据中心所遇到的问题，软件定义数据中心应运而生。软件定义数据中心是一个架构方法扩展的IT基础设施虚拟化的概念，其抽象、“池化”、自动化所有的数据中心资源，以实现它作为一个服务提供给用户。可见软件定义数据中心，是一个由软件定义计算、软件定义存储、软件定义网络、系统管理等系统构成的新型数据中心结构。软件定义数据中心旨在尽可能的虚拟化、软件化传统数据中心的一切资源，并将这些资源变成一种IT服务提供给客户。通过软件定义数据中心，客户不仅可以轻松获得所需的各种物理资源，而且能够按需进行扩展。更重要的是，这些虚拟化资源的部署和调配变得非常方便和快捷。

2.4.4.2 软件定义数据中心的结构

软件定义数据中心的形成需要经过从物理环境到虚拟环境，再到云计算环境三个层次的抽象。因此，在数据中心的演进过程中，如果能将硬件和软件抽象化，就能不断提高数据中心的敏捷性和自动化程度。软件定义数据中心核心思想是采用资源“池化”的方法，将整个数据中心的资源虚拟化为计算池、存储池、网络池，每个资源池均可实现动态的资源配置。通过软件重新定义的数据中心，使得资源的使用方式从孤立的使用转变为集合的共享，并且能够根据实际情况自动部署并动态调整资源分配，形成一个基于业务的资源共享、灵活配置、面向服务和自动化管理的新型数据中心。

传统数据中心的组织结构往往是一种应用的发布者维护一台或一组性能相近、并且安装了相同操作系统和应用软件的服务器。这些服务器彼此独立，拥有本地的计算、存储、管理及网络设备，服务器之间的通信通过数据中心内部的交换机完成，如图 2-29 所示。由于服务器本地的硬件结构、操作系统和应用软件的不同，数据中心的服务器难以进行统一的运行和维护，而数据中通信所依赖的传统网络拓扑结构也难以满足数据中心迅速扩展的需求。

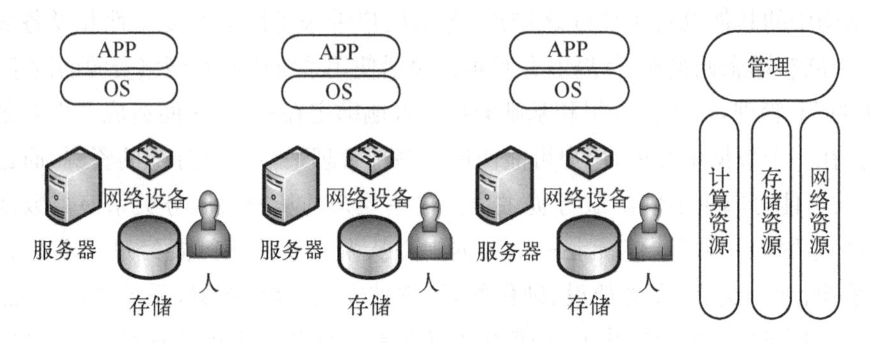

图 2-29　传统数据中心逻辑结构图

为了克服上述传统数据中心面临的问题，在计算机虚拟化、软件定义存储、软件定义网络及数据中心虚拟化等技术的基础上，将数据中心所有服务器、存储器以及网络都虚拟化为统一的硬件资源池。当用户需要使用数据中心的硬件资源时，向数据中心租赁能够满足自身需要的硬件资源，在获得相应硬件资源后，用户可以在属于自己的硬件资源上安装必要的操作系统平台并发布自己所运营的应用。由于数据中心所含有的计算、存储、网络等资源已经被软件定义，因此，软件定义的数据中心也具有了相应的软件属性。数据中心的管理者能够通过管理平台统一地分配、管理和维护数据中心的资源，而不用考虑这些资源是由哪些用户在使用，以及运行了哪些应用，如图 2-30 所示。而用户也不用再独自维护自己所使用的硬件资源，而且当用户的应用规模需要扩展时，可以由数据中心的管理者动态无缝地为用户分配更大的资源空间。

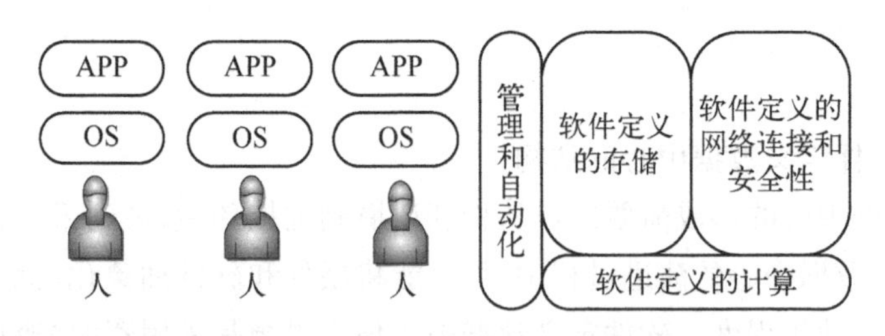

图 2-30　软件定义数据中心逻辑结构图

图 2-31 展示了一个典型的软件定义数据中心的结构图，软件层面由面向数据中心管理者的业务流程平台，面向用户提供的服务，以及用户部署的应用构成。硬件资源由计算机、存储设备、传统网络设备以及 OpenFlow 交换机等新型网络设备构成。软件定义的计算、存储、网络资源及控制器介于软件层面与硬件层面之间。

在软件定义数据中心中，服务器等计算机资源被 VMware、Xen 等虚拟机抽象为计算资

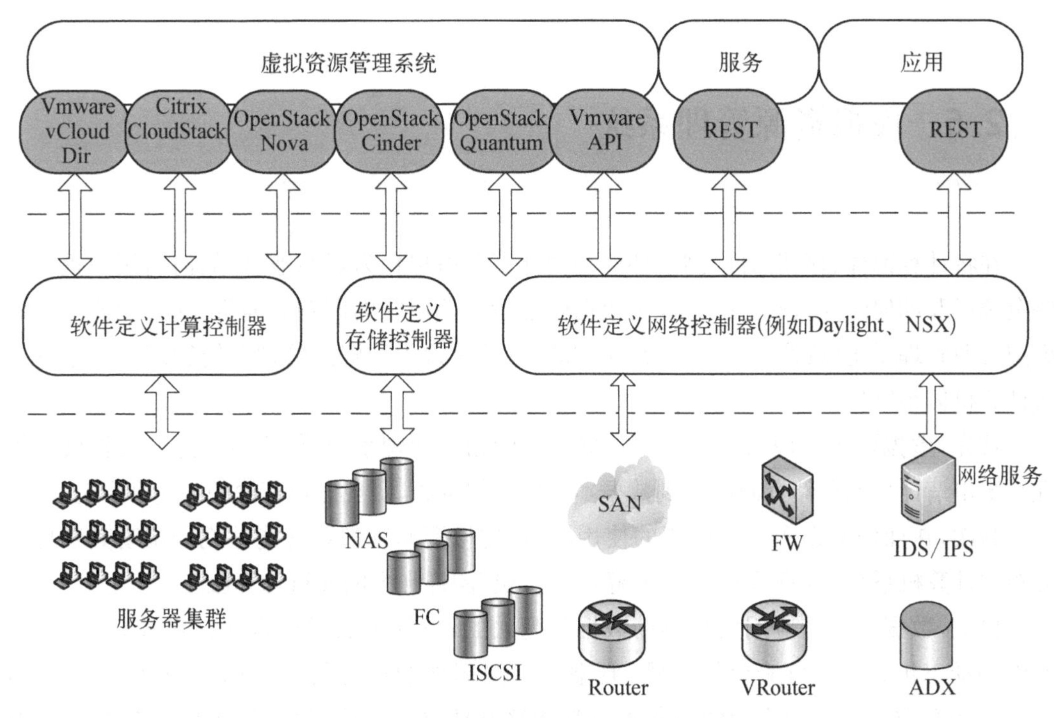

图 2-31 软件定义数据中心物理结构图

源池,业务流程平台通过 Vcloud、CloudStack、OpenStack、Nova 等云平台的计算组织控制器控制和分配这些计算资源。NAS、FC、ISCSI、OBJ 等存储设备统一通过存储管理计划规范(SMI-S)接口抽象为存储资源池,业务流程平台通过 OpenStack Cinder 等块存储管理模块控制和分配这些存储资源。SAN、路由器、虚拟路由器、防火墙、ADX 等网络设备通过 OpenFlow 或传统网络接口抽象为网络资源池,业务流程平台通过 OpenStack Quantum 等北向接口控制和分配这些网络资源。用户所部属的应用必须依赖业务流程平台提供的服务以使用属于自己的计算和存储资源,但可以直接使用 REST 网络协议直接控制软件定义网络控制器以利用属于自身的网络资源。

对于用户而言,用户所部署的应用通过软件定义数据中心所提供的服务获得所需要的计算、存储及网络资源。属于用户的应用获得这些资源后,对于网络链接任务可以直接通过软件定义网络的北向接口与其他虚拟机或者物理机通信。而对于存储和计算任务,则需要通过业务流程平台提供的服务,向业务流程平台发出计算或存储的要求,在软件定义计算或软件定义存储控制器的参与下,对数据进行计算和存储。

对于数据中心管理者而言,软件定义数据中心利用虚拟化软件将其管辖的所有计算机、存储、网络等硬件资源统一虚拟化为计算池、存储池、网络资源池。这些虚拟化的资源分别通过软件定义计算控制器、软件定义存储控制器以及软件定义网络控制器管理。数据中心管理者只需通过业务流程平台控制相应的软件定义控制器即可动态地控制和维护整个数据中心。

2.5 虚拟资源管理系统

在将计算部件、存储部件、网络部件等硬件资源虚拟化为资源池后，如何向用户提供这些资源以及如何管理这些虚拟资源是数据中心所必须面临的问题。通常，这一功能是通过虚拟资源管理系统(或称之为云平台)完成的，也就是说虚拟资源管理系统管理着整个分布式计算机体系结构：

首先，虚拟资源管理系统集成了数据中心的租户管理系统，使用者通过向虚拟资源管理系统申请计算或存储资源而得到数据本身的虚拟资源，实现虚拟资源的隔离和私有化。

其次，在面向数据密集型应用的使用者时，虚拟资源管理系统能够充分调动其管理的分布式计算机系统，为使用者提供与“超级计算机”同样强大的并行计算服务。

再次，数据密集型应用所存储的数据是庞大的，数据量的增长也非常迅速，因此存储部件的动态扩容是不可避免的问题，典型的存储部件的扩容需要使用者独立完成，然而并不是所有数据密集型应用的运营人员都能够胜任这一工作，这无疑阻碍了数据密集型应用的发展。而借助虚拟资源管理系统先天的云特性，数据中心将能够弹性地向应用的设计者和运营人员提供存储空间，使用者不用关心存储设备扩容的细节即可实现容量的无缝扩展。

最后，由于虚拟资源管理系统统一管理了数据中心的所有资源，因此在系统层面虚拟资源管理系统就已经保证了数据密集型计算应用所使用的计算、存储、网络等资源上的负载是均衡分配的，从而避免了访问热点的出现。

2.5.1 典型虚拟资源管理系统

2.5.1.1 ConVirt

1) 软件架构

ConVirt 是一个直观的、图形化的虚拟机管理工具，可以对虚拟机的整个生命周期进行管理，它是虚拟机 KVM 和 Xen 的管理平台。ConVirt 使用无代理模式工作，当需要管理的目标节点提供 SSH 登录方式时，ConVirt 通过 SSH 登录到计算节点，在计算节点上直接运行相对应的虚拟化管理命令。当需要管理的目标节点提供 HTTP/HTTPS/XML - RPC 远程调用接口时，ConVirt 插件可通过目标节点所提供的远程调用接口实现对目标平台的管理。ConVirt 3.0 提供了面向 Amazon EC2/Eucalyptus 的用户接口，使得 ConVirt 用户能够在同一个 Web 管理界面下同时管理 Amazon EC2/Eucalyptus 提供的虚拟计算资源。其体系结构如图 2 - 32 所示。

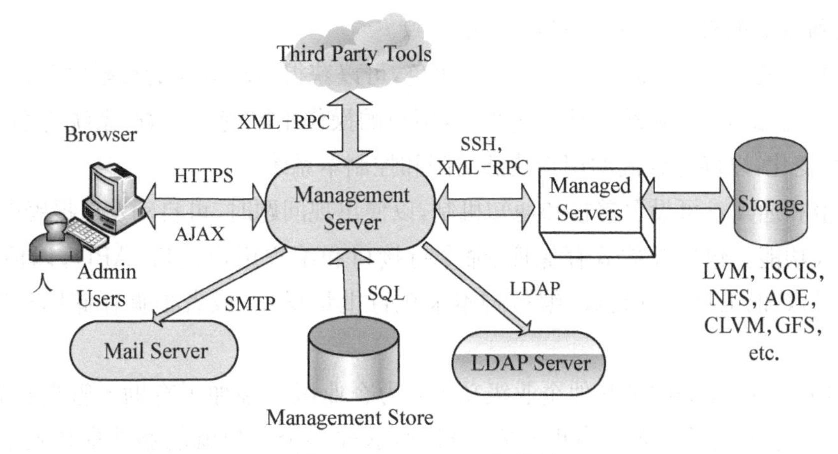

图 2-32 ConVirt 架构图

2）开源版本和企业级比较

ConVirt 分为开源版本和企业版本。开源版本使用 GPLv2 授权协议，不需要安装许可证，可免费使用，而企业版本使用自定义的商业授权协议，需要在管理服务器上安装许可证才能使用，购买的许可证针对特定版本永久有效。

3）软件优势

（1）开放性。ConVirt 的浏览器界面是开源的，用户可以对其进行定制化，将自己所需要的其他功能添加到同一个用户界面中。ConVirt 的图形界面的优点在于以图形的方式直观地展示从机房到虚拟机的健康状况。

（2）可管理性。ConVirt 提供基于 VNC 的虚拟机控制台，使用者可以基于模板部署新的虚拟机。不仅如此，授权用户还可以通过图形界面方便地进行资源池和虚拟机生命周期管理。ConVirt 通过时程图的方式在不同的层次上直观地展示计算资源（包括物理资源和虚拟资源）的利用情况和健康状况。在整个数据中心和资源池的层面，ConVirt 能够实时显示资源池数量、物理服务器和虚拟机数量、虚拟机密度、存储资源使用状况、负载较高的物理服务器和虚拟机。在物理服务器和虚拟机的层面，ConVirt 实时显示 CPU 和内存使用情况，监控人员可以通过 CPU 和内存时程图及时地发现或者是调查系统异常情况。

（3）企业级功能。企业版本凭借以下改进，增强了 ConVirt 开源管理工具：

① 高可用性。提供了全面的高可用性功能，包括虚拟机和物理机故障切换功能，确保关键应用软件总是在正常运行。

② 存储和网络自动化。存储配置模块可自动配置各种类型的存储系统，包括网络文件系统（NFS）、iSCSI、基于以太网的 ATA（AoE）、光纤通道和逻辑卷管理器（Logical Volume Manager，LVM），从而为服务器池的存储统一了标准。而网络集成模块提供了便于管理虚拟网络的集中接口。

③ 备份和恢复。支持计划备份和按需备份，有助于应对计划内停机和计划外停机。恢复模式可用于恢复最近的状态或任何之前的备份，虚拟机状态和存储资源都能因此而记录

下来，从而确保虚拟机恢复后状态与停机前一致。

④ 基于角色的访问控制。用户基于其角色，可以获得自动分配的权限以及针对受管理实体的访问权。此外，在系统的使用过程中，用户的操作不断受到审查，系统将会密切跟踪环境出现的变化，以确保合法的用户能够访问和控制本系统。

⑤ 警报和通知。可设置警报和通知机制，以便出现问题时，可自动发送报警电子邮件。

⑥ 集成功能。包括开放式存储库、命令行接口和编程用户接口(API)，以便 ConVirt 2.0 企业版与其他工具进行集成、编写脚本来执行批量操作，或者根据存储库运行自定义报告。

此外，ConVirt 还提供了其他企业级功能：为企业版本添加了有助于管理托管云或私有云的功能。它提供了全面的多租户安全机制，这样多个客户就能够共享基础架构资源，同时又确保完全隔离；为选择委托给每个客户的控制程度提供了充分的灵活性；可以根据事先确定的计划表或时间表，自动配置虚拟基础架构；能够对资源进行限制，确保客户没有超出分配给他们的资源限额；支持虚拟设备目录，应用软件开发商或自行创建参考映像的客户可以填充虚拟设备目录。

(4) 易用性。ConVirt 的官方文档非常完备，按照文档操作能够顺利地完成安装和配置过程。虽然 ConVirt 仅仅支持 Xen 和 KVM 两种虚拟化技术，但是其安装配置相对简单、文档详尽、功能齐全、界面美观，是比较容易上手的虚拟化管理软件。更重要的是，Convirt 的监控报表功能直观地展示了从数据中心到虚拟机的 CPU、内存利用情况，使得用户对整个数据中心的健康状况一目了然。

2.5.1.2 OpenStack

1) 软件架构

OpenStack 主要有以下几个组成部分：Compute、Object Storage、Image Service 以及两个最近添加的项目 Dashboard 和 Identity(KeyStone)，如图 2-33 所示。

OpenStack Compute 是云组织的控制器，它提供一个工具来部署云，包括运行实例、管理网络以及控制用户和其他项目对云的访问。它底层的开源项目名称是 Nova，其提供的软件能控制 IaaS 云计算平台，类似于 Amazon EC2 和 Rackspace Cloud Servers。

OpenStack Object Storage 是一个可扩展的对象存储系统。对象存储支持多种应用，比如复制和数据存档，图像或视频服务、存储次级静态数据，开发数据存储整合的新应用，存储容量难以估计的数据，为 Web 应用创建基于云的弹性存储。

OpenStack Image Service 是一个虚拟机镜像的存储、查询和检索系统，其 RESTful 应用接口(API)允许用户通过 HTTP 请求查询 VM 镜像元数据，以及检索实际的镜像。

2) OpenStack 的优点与缺点

(1) 优点。

① 与开源社区的合作广泛。

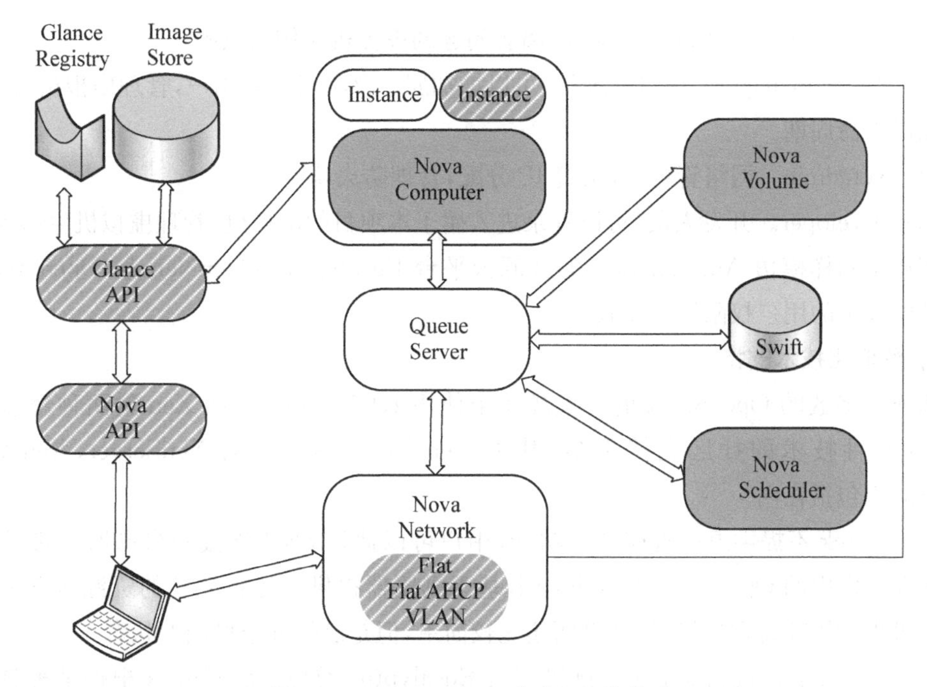

图 2-33 Nova、Glance 和 Swift 的关系

② 积极的客户支持。

③ 支持所有应用。

(2) 缺点。

① 项目面临风险,虽然 OpenStack 几乎支持所有的虚拟化管理程序,不论是开源的 Xen、KVM 还是商业的 Hyper-V、VMWare,但是对它们的支持仅仅是开启、关闭。

② 厂商之间的利益冲突。

③ 兼容性差与开发成本高。

3) OpenStack 特点

(1) 镜像即服务。范围内存储和检索虚拟机镜像。

(2) 多格式、多容器支持。与所有通用镜像格式兼容。

(3) 镜像状态。提供可见和可用的结构。

(4) 元数据。存储和检索关于镜像的信息。

(5) 镜像核对。确保数据整合。

(6) 大量的日志。

(7) 整合测试。核实虚拟机功能。

(8) 后端存储选项。更大灵活性支持 Swift、Local、S3 或者 HTTP。

4) 用户权限管理

OpenStack 将用户分成如下几个类别:

(1) Admin。云服务管理员,拥有所有管理权限。

(2) Itsec。IT安全管理员,具有隔离有问题的虚拟机实例的权限。

(3) Projectmanager。项目管理员,可以增加属于该项目的新用户,管理虚拟机映像,管理虚拟机生命周期。

(4) Netadmin。网络管理员,负责IP分配,管理防火墙。

(5) Developer。开发人员,可以登录进入属于本项目的虚拟机,管理虚拟机生命周期。

相比于同样模仿Amazon EC2的开源云平台Eucalyptus、OpenNebula,OpenStack提供了粒度最细的用户权限管理模式。

5) 虚拟化技术支持

当前大多数的OpenStack的开发环境中使用KVM/ubuntu和Xen这两种虚拟化技术,对这两种技术的社区支持更多,其中Xen hypervisor中的XenServer、Xen Cloud Platform不包括在内。

OpenStack不提供虚拟机控制台功能,用户可以通过SSH连接到自己所管理的虚拟机。正在开发中的OpenStack-Dashboard,基于浏览器提供了比较完整的资源池管理功能和虚拟机生命周期管理功能,虽然界面还比较简单,但是已经处于可用的状态。

OpenStack的模板和虚拟机实例机制与Eucalyptus类似,OpenStack根据某种算法自动决定用户的虚拟机将在哪个物理服务器上运行,用户对物理服务器的状况一无所知。

2.5.1.3 XenServer

XenServer是一种全面而易于管理的服务器虚拟化平台,基于强大的Xen Hypervisor程序,Xen技术被广泛看作业界最快速、最安全的虚拟化软件。XenServer是为了高效地管理Windows®和Linux®虚拟服务器而设计的,可提供经济高效的服务器整合和业务连续性。

1) 软件架构

XenServer架构如图2-34所示。

Control Domain(或称为Domain 0)是一个Linux虚拟机,对硬件而言,具有比客户操作系统更高的优先级。Control Domain管理所有客户VM的网络和存储I/O,而且由于它使用的是Linux设备驱动程序,所以能广泛支持各种物理设备。

Xen虚拟机管理程序是运行于硬件上的一个软件层。Xen提供一个允许每台服务器运行一台或多台“虚拟服务器”的抽象层,有效地将OS及其应用程序与底层硬件分离开来。

硬件层包含物理服务器组件,包括内存、CPU和磁盘驱动器。虚拟机包含Linux虚拟机和Windows虚拟机。Linux虚拟机包括半虚拟化内核和驱动程序,通过Control Domain访问存储和网络资源,通过硬件上的Xen访问CPU和内存。Windows虚拟机使用半虚拟化驱动程序,通过Control Domain访问存储和网络资源。Xen经过设计可以充分利用Intel VT和AMD-V处理器虚拟化功能。硬件虚拟化可实现Windows内核的高性能虚拟化,而无须使用传统的仿真技术。

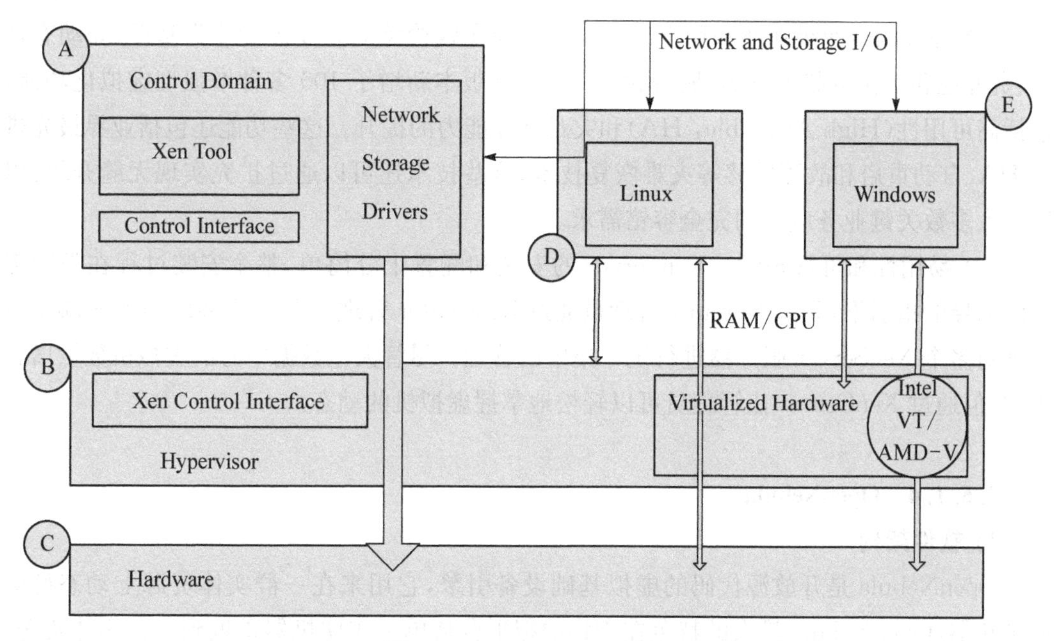

图 2-34 XenServer 架构图

2）开源版本和企业级版本比较

XenServer 主要有四个版本：铂金版、企业版、标准版、Express 版。

Express 版是免费的，其他的版本均为收费的，Express 版本提供了基本的虚拟化功能，但是相对其他版本，功能上受到限制。

3）XenServer 的优势

（1）开放性。XenServer 是基于开源 Xen®系统管理程序创建的，它是众多 IT 厂商广泛参与的一个开源项目，XenServer 充分利用 Intel®VT 平台和 AMD®VTM 平台进行硬件辅助虚拟化，提供了更快捷、更高效的虚拟化计算能力。

（2）高性能。XenServer 的基于裸金属的原生 64 位构架，以及结合使用硬件虚拟化辅助技术和半虚拟化技术是其取得高性能特性的保证。

Xen 引擎使用一种称为“半虚拟化”的技术来使虚拟机意识到其正被虚拟化，并与系统进行协作以确保获得最佳性能。Xen 在 X86 平台上率先开发应用半虚拟化技术，XenServer VM 对存储和网络设备使用了半虚拟化驱动程序。同上一代的仿真驱动程序相比，半虚拟化驱动程序可以极大地改善性能。

（3）互操作性。Xen 使用业界标准的 Linux 设备驱动程序，硬件支持广泛。对各版本的 Linux 支持良好，同时支持 Windows 平台及其上面的各种服务器应用。XenServer 是第一个完全通过微软 SVVP 验证的解决方案，不管采用的是 32 位还是 X64 虚拟机，Intel 还是 AMD 处理器，或者是多达 8 个 CPU 的服务器。

XenServer 在存储上支持 IDE、SATA、SCSI、SAS 本地存储和 iSCSI、光纤通道和 NFS 等共享存储，还能与 NetApp、Dell/EqualLogic 和 IBM Storage N 系列实现本地集成。

(4) 强大的企业级功能和稳定性。以大量经实践检验的企业级功能为基础，如动态迁移、资源池和工作负载置备等，最新的 XenServer 版本新增了 100 多种增强型虚拟化功能，包括高可用性(High Available, HA)和灾难恢复能力的提升。这些功能还包括业界最先进的 HA、自动重启和故障转移等灾难恢复技术，这些技术还可以通过扩充实现无缝升级，以适合大多数关键业务应用的完全容错需求。

(5) 易用性和可管理性。XenServer 的安装和配置十分简单，整个安装过程在类图形化的向导的指引下，只需 10 min。管理员通过 XenCenter 管理工具在 Windows 客户端上方便地对多个 XenServer 服务器进行统一集中的管理。尽管大型数据中心的虚拟机数量增长极快，但通过 XenCenter 让管理员可以轻松地掌握虚拟机的动态。

2.5.1.4　OpenNebula

1) 软件架构

OpenNebula 是开放源代码的虚拟基础设备引擎，它用来在一群实体资源上动态部署虚拟机器，OpenNebula 最大的特色在于将虚拟平台从单一实体机器扩展到一群实体资源。OpenNebula 专为 Linux VM 设计，它是开放云社区项目中的一个组件，OpenNebula 是完全开源的。其层次结构如图 2-35 所示。

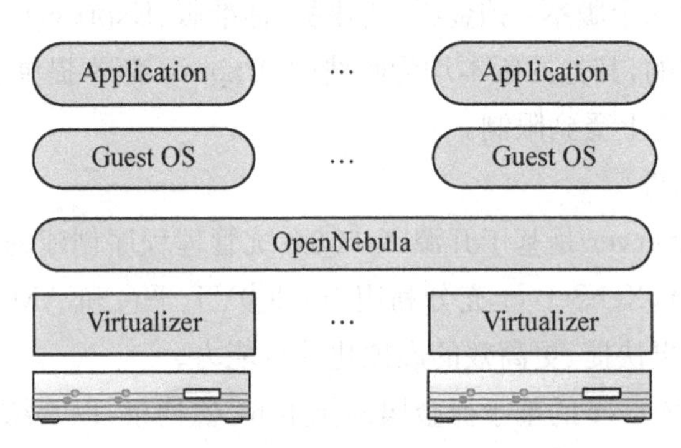

图 2-35　OpenNebula 层次图

OpenNebula 的目标是将一群实体 Cluster 转换弹性的虚拟基础设备，且可动态调适服务器工作负载的改变，OpenNebula 在服务器和实体机设备间产生新的虚拟层，这个层可支持子集的服务器执行和加强虚拟机的效益。目前 OpenNebula 可支持 Xen、KVM 和实时存取 EC2，也支持磁盘印象文件的传输、复制和虚拟网络管理网络。

2) OpenNebula 的优势

(1) 支持多种身份验证方案。OpenNebula 支持的验证方案包括基本的用户名、密码验证(使用 SQLlite 或 MySQL 数据库管理用户信息)和通过 SSH 密钥验证，还有一个新的 LDAP 插件。

(2) 支持多种插件。OpenNebula 支持的插件包括 LDAP 身份认证、计费、VMware 驱动和 OpenNebula 快速安装程序。OpenNebula 还有一个插件安装 oneacct 命令，它允许查看实例运行时长、运行人员、所在主机和其他细节信息,这些信息可以用于计费。

(3) 模块化设计。OpenNebula 的模块化设计使得它具有更灵活的使用方式,和其他开源软件一起,让创建私有云平台变得更廉价。

(4) 多种工具支持。OpenNebula 包含许多有用的工具,但它的强项还是在核心工具上,因此适合开发人员和管理人员使用。

OpenNebula 允许客户将 Xen、KVM 或 VMware ESX 一起建立和管理私有云,同时还提供 Deltacloud 适配器与 Amazon EC2 相配合来管理混合云。OpenNebula 的构架包括驱动层、核心层、工具层三部分。驱动层直接与操作系统打交道,负责虚拟机的创建、启动和关闭,为虚拟机分配存储,监控物理机和虚拟机的运行状况。核心层负责对虚拟机、存储设备、虚拟网络等进行管理。工具层通过命令行界面/浏览器界面方式向用户提供交互接口,通过 API 方式提供程序调用接口。OpenNebula 架构如图 2-36 所示。

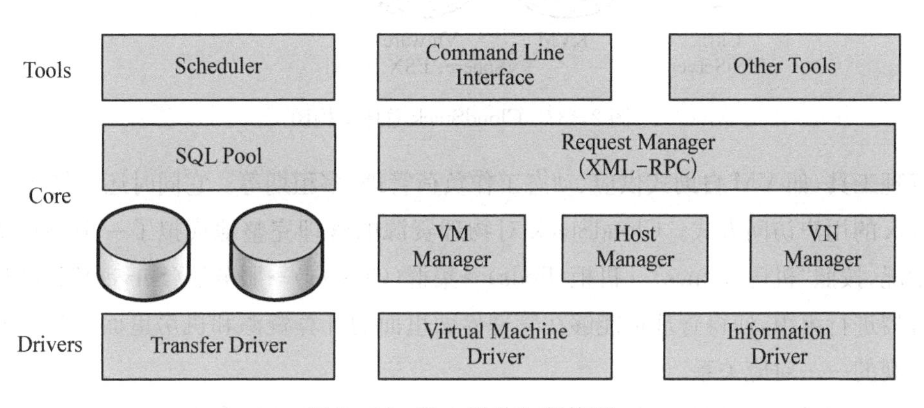

图 2-36 OpenNebula 架构图

用户利用 OpenNebula 可以构建私有云、混合云、公开云。OpenNebula 自动决定用户的虚拟机将在哪个物理服务器上运行,而用户不需关心物理机的具体运行状态。

2.5.1.5 CloudStack

1) 软件架构

CloudStack 是新一代、无关管理程序的云基础平台,采用了“框架+插件”的系统构架,通过不同的插件来提供对不同虚拟化技术的支持。对于标准的 Xen/KVM 计算节点,CloudStack 需要在计算节点上安装 Agent 与控制节点进行交互;对于 XenServer/VMWare 计算节点,CloudStack 通过 XenServer/VMWare 所提供的 XML-RPC 远程调用接口与计算节点进行交互。

CloudStack 本身是一个虚拟化管理平台,但是它通过 CloudBridge 提供了与 Amazon EC2 相兼容的云管理接口,对外提供 IaaS 服务。CloudStack 总体架构如图 2-37 所示。

2) CloudStack 优势

CloudStack 同时支持 VMwareESX、Xen、KVM 以及 Hyper-V。它提供了大量云计算

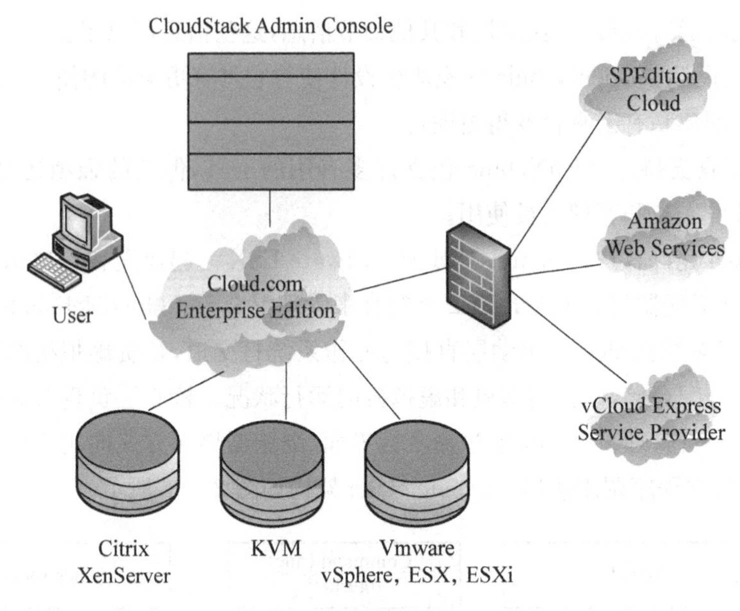

图 2-37 CloudStack 总体架构图

界面管理工具,如 VM 自助式供应、动态工作负荷管理、多租期等。它同时还支持 Windows 和 Linux 的用户访问方式。CloudStack 对物理资源的管理完整地模拟了一个物理机房的实际情况,按照“机房(Zones)→机柜(Pods)→集群(Cluster)→服务器(Server)”的结构对物理服务器进行组织,使得管理员能够在管理界面里面的计算资源和机房里面的计算资源建立起直观的一一对应关系。

授权用户可以通过图形界面方便地进行资源池和虚拟机生命周期管理。在图形界面上可以直观地监控物理服务器和虚拟机的计算资源(CPU、内存、存储、网络活动)使用情况,提供基于 VNC 的虚拟机 Console,可以基于模板部署新的虚拟机。

综上所述,XenServer 是在 Xen 基础上的进一步封装,社区规模大,企业化应用广泛。但是社区版要求对每台物理服务器都要每年更新一次许可证。对于拥有大量物理服务器的公司来说,管理和维护成百上千个许可证将耗费巨大的人力成本。XenServert 的图形用户界面是同类软件中最好的,XenCenter 的图形界面的优点在于提供了独一无二的用户体验。OpenStack 完全开源免费,发展较快,社区规模很大,技术交流快捷方便。虽然 CloudStack 最新、功能最强大、对虚拟化支持较好,但是社会规模较小,因此一旦遇到问题,可能难以解决。

私有云强调虚拟资源调度的灵活性。从这个意义上来讲,XenServer、CloudStack 比较适合提供私有云服务。公有云服务于公众,强调虚拟资源的标准性,并且公有云提供商通过将计算资源切割成标准化的虚拟机配置,通过标准的服务合同(Service Level Agreement, SLA)以标准的价格出售计算资源。当用户对计算资源的需求出现改变时,用户只需要缩减或者增加自己所使用服务的容量即可。从这个意义上来讲,OpenStack 提供了与 Amazon

EC2兼容或者是类似的接口，比较适合提供公有云服务，表2-2给出了上述几种虚拟资源管理系统的横向比较。

表2-2 各种虚拟资源管理系统的比较

	XenServer	OpenStack	ConVirt	CloudStack	OpenNebula
开源状况	仅开源版	完全开源	仅开源版	完全开源	仅开源版
资费信息	XenServer免费版和开源的Xen Cloud Platform可以免费使用，XenServer高级版、企业版和白金版按物理服务器数量收费	完全免费	社区开源版免费;企业版提供增强功能和技术支持，按物理服务器数量收费	社区开源版免费;企业版提供增强功能和技术支持，收费	开源版免费;企业版按物理服务器总数收费
虚拟化技术支持	Xen	XenServer/XCP、KVM、QEMU、LXC、ESX、ESXi	Xen、KVM	KVM、XenServer、XCP、VMWare	Xen、KVM、VMWare
社区规模	较大	较小，但发展较快	较大	较小	较小
对EC2的兼容性	不兼容	兼容	企业版兼容	通过CloudBridge提供了与Amazon EC2相兼容的云管理接口	兼容
可扩展性	直接运行在服务器硬件上，而不是运行在单独的宿主操作系统上，因此能提供最佳的可扩展性	可扩展到上千台物理节点	ConVirt 2.0企业版最多可用于10个服务器主机	可扩展到20 000台物理节点	在大规模基础设施上得到过测试;高度可扩展的后端，并为MySQL和SQLite支持
稳定性	稳定	较稳定	企业版及企业云版，高可用性	较稳定	较稳定
热迁移	支持	支持	支持	支持	支持
用户界面	XenCenter，操作简单	尚不完善的Dashboard，很多操作仍需通过命令行执行	友好的基于Ajax的Web接口	友好的基于Ajax的Gorgeous Web UI	基于浏览器的用户界面。但大部分的管理操作，需要在命令行下进行

（续表）

	XenServer	OpenStack	ConVirt	CloudStack	OpenNebula
用户权限管理	社区版本可以注册多个用户，并可将用户按照用户组进行分类，但是所有的用户拥有相同的全局管理权限。企业版则提供了更细致的用户权限管理机制	Admin Itsec Projectmanager Netadmin Developer	开源版： Fully Administer； 企业版： Role-Based Access Control	Admin Domain-Admin User	只有两种类型的用户：管理员，普通用户。认证框架，安全的多租户
安装与配置	简单，每年都需要更新 Licence	脚本、手动，对于简单系统安装配置较易	官方文档安装，比较简单	官方文档安装，比较简单	脚本、手动，对于简单系统安装配置较易

2.5.2 云计算一体机

一般来讲，云计算平台的建设需要用户分别购买软件和硬件，这就需要建设单位具有一定的技术实力，而这一需求也成为阻碍云平台建设的障碍。为了解决云平台建设中软件和硬件集成及部署的问题，一些公司和科研院所推出云计算机的一揽子解决方案——云计算机，紫光云就是其中一种。紫光云计算机（紫云 1000）借助云计算虚拟化技术，采用与个人计算机和超级计算机完全不同的分布式体系构架，将多个成本相对较低的计算资源融合成一台具有强大计算能力的计算机。云计算机可高效支持大数据处理、高吞吐率和高安全信息服务等多类应用需求，其计算能力、存储能力是动态可伸缩并无限可扩充的[21]。

紫光云计算机主要包含三大模块，分别是虚拟化模块、大数据模块和快速部署模块。

1）虚拟化模块

软硬件资源的虚拟化通过紫云平台实现。紫云平台是针对紫光云计算机所设计的云计算一体化管理平台，是整合数据中心 IT 资源的提供计算和数据存储处理兼顾的综合平台。

通过平台的可视化界面，用户可对集群资源进行统一的管理、分配、部署、监控和备份。而其采用的资源封装模式，还能方便服务的开发和交付，缩短客户服务的上线时间，使用户能够通过快速、简单和可扩展的方式创建和管理大型复杂的 IT 基础设施。

2）大数据模块

大数据平台是源于目前数据量爆发式增长、传统设备不足以应付大数据的情况，而特别开发的具有海量数据处理、存储和检索功能的模块。平台采用主流的分布式系统构架，是一个能够对海量数据，尤其是对非结构化数据进行处理的软件系统，可处理从 GB 级到 PB 级的数据。

3）快速部署模块

云计算机在被使用前，需要预安装 OS 和 Hadoop，这一系列的安装比较烦琐，需要一位非常专业的 Hadoop 工程师需要花费几个小时才能安装完成一个节点。为减少安装复杂性和客户的安装时间，云计算机可通过快速部署模块，采用 PXE 自动安装系统快速安装各个节点。

◇参◇考◇文◇献◇

[1] 何军，王飙. 多核处理器的结构设计研究[J]. 计算机工程，2007，33(16)：208－210.

[2] 徐新海，林宇斐，易伟. CPU2GPGPU 异构体系结构相关技术综述[J]. 计算机工程与科学，2009，31(A1)：24－26.

[3] 陆鑫达. 剖析异构计算[J]. 中国计算机用户，1999：29－31.

[4] 张舒，褚艳利. GPU 高性能运算之 CUDA[M]. 北京：中国水利水电出版社，2009.

[5] 温淑鸿，崔慧娟，唐昆. 有效利用片上分块存储器[J]. 清华大学学报，2006，46(1)：31－34.

[6] 陈晓宁. 海量数据下列式数据库研究[D]. 华东理工大学，2012.

[7] 魏青松. 大规模分布式数据存储技术研究[D]. 电子科技大学，2004.

[8] 张彦. 虚拟计算环境分布式存储系统设计与实现[D]. 北京邮电大学，2010.

[9] 杨传辉. 大规模分布式存储系统原理与架构实战[M]. 北京：机械工业出版社，2013.

[10] 周文彪，张岩，毛志刚. SoC 片上通信结构的研究综述[J]. 微处理机，2007(3)：1－5.

[11] 王炜，汤志忠，乔林. 片上多处理器互连技术综述[J]. 计算机科学，2008，9(35)：7－8.

[12] Borko Furht，Armando Escalante. Handbook of data intensive computing[M]. Spinger-Verlag New York Inc.，2011.

[13] 杨征，王利. X86 系统虚拟化技术研究综述[J]. 泸州职业技术学院学报，2012(2)：68－72.

[14] 程容斌. 数据中心虚拟机带宽控制技术研究[D]. 国防科学技术大学，2012.

[15] Lawrence C Miller，CISSP，Scott Fadden. Software defined storage for dummies，IBM platform computing edition[M]. John Wiley & Sons Inc.，2014.

[16] Thomas N. Data on tap[J]. Nursing Standard，2010，49(25)：25.

[17] Open Networking Foundation. OpenFlow Switch Specification Version 1. 3. 2.

[18] Open Networking Foundation. OpenFlow Configuration and Management Protocol (OF－CONFIG) Version 1. 1. 1.

[19] 雷葆华，王峰. SDN核心技术剖析和实战指南[M]. 北京：电子工业出版社，2013.

[20] Peter Mell, Timothy Grance. The NIST definition of cloud computing[J]. National Institute of Standards and Technology, 2009, 53(6): 50.

[21] 紫云官网[EB/OL]. http://www.unissoft.com/pro-cc.html.

第3章

内存计算

内存计算要解决的是处理器访问磁盘存储器的时延问题。尽可能将要处理的数据存放在访问延时更少的内存当中,就地进行计算,以减少数据的访问时间。对于数据密集型计算而言,内存计算技术的引入具有非常实际的意义。数据密集型计算需要处理存储在磁盘当中的海量数据,由于处理器运算速度和磁盘访问速度之间的巨大鸿沟,数据密集型计算的执行时间很大一部分消耗在对磁盘的访问上,内存计算技术的应用将使影响数据密集型计算效率的海量磁盘 I/O 延迟问题得到根本性的解决。可以说,内存计算技术是数据密集型计算领域各种计算模型性能的倍增器和催化剂。

3.1 内存计算的概念

为了解决对海量数据的计算、存储及分析,学术界及相关企业一方面提出了并行计算、分布式计算、云计算等计算模型,以提高对海量数据的计算能力。另一方面,对传统计算机体系结构也进行了进一步的改进,多核、众核、GPU、集群等高性能体系结构相继被应用到数据密集型计算当中,从物理上提高了数据密集型计算的性能。然而,由于存储器技术发展缓慢,磁盘、内存等存储器性能的提高严重滞后于计算机计算性能的提高,成为影响计算机系统性能的瓶颈。特别是对于数据密集型计算而言,用以分析及计算的海量数据绝大多数都存储于磁盘等存储设备内,CPU 对这些存储设备的访问延迟严重制约了数据密集型计算的性能。随着商业模式和用户对数据密集型计算要求的提高,能够进行更快速甚至实时的数据密集型计算已经成为亟待解决的问题。为了解决这一问题,内存计算应运而生。

众所周知,CPU 对寄存器、Cache、内存、磁盘等存储设备的访问速度按照与 CPU 总线距离的增加而依次降低,如图 3-1 所示。计算机在处理数据时,CPU 首先从其 Cache 中寻找数据,Cache 中找不到,再从内存中找;如果内存里没有,再从磁盘上读取。如果将海量数据迁移到内存中,让计算、查询、分析在读写速度快很多倍的内存中直接进行,而不用访问物理磁盘,将会大大降低磁盘对整个计算系统性能的影响,显著提升计算机处理性能。

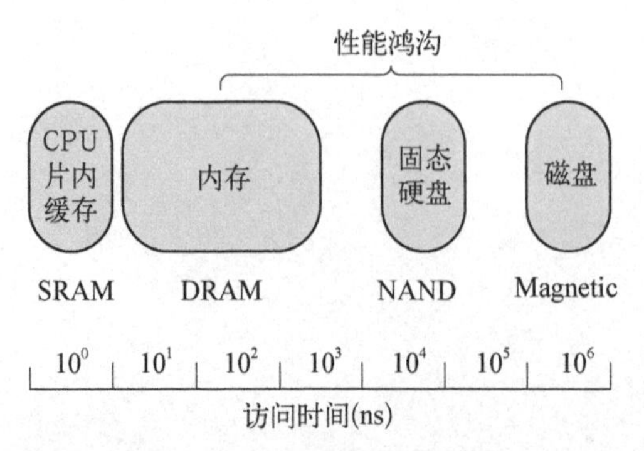

图 3-1 各存储器的访问速度

进一步,如果能将计算单元嵌入内存当中,

让内存分担一部分计算任务，就能缩短内存与计算单元之间的总线距离，从而减少计算单元与存储单元的访问延迟。如果能够利用多个含有计算单元的内存结构进行并行计算、分布计算，那么对海量数据的计算就可以分解为若干个在本地内存进行的子计算，数据在内存→CPU→内存之间的流动时间将被彻底消除，进一步提高计算系统的运算能力。

可见，内存计算可为两个层次的概念，一个是将海量数据从磁盘迁移到内存当中进行查询、分析，这类内存计算非常适合处理海量数据，比如可以将一个企业近十年几乎所有的财务、营销等各方面的数据一次性地保存在内存里，并在此基础上进行数据的分析。当企业需要做快速地账务分析或市场分析时，内存计算就能够快速地按照需求完成。另一个概念是上一个概念的进一步深化，内存不仅可以完成传统的数据存储功能，还可以独立地对存储在自身上的数据直接进行计算。这类内存计算不仅可以胜任前一种内存计算的工作，还能将分布式计算的概念带入内存当中，更适合于大规模数据的科学计算、图像处理等领域。图 3-2 描绘了两种内存计算系统的结构图。

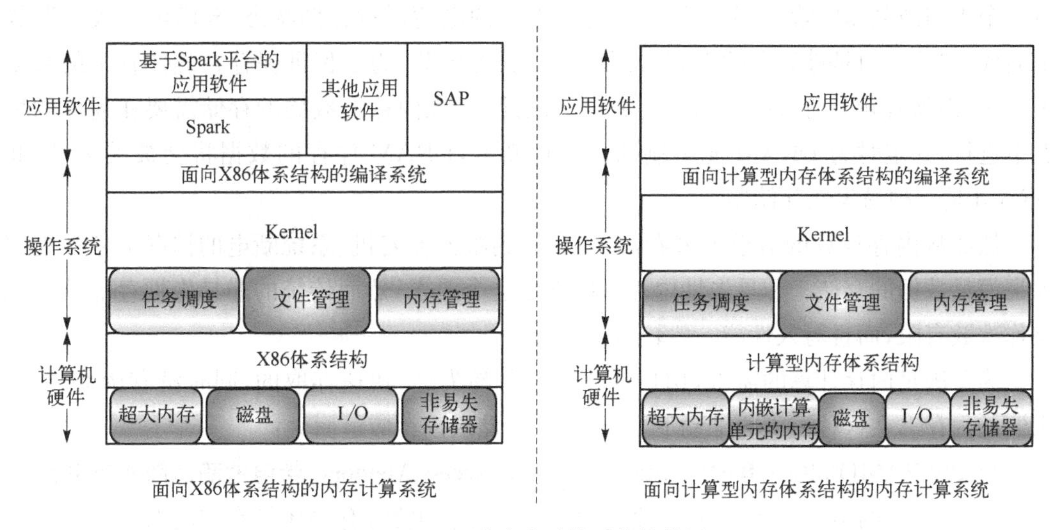

图 3-2　两种内存计算系统结构图

综上所述，内存计算是一种面向大数据处理，通过对体系结构及编程模型等进行重大革新，最终显著提升数据处理性能的新型计算模式。

3.2　内存计算的硬件结构

为了将磁盘中的海量数据迁移到内存当中，需要内存具有以下三个重要的特征：① 需要具有很高的容量-价格比，传统内存的价格远远高于磁盘，为了将海量的数据存入内存，需要进一步降低内存价格使其接近磁盘的价格。② 具有磁盘一样的非易失性。传统内存在系统掉电后将会失去存储在自身上的所有数据，这将严重威胁到内存中的海量数据，因此，一种能够持久保存数据的内存才能够用来作为内存计算的存储器。③ 具有较高的访问速度和总线带宽。如果用于内存计算的内存在具有上面两个特点的前提下具有接近传统内存的访问速度，那么这将是一种理想的用于内存计算的存储器。

为了更快速地处理内存中的数据，工程和学术界主要采用两种方式，一种是将传统计算机体系结构进行改进，以支持更大的内存容量和更高的数据带宽；另一种是为内存计算设计全新的体系结构，这种体系结构赋予内存以计算能力，尽可能地将内存数据在原地进行计算，达到减少数据流动和I/O访问的目的。

3.2.1 用于内存计算的专用内存

传统的计算机内存一般由动态随机存储器(DRAM)构成。DRAM的每个存储单元都有一个小的蚀刻晶体管，这个晶体管通过小电容的电荷保持存储状态，充满电代表“1”，放电后代表“0”。但是被充电的电容会因放电而丢掉电荷，为了保证保存在晶体管上的数据不丢失，必须有新电荷持续地为电容充电。因此，传统内存上数据的存储需要在通电的情况下进行，并定时为DRAM充电刷新。一旦断电，DRAM保存的数据将会被丢失，因此DRAM是一种易失性存储器。

然而从内存计算的需求上来看，需要在遇到服务器宕机、系统断电的情况下依然能够保证海量数据的存储。非易失性内存可以满足这个要求，然而传统的非易失性存储器写入操作次数有限，而且写入性能一般较差(缓慢)。

为了满足内存计算的需求，用户需要一种非易失性、快速存取的，同时没有读取/写入限制的内存。在这种需求的推动下，以下几种存储级内存应运而生：

1) BBSRAM(Battery Backed Static Random Access Memory，带电池静态随机存储器)

BBSRAM的结构为SRAM＋锂电池＋监控保护电路，有些还带有实时时钟。监控保护电路探测内存外置电源输入电压的变化，在意外断电时将供电电源自动切换到内置锂电池供电。系统恢复供电后，监控保护电路再将SRAM的供电电路切换到外置电源供电，从而保证SRAM内数据不丢失。BBSRAM的缺点是需要内置电源，因此存储器体积通常较大，而且稳定性和使用寿命会受到内置电池的影响，不适合大规模使用。

2) NVRAM(Non-Volatile Random Access Memory，非易失性静态随机存储器)

NVRAM是一种双体结构的非易失性DRAM，这种存储器内部包含两个存储体：一个是供用户读写的普通DRAM，另一个是与DRAM容量相同、供数据备份用的NAND FLASH。正常工作状态下，微处理器访问的是DRAM，在意外断电时，通过基于超级电容的免电池电源供电，驻留在DRAM中的重要数据保存到主板上的NAND闪存上。当电源恢复时，从闪存中读取数据，使DRAM恢复到断电时的状态。结合符合行业标准的DRAM和NAND闪存技术，NVRAM能够提供低延迟和非易失性存储。

3) FRAM(Ferroelectric Random Access Memory,铁电存储器)

FRAM 的核心技术是铁电晶体材料。这一特殊材料使得铁电存储器同时拥有 RAM 和 ROM 的特性。晶阵中每个自由浮动的原子只有两个稳定状态,一个用来记忆逻辑“0”,另一个用来记忆逻辑“1”。数据状态可保持 100 年以上。FRAM 内存具备一系列超级特性。比如,高速随机读写(存取时间只有 55 ns)、超低功耗(只有 EEPROM 的 1/2 500)和几乎无限次的读写周期(可达 10^{14})。与 NVDRAM 不同,FRAM 的数据写入与备份是同步进行的,因此不存在恢复操作。FRAM 在性能和可生产性上都优于 NVDRAM。

4) MRAM(Maynetic Random Access Memory,磁阻内存)

与传统的 RAM 不同,MRAM 是依靠磁场极化的形式,而不是靠电荷的形式来保存数据的。MRAM 存储介质是磁性隧道层(Magnetic Tunnel Junction, MTJ),每个 MTJ 包括两个磁性层和一个隧道栅层。一个磁性层的电磁方向固定,另一磁性层的电磁方向可以通过外部电磁场改变。当两个磁性层的方向一样时,MTJ 的电阻低,代表“0”;当两个磁性层的方向相反时,MTJ 的电阻高,代表“1”。MRAM 存储单元结构如图 3-3 所示,最上面是自由层,中间是隧道栅层,下面是固定层。自由层的磁场方向是可以改变的,固定层的磁场方向是固定不变的。

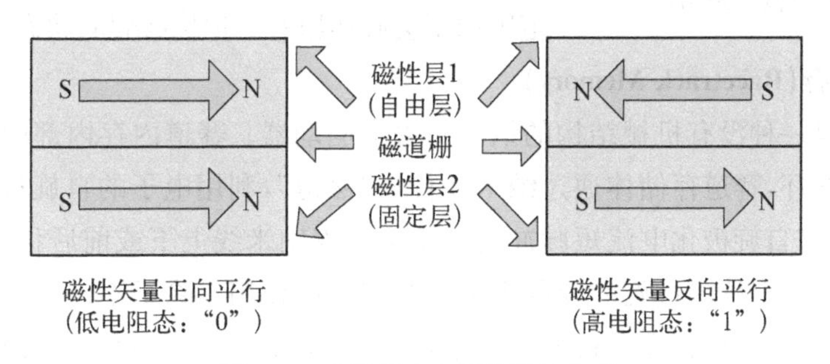

图 3-3 MRAM 表示数据的方式

MRAM 写入数据的原理是通过改变穿越隧道栅层的电流来改变自由层的磁性,通过检测存储单元电阻的高低来判断存储的数据是“0”还是“1”。这种机制的运作速度快,但十分耗电。

5) STT RAM(Spin Transfer Torque Random Access Memory,自旋转移力矩随机存取存储器)

STT RAM,第二代磁性随机存取内存技术,与 MRAM 不同,它是通过改变 MTJ 的自旋偏振电流来改变自由层的磁场方向,随着 MTJ 尺寸的降低,使状态发生翻转的阈值电流也会降低,从而获得比 MRAM 更好的功耗。

6) RRAM(Resistive Random Access Memory,阻变随机存储器)

RRAM 的典型结构如图 3-4 所示,其上下电极之间是一种能够发生电阻转变的阻变材料。在外加偏压的作用下,器件的电阻会在高低阻态之间发生转换,从而实现“0”和“1”的存储。与传统浮栅型 Flash 的电荷存储机制不同,RRAM 是非电荷存储机制,因此可以解决 Flash 中因隧穿氧化层变薄而造成的电

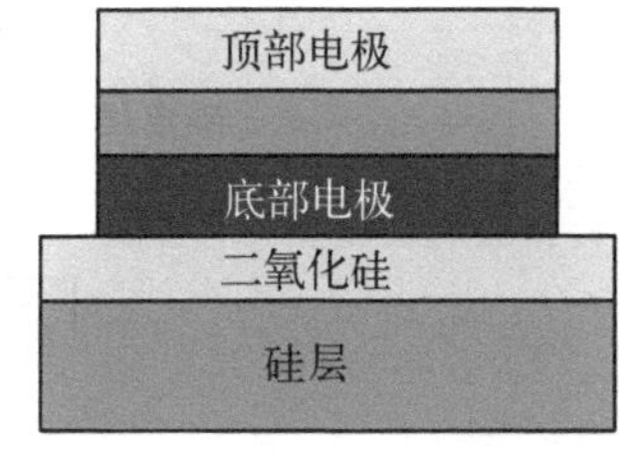

图 3-4 RRAM 的物理结构

荷泄漏问题，具有更好的可缩小性。RRAM以其优越的性能受到越来越多的关注，被认为是最有可能替代SRAM、DRAM、Flash、HDD成为下一代“通用”存储器的候选者之一。

7）PCM(Phase Change Memory，相变存储器)

PCM的物理结构如图3-5所示，在顶部和底部两个电极之间放置着一种相变材料。在这种相变材料在晶态时呈现低电阻，非晶态时呈现高电阻，分别代表“1”和“0”两个状态，通过电压或不同强度的电流脉冲来控制相变材料相变的发生。PCM每个存储单元均有一个微型加热器，通过熔化然后再冷却材料，来促进晶体熔化或禁止晶体熔化，每个位就会在晶态与非晶态之间转换。一旦电流超过临界值，进入预先设定的温度区间后，此时晶格内的热能足以使相变材料产生变化，进入相变内存的写入区间。当晶格温度到达相变膜结晶温度时，材料由非晶态相变成结晶态，将数据“1”写入内存。当外加电流持续提高，直到晶格温度高过相变材料的熔点时，通过快速降温的焠火步骤将结晶的相变材料转化为非晶态，将数据“0”写入内存。因此，相变内存这种读取、存储方式属于“非破坏性”读、“非挥发性”存取方式，在读取电压范围内不会破坏原有之记忆(结晶)状态[1]。

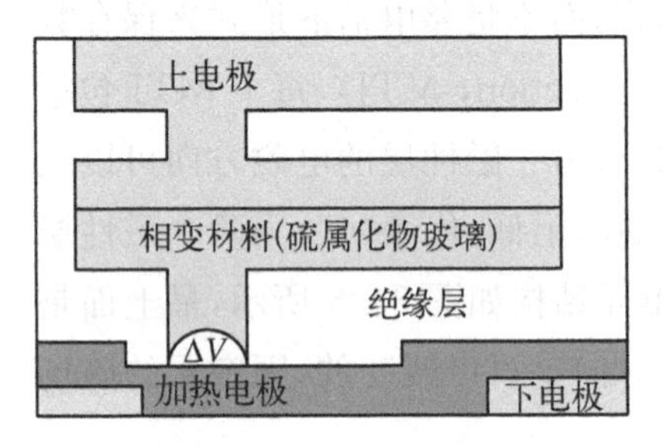

图3-5　PCM的物理结构

8）赛道内存(Racetrack Memory)

赛道内存是一种没有机械结构的纳米级磁盘驱动器。赛道内存内部的绝缘基板上有一条磁性纳米线环，赛道存储体通过纳米线传送“磁道”，利用电子的自旋进行读写。使用时，存储的数据在自旋极化电流短脉冲的作用下沿着纳米线上下或前后移动，由一个写入自旋的写入头和一个读出自旋的读取头担当“磁头”的作用。除了不以旋转磁碟的方式来读取下一值外，每个赛道就像是磁盘机上的单一磁道，如图3-6所示。赛道内存的关键优

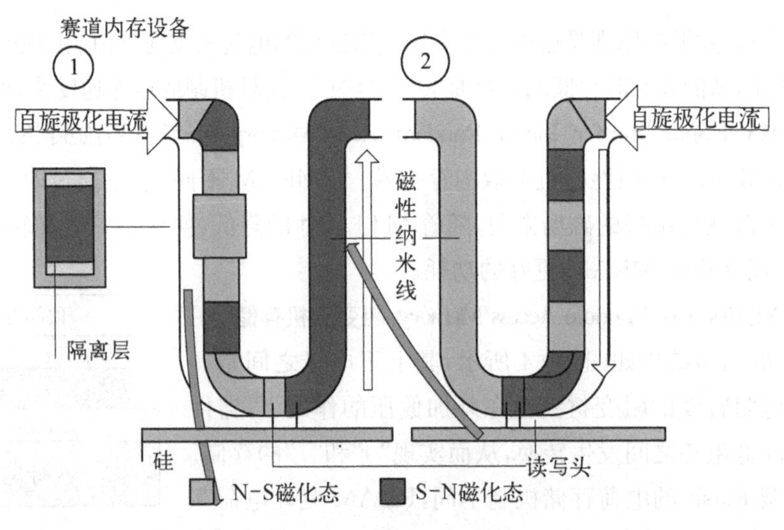

图3-6　赛道内存原理

势在于原子不会被移动，数据的存取是通过转动自旋(Rotating the Spin)完成的，因此不会造成交互作用，或导致任何疲乏与耐久性问题，理论上可以无限次地读取、写入或抹除赛道内存。

9) HMC(Hybrid Memory Cube，混合内存立方)

混合内存立方的基本理念是通过特殊的半导体工艺，把多个DRAM芯片层堆叠在一起。内存的内部就像建高楼一样，由一层层DRAM晶圆芯片堆叠起来，最终组成一个大容量的内存"芯片"。芯片内部堆叠的DRAM层通过硅穿孔技术(Through Silicon Via，TSV)互连。采用这种方式可以大幅缩小芯片的尺寸，提高芯片内的晶体管密度，改善层间电气性能，提升芯片运行速度，以及降低芯片的功耗。

利用TSV技术将很多DRAM晶圆芯片堆叠在一个模组里，内存的数据传输、带宽控制更加复杂。如果跟以前一样直接交由主板或CPU的内存控制器来管理，将会严重影响系统的执行效率。为此，HMC内存中引入了一颗逻辑芯片。这颗逻辑芯片相当于一个次内存控制器，受控于主内存控制器，负责管理HMC内存中各内存芯片之间的数据传输、带宽控制。通过逻辑芯片的方式不仅提高了效率，还解决了另一个问题。现在处理器核心增加的趋势非常明显，而目前的内存必须通过外部内存控制器这唯一的路径与处理器连接，无法为处理器的各个内核及时提供数据。HMC内存则不同，逻辑芯片能够从特定的存储层向某个处理器的内核定向发送数据。这样处理器的每一个内核都能够与内存模块建立直接的连接，并且每一个连接都能够以最高的速度运行。因此，HMC内存在处理器内核数量持续增多的情况下，通过逻辑芯片可提供更多的连接，保证内存与处理器之间数据的高速传输。

3.2.2 用于内存计算的计算机体系结构

3.2.2.1 基于传统X86的体系结构

为了顺应海量数据实时处理、分析的潮流，SAP等公司推出了HANA等内存计算相关软件。为了对海量的数据进行处理、分析和存储，内存计算软件对传统X86系统提出了三个新的要求：① CPU应具有更多内核和更高的扩展性，进一步提高对海量数据的计算能力；② 系统应能够支持TB甚至PB级容量的内存，存储海量数据；③ 系统应具有更高的可用性和鲁棒性，保证内存中的海量数据不会丢失。然而，在上一代X86体系结构中，CPU的扩展性达不到几十路到上百路的规模；对内存容量的支持也仅能勉强达到1 TB的级别；对于海量数据在易失性内存中的安全保存也没有作非常好的优化，很难满足上述三个要求。为了让X86架构能够更好地支持内存计算，X86架构的CPU厂商(主要是Intel)推出了新一代为内存计算而优化的体系结构(至强E7)，如图3-7所示。

1) 更强的计算能力

早期处理器性能的提升主要依赖于主频的提高，但由于能耗与散热条件的限制，这种

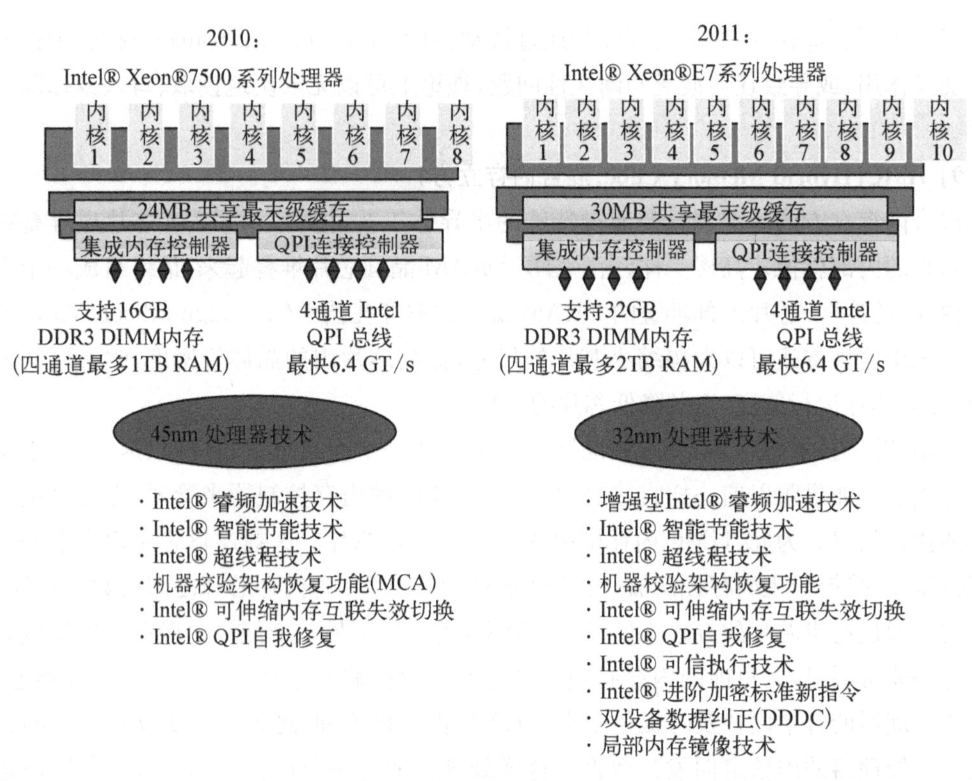

图 3-7 新旧两代 X86 服务器 CPU 的比较

方法在 2005 年左右碰到了障碍。于是业界开始转向多核处理器的设计，即每个处理器内包含多个相互独立的计算内核。在多核处理器之前，英特尔开发了超线程技术，允许一个处理内核可以在同一时间执行多条指令线程，从而更好地利用 CPU 的片上资源。多核、多线程、高可扩展的 SMP(Symmetrical Multi-Processing，对移多处理技术)架构，为 X86 服务器奠定了运行内存计算应用的基础。

与上一代至强 7500 相比，至强 E7 的内核数量由 8 核 16 线程增加到了 10 核 20 线程；同时得益于 QPI(Quick Path Interconnect，快速通道互联)总线架构，基于至强 E7 的服务器可以从双路扩展到四路、八路，直至 256 路。这些技术进步使得内存计算应用可以在单一系统内获得更多的计算资源，用户甚至可以部署 1000 以上内核的系统，实现更复杂的实时分析。

2）更大的内存容量支持

对于内存计算来说，内存子系统的性能非常重要。一方面，64 位操作系统的普及，使得今天的 X86 服务器内存可以超过 32 位的 4 GB，理论上达到几乎无限制的 18 Exabyte(即 180 亿 GB)；另一方面，随着平台技术的发展，以及每 GB 内存价格的下降，服务器系统内存容量越来越大。

新一代至强 E7 通过大容量缓存、更高内存带宽以及更大容量的内存来满足这一需求。比如，至强 7500 的三级缓存是 24 MB，至强 E7 达到了 30 MB，这使得在内存计算应用中，

CPU 计算内核可以直接从缓存中读取更多的数据，访问速度更快。在内存方面，以四路服务器为例，至强 7500 系统支持 16 GB 内存条，最大内存容量为 1 TB，而至强 E7 系统可以支持 32 GB 的内存条，系统内存容量扩大到 2 TB。另外在内存计算应用中，快速的 I/O 也很关键，至强 E7 通过 QPI 互连总线，大大提高了 CPU 与内存之间、CPU 与 CPU 之间以及节点之间的数据传输速率。

3) 更高的可用性

面向海量数据实时分析的系统对稳定可靠性的要求是不言而喻的。新的至强 E7 服务器平台在安全可靠性(RAS)方面提供了更多的支持。比如双机数据恢复(Double Device Data Correction，DDDC)允许当内存同时出现两个错误时，这对内存计算非常有用。又比如机器校验结构(Machine CheckArchitecture，MCA)恢复技术使得内存计算应用可以与操作系统一起，从许多无法纠正的内存错误中不停机就可以恢复数据。在至强 E7 中，类似这样的 RAS 技术还有 20 多项。

X86 系统架构为内存计算所进行的这些改进极大地提高了系统内存计算的效率，在一个针对 32 亿条 POS 机销售记录的复杂模型中，英特尔与 SAP 进行了联合测试，测试表明，跟上一代的至强 7500 相比，至强 E7 的性能提高了 1.37 倍。另外，同样基于至强 E7 平台，英特尔超线程技术性能提升 1.21 倍，NUMA 技术提升 1.07 倍，睿频加速(TurboBoost)技术提升 1.04 倍。

3.2.2.2 基于计算型内存的体系结构

基于 X86 体系结构的内存计算系统做出的最重要的改进是将海量数据保存在内存当中进行计算，避免了传统计算机体系结构中 CPU 需要到磁盘当中访问海量数据所引起的 I/O 延迟问题。然而，在数据密集型计算中将海量数据从磁盘迁移到内存中来提高计算性能是不够的，因为内存与 CPU 之间的速度鸿沟仍然存在，内存到 CPU 之间数据通路的带宽也没有增加，内存中的数据仍然是串行调入内存进行处理的。如果能将 CPU 或者运算单元和内存之间的距离进一步缩短，甚至直接将运算单元嵌入内存当中去，那么计算机整体的性能将会得到极大的提高[2]，具体表现在：① 访问速度更快。由于 CPU 与内存之间的距离被缩短，存储访问延迟将进一步缩小。同时，内存与内存之间的数据流动不再依赖 CPU→内存总线的参与，直接在内存之间进行，消除了传统内存数据迁移所必须经历的内存→CPU→内存的繁复过程，从另一个方面提高了数据访问的速度。② 系统功耗更低[3]。由于减少了数据的流动，系统将不再为数据的搬运消耗太多的电力，同时，为了保证内存中嵌入计算单元后结构能够简单高效，这些计算单元往往是简单、专用的逻辑单元，将会比复杂的 CPU 具有更低的能耗。③ 带宽更高[4]。在内存中嵌入计算单元后，每个带有计算单元的内存成为相互独立的个体，一个内存地址被分配到行地址和列地址上，而传统上的内存的编址是通过行地址和列地址复用地址总线来达到的。通过将计算单元嵌入内存当中，对于相同容量的内存，内存的位宽得到了平方倍的扩增。④ 使用更灵活[6]。嵌入运算单元的内存结构可以被设置为两种工作模式：内存计算模式和普通内存模式。当需要进行内存计算时，将内存切换为内存计算模式，从而提高对数据密集型计算的计算能力。当计算机系统进行一般的计算时，可以将嵌入了计算单元的内存设置为普通内存模式，从而使之适合一般计算的使用。⑤ 计算并行[6]。由于每一个嵌入计算单元的内存都具有一定的计算能力，如果将一个计算任务分配到多个内存单元当中去计算就能达到并行计算的目的，更进一步，如果能够合理地分配计算任务，使得每个内存单元所分配到的计算任务是都是围绕本地数据进行的，那么整个系统的执行效率将得到更显著的提升。

这种将计算单元与内存单元集成的内存称为计算内存，大概可以分为两类，一类是CPU和内存相互独立，CPU具有较为完整的结构和功能，内存和CPU通过总线连接，这种结构称为“岛式计算内存结构”；另一类是将简单的逻辑运算单元在生产过程中就与内存单元集成到一起，这种结构称为“全集成计算内存结构”。两种结构的比较如图3-8所示[7]。

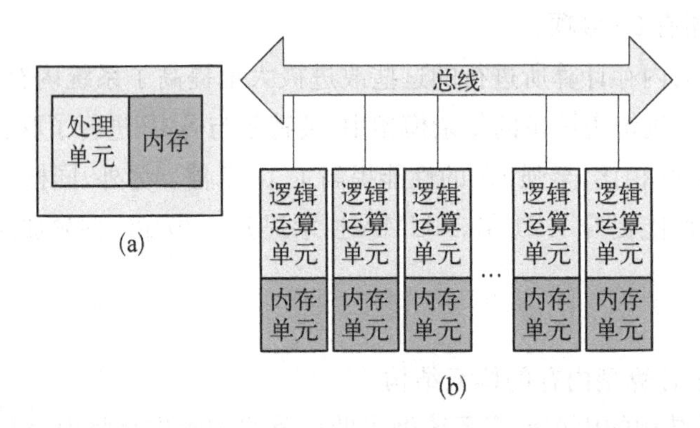

图3-8 岛式计算内存(a)和全集成计算内存(b)的结构比较

目前，较有代表性的计算型内存有FlexRAM[8]、CIMM[9]、IRAM[10-11]、Active pages[12]、DIVA[13-14]等，它们的设计思想虽然都是将内存与计算单元集成到一起从而达到提高计算性能的目的，但是在实现上却有着各自不同的结构和原理，下面将对这些具有代表性的计算内存进行逐一介绍。

1) FlexRAM结构及原理

FlexRAM是一个种全集成式计算型内存结构，该系统有较高的内存带宽，能够在不重新编译的情况下直接运行在X86系统上运行的程序。FlexRAM系统结构如图3-9所示，FlexRAM存储系统外部通过传统内存总线和主计算机(P. Host)和传统内存相连。FlexRAM包含多个简单的计算单元(P. Array)，P. Array完全和DRAM宏单元集成在一起。为了避免P. Array之间形成复杂的互连关系，限定每个P. Array只能访问部分片上DRAM。为了提高P. Array的可用性，芯片上还加入了一种低发射的超标量RISC处理核(P. Mem)，用以协调和管理P. Array，同时执行和串行相关的任务。P. Mem的加入使得CPU不用负责P. Array的管理，减轻了CPU的负担。

每个P. Array与1 MB的DRAM集成到一起，为了使P. Array面积与DRAM面积保

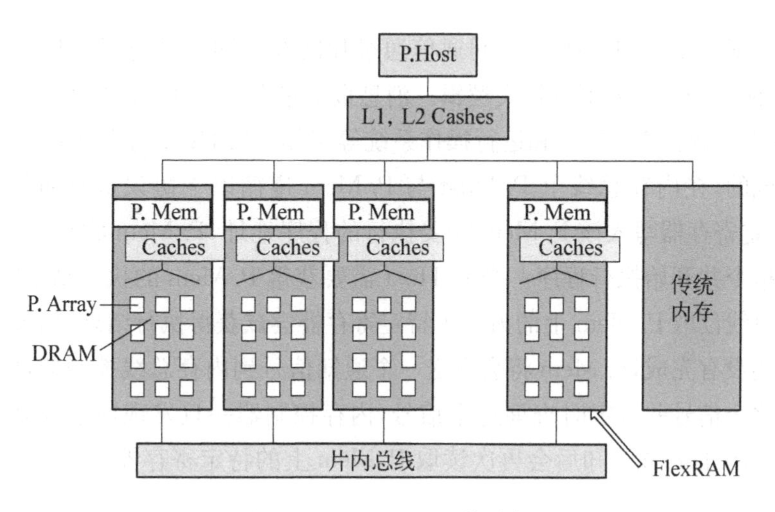

图 3-9 FlexRAM 系统结构

持合理的比例，每个 P. Array 必须非常简单。因此，P. Array 是一个简单的 32 位定点 RISC 计算单元，主频为 400 MHz，包含 4 级流水线和 16 个通用寄存器、1 个存储缓冲器，没有 cache，拥有 28 条 16 位指令。每四个 P. Array 构成一个逻辑环，环内四个 P. Array 共享一个乘法器和一个 8 KB 的 4 端口的 SRAM 指令存储器。除每个 P. Array 自身的 1 MB DRAM 外，还能访问相邻两个 P. Array 的 1 MB DRAM。非邻居 P. Array 之间的通信必须通过 P. Mem 进行，P. Mem 可以访问所有的存储器[8]。P. Array 的数据路径如 3-10 所示。

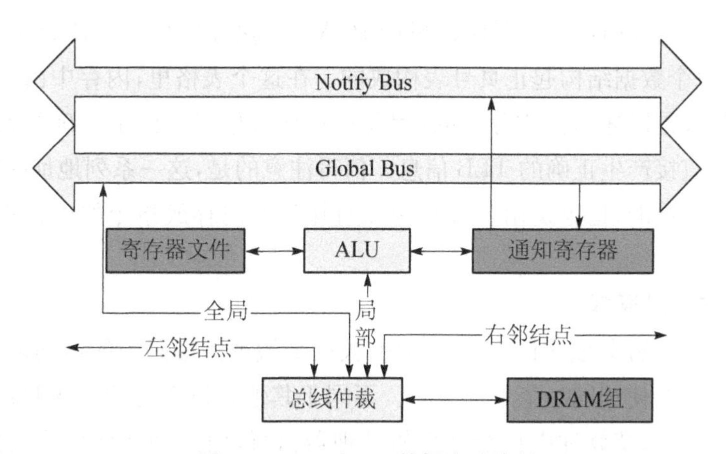

图 3-10 P. Array 数据流动路径

P. Array 之间的同步通过全局 P. Array 栅栏(Barrier)实现，栅栏使用两个原语：通知(Notification)和广播(Broadcast)。每个 P. Array 通过通知总线向 P. Mem“通知寄存器”的对应位发送置位“通知”。P. Mem 可以巡回检测该寄存器，或者当某种位模式出现时被中断，P. Mem 通过全局总线向所有 P. Array 广播“通知寄存器”和广播标志位。P. Array 接收该通知寄存器和广播标志位，通过检测广播标志位，获知数据是否到达。

P. Mem 是一个双流水线超标量处理器，主频 400 MHz，支持浮点运算，含有 16 KB 的一级指令和数据 Cache。P. Mem 之间通信通过片间互连网络进行，片内只有一个输入队列、一个输出队列和简单的消息报文逻辑。消息报文路由由片外路由器 IC 来完成。

P. Host 负责控制 P. Mem 和运行操作系统等工作。P. Host 与 P. Mem 的交互是通过内存总线完成的，在内存总线上 P. Host 与 P. Mem 遵循以下协议进行通信：P. Host 向 P. Mem的特定寄存器写入该 P. Mem 需要执行的程序地址，P. Mem 收到该地址后从该地址获得机器指令并开始执行程序。当 P. Host 需要获得 P. Mem 的执行结果时，P. Host 首先通过内存总线读取 P. Mem 上的另一个特定寄存器尝试获得执行结果，如果在 P. Mem 上执行的任务还没有完成，P. Mem 将会发送一个通知信号到内存总线控制器，内存总线控制器将会缓存这个信号并且定时查询这个信号，内存控制器一旦发现该任务完成，将会通知 P. Host，P. Host 收到该通知后会再次读取 P. Mem 上的特定寄存器，最后获得 P. Mem 的执行结果。

为了提高可编程性，P. Mem、P. Array 使用虚拟存储器。在一个程序中，P. Mem、P. Array 与 P. Host 共享虚拟内存地址。在编写程序时，程序员可以显式地指明数据在 P. Mem、P. Array 中的分布方式，如果编译器足够强大，数据在 P. Mem、P. Array 中的分布方式可以由编译器自动完成。在每一个 P. Mem 中，虚拟地址与物理地址的转换关系保存在本地的 TLB 中并且备份在存储器页表中，由所有 P. Mem 共享。而在每一个 P. Array 中，为了节约内存空间，虚拟地址的转换表被保存在一个 8 路全相连 TLB 中。如果 TLB 不命中，P. Array 将访问存储器，那里保存着 P. Array 自身 DRAM 体与两个相邻 DRAM 体的完整映像信息。与 TLB 不同，存储器里的 P. Array 映像信息不是按虚实页号对应表来组织的，而是按每个数据结构起止页号表构成的。在这个表格里，内存中由于 DRAM 体内的每个数据结构都是以连续方式分配的，因此一旦在表格里找到了正确的数据结构，通过简单的计算就能直接产生正确的 TLB 信息。值得注意的是，这一系列地址映射关系仅是针对数据的存取而设计的，指令是由各计算单元直接从专门存放指令的内存中读取，因此不需要地址转换[8]。

2）CIMM 结构及原理

CIMM 系统是一种集成式计算内存结构，被用来做视频编码中的运动估计。CIMM 中的计算内存与主内存使用同一个地址空间。不同于其他并行系统的是，CIMM 系统可以分为软硬件两个部分，系统软件由传统计算机处理器执行，而运动估计算法则由计算内存完成。CIMM 的编程方式也与其他系统不同，程序员必须使用 CIMM 专用的指令进行编程。可见，在 CIMM 系统中，计算内存是作为执行运动估计算法的功能单元来使用的。

CIMM 系统由高性能通用处理器、计算内存阵列、一个或多个协处理器、内存以及输入输出设备组成，如图 3－11 所示。计算内存阵列作为一个独立的设备存在于系统当中，并与其他设备一样挂载在同一条系统总线上。图中的内存计算阵列是由多个专用计算内存单元（ACME）组成的。每个计算内存单元由一个执行单元（CE）、一个内存单元以及一个有限状态机（FSM）构成。

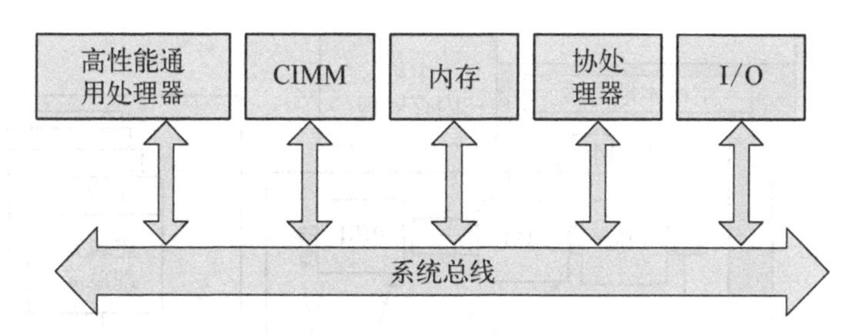

图 3-11 CIMM 结构图

通用处理器能访问所有 ACME 存储器。而每个 ACME 存储器是每个 CE 的私有存储器。ACME 之间有专用高速通道连接，这种连接通道是 CIMM 内存树解码器的一部分。ACME 之间的数据一致性由程序员控制。FSM 负责 ACME 内部所有工作的执行。

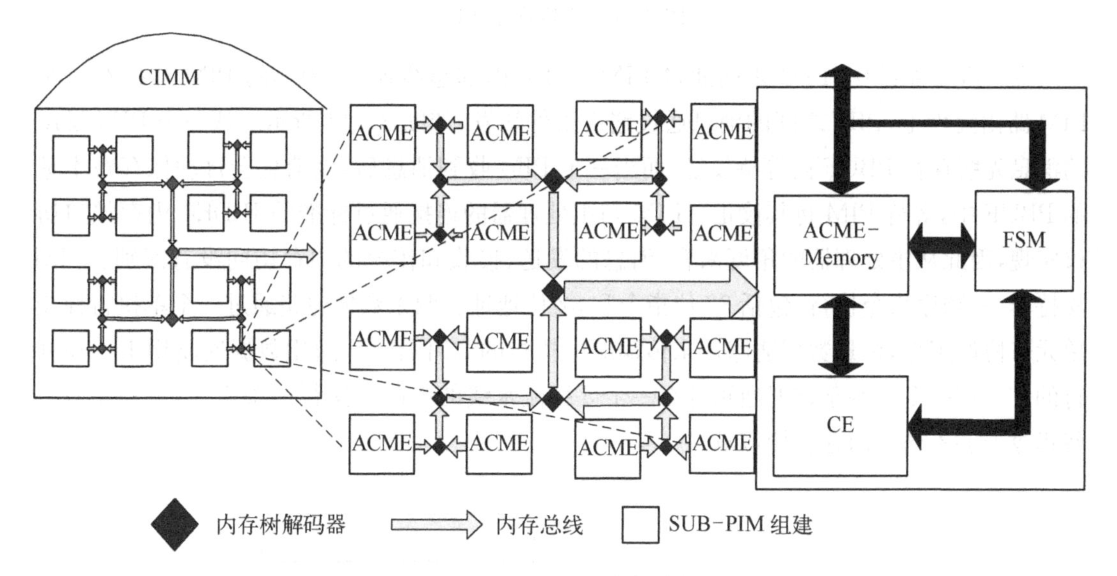

图 3-12 CIMM 内部结构

3) DIVA 结构及原理

DIVA 是一种岛式内存计算结构。DIVA 的设计目标是实现一种通用的内存计算系统。在 DIVA 系统中，计算内存充当着主存和计算单元的双重角色。由于 DIVA 脱胎于传统计算机体系结构，因此 DIVA 能够支持广泛的应用程序，同时又具有计算内存体系结构高总线带宽、低访存延时等特点。DIVA 由主处理器、内存控制器、主处理器本地总线、系统总线、总线接口单元和挂接于系统总线上的其他设备构成，如图 3-13 所示。系统中的计算结果合并、数据同步、非本地数据的访问，都是通过消息通信来完成的。从程序员的角度来看，DIVA 系统是一个由消息通信和共享内存支撑起来的编程模型，是对传统消息传递机制和内存共享机制的一个折中。在没有主处理器参与情况下，DIVA 系统通过消息传递，DIVA 系统完成了各个 PIM 之间，在没有主处理器参与情况下的通信，这种机制减轻了主处理器的负担，同时提高了 PIM 单元之间信息传递的效率。

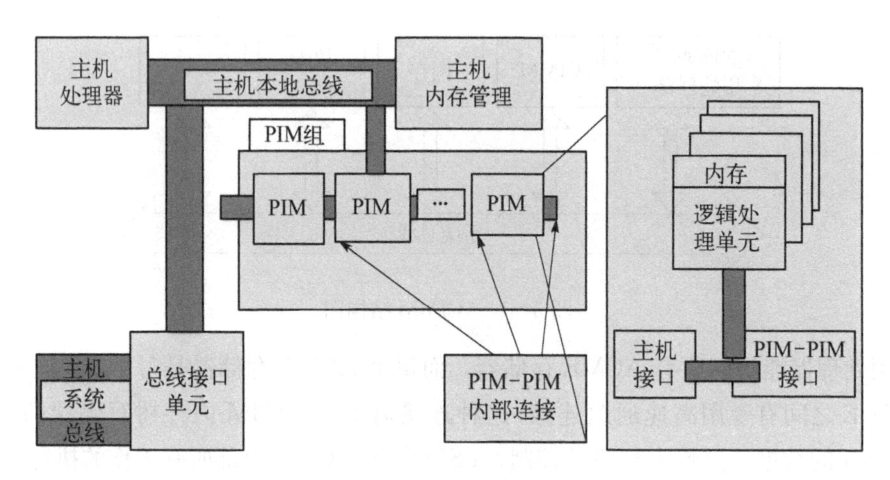

图 3-13 DIVA 结构图

在 DIVA 系统中,PIM 之间通过 PIM-PIM 内部总线连接,相邻的 PIM 挂接在一个 PIM 路由元件上,PIM 之间的消息通过路由组件转发,如图 3-14 所示。从一个 PIM 发出的消息先缓存在 PBUF 内等待发送,而当一个 PIM 收到消息后,该消息会自动保存在本地的 PBUF 中,等待 PIM 将其读走。PIM 与主处理器的连接通过标准的 JEDEC 内存接口协议实现,因此从主处理器的角度来看,消息的发送、接收和传统的内存访问没有区别。PIM 支持单一、顺序指令执行,包括 32 位指令和 32 位地址。两条数据通路通过一个单执行控制单元来协调工作,标量数据通路用来传输顺序执行的 32 位指令,通用数据通路用来传输并行的 256 位指令。两条数据通路都在一个 5 级流水线的控制下执行一条指令,另外还有一些指令能够不通过内存直接传输。

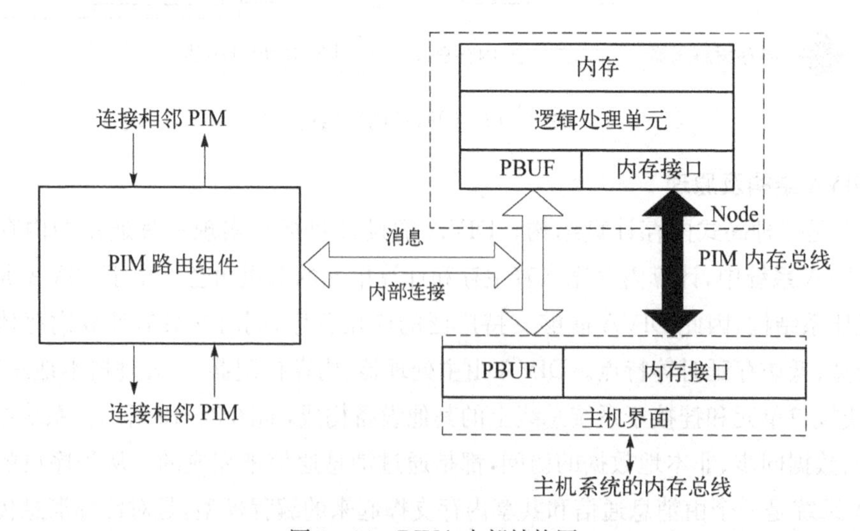

图 3-14 DIVA 内部结构图

4) Active pages 结构及原理

Active pages 是一种岛式计算内存,与其他计算内存的结构不同,Active pages 的计算单元是可编程逻辑器件,因此 Active pages 计算内存结构是可以重构的。在 Active pages 体系结构中,整个计算内存部分的内存被分成许多个内存页,与这些内存页集成的计算单元不是通用的处理器,而是面向内存页数据计算的可编程运算单元,如图 3-15 所示。比如,如果一个内存页上存储的是一个数组,那么与该内存页集成的逻辑器件可能会有插入、删除、查找等硬件逻辑函数。Active pages 计算内存需要在通用处理器的指挥下完成工作,然后将工作结果再传给通用处理器进行计算。在这个过程中,通用处理器通过内存映射和内存写操作,直接调用 Active pages 的硬件功能函数,得到计算结果。然后通用处理器以同样的内存映射和内存写操作,直接调用各个 Active pages 单元的数据收集硬件功能函数,将各个 Active pages 内的计算结果收集到通用处理器中来。如果需要,通用处理器再对收集到的数据作进一步的处理。

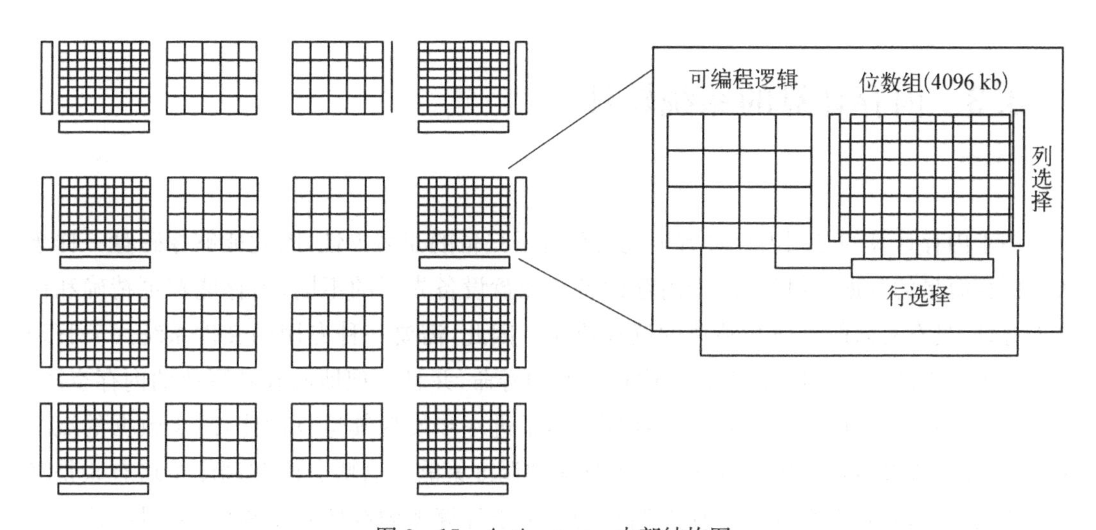

图 3-15 Active pages 内部结构图

RADram 是 Active pages 计算内存体系结构的一个具体实现,它由一个主频为 1 GHz 的通用处理器、一个 64 kb 的一级 I-Cache、一个 64 kb 的一级 D-Cache,以及 256 个主频为 100 MHz 的可编程逻辑器件构成。每个可编程逻辑器件都含有一个 4 输入的逻辑查找表,用以实现硬件的功能函数,这个查找表的大小足以支持这些由 512 KB 倍数大小的 Active pages 所产生的计算结果。

RADram 使用处理器仲裁各个 Active pages 之间的通信。当一个 Active pages 功能函数需要使用一块特定大小的内存,而本地内存又不能满足 Active pages 对内存大小的需要时,Active pages 将会产生一个通用处理器中断,通用处理器收到这个中断信号后,会将这个功能函数所使用的部分数据交给其他 Active pages 处理。

表 3-1 给出了各种计算型内存的比较,计算型内存依据不同的成本要求、不同的应用场合,以及组成计算型内存的计算单元种类,可以分成多种类型。但是,计算型内存的设计初衷都是遵循减少访存时间、提高并行能力、降低系统功耗的原则设计的[15-16]。

表3-1 各种计算内存的比较

计算内存类型	开发者	PIM 类型	PIM 的作用	PIM 计算单元类型	PIM 计算单元复杂度	是否有 PIM 内部通信网络	应用领域
FlexRAM	UIUC	全集成	协处理器	通用处理器	简单/复杂	有	通用计算
CIMM	USC	全集成	功能单元	专用处理器	简单	有	数据密集型计算
DIVA	Notre dame	岛式	CPU	通用处理器	复杂	有	科学计算
Active pages	UC Davis	岛式	功能单元	可重构处理器(FPGA)	简单	没有	数据密集型计算

3.3 内存计算的系统软件

用于内存计算的专用内存具有传统内存所不具备的非易失性,因此能够像磁盘一样永久地保存海量的数据。但是,由于内存设备与磁盘设备先天的不同,内存能够更精确和快速地寻址,具有有限的寿命和独特的读写机制。因此,需要一种专用的文件系统用来管理和放置内存中的海量数据,同时延长内存的使用寿命,并且合理地回收被释放的内存空间。而对于那些集成了计算单元的计算型内存,为了进一步发掘其运算性能,减少数据的流动和访问,需要为其设计专用的数据及任务分配和调度策略。这些分配和调度策略有些是基于编译的,有些是根据系统状态动态调整的。由于计算型内存体系结构的多样性,这些策略没有统一的模型,本节将对一些具有代表性的调度策略进行分析。

3.3.1 内存文件系统

由于内存计算常使用非易失性内存(NVM),断电时不丢失数据使得操作系统可以花费更少的精力在把内存的数据换到外存中,这样就可以获得更好的性能。因此,传统的文件系统需要进行改进以适应非易失性内存。这些修改主要集中在外存的文件和它的元数据的存储方式、文件在操作过程中的数据管理、文件系统一致性控制以及 NVM 文件系统特有的对写次数的优化。

3.3.1.1 文件的存储和分配方式

元数据是描述数据的数据。在文件系统领域每一个文件对应一个元数据结构体。这个结构体包括文件的属性,比如文件拥有者、权限、映射信息还有文件的创建、修改及访问时间等。文件系统使用文件的元数据来描述文件并组织文件在物理存储上的空间。文件的存储方式主要是以元数据的存储方式来区别的。

传统的文件存储方法大体分为连续分配、链接分配、索引分配。而对于使用了 NVM 的内存计算系统来说,目前文件的存储方式多趋向使用索引分配。树状存储方式、混合索引存储方式即是基于索引分配的。映射表存储方式是一种比较新的文件存储方法,它有些类似于内存管理中页式管理,之所以这样做是充分利用了 NVM 的非易失性。下面将分析它们的具体实现。

对于本地文件系统,传统的 UNIX 系统使用 inode 数据结构来存储文件元数据信息,使用混合索引的方式来组织分配元数据。对于像 PCM 这样的非易失性存储体来说,可以在 UNIX 存储方法的基础上进行改进。目前比较常见的文件存储方式如下。

1) 树状存储方式

树状的文件系统类似于应用于网络的 WAFL 文件系统[17],它使用树数据结构来管理文件的元数据。对于不同的文件类型,索引结点的结构会有一定的变化。在树状存储方式中,文件类型有三种:① 索引文件(inode file)。由一系列固定大小的、类似 UNIX 的索引组成,每一个都代表一个独立的文件或文件目录。其中,树根结点中包含一个指向下级结点的指针,同时包含索引文件树结构的高度。树根结点在文件系统启动后被存放在 NVM 中的一个固定位置,以便需要时快速读出。索引结点中包含了诸如根目录、文件大小之类的元数据。图 3-16 中上半部分即是一个索引文件的示意图。其中虚线的部分即是该索引文件中的数据:一个由索引组成的表单,每个索引表中的条目指向一个目录文件或者数据文件。② 目录文件。由许多“目录入口”组成,这些目录入口包含相关文件的索引文件指针(inumber)和文件名。图 3-16 中目录文件中虚线框出的部分即是目录文件的目录入口。③ 数据文件。只包含了文件的实际内容。

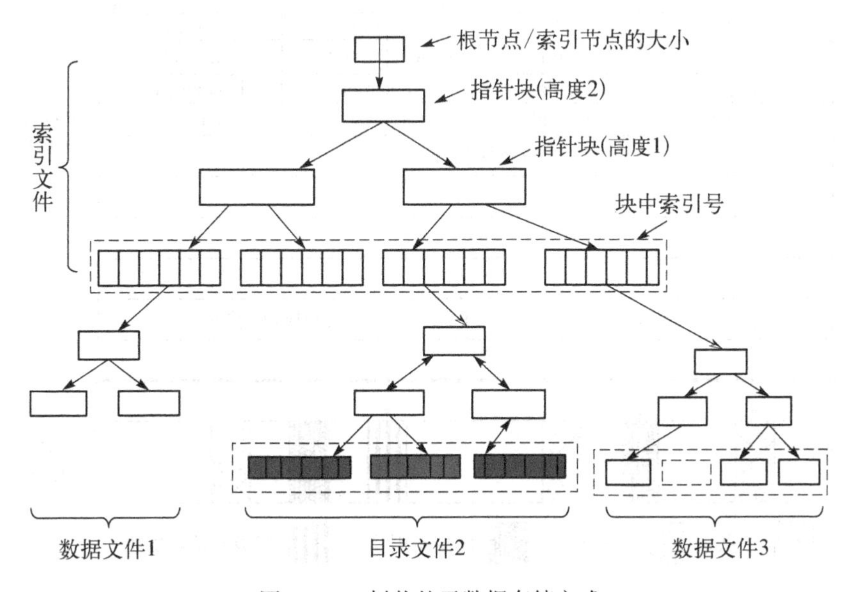

图 3-16 树状的元数据存储方式

三种文件的元数据都存放在一定大小、结构相同的索引块中，树的叶子结点代表了文件的单个数据块，例如用户数据、目录入口和单条索引。树的内部结点包含了指向下级的指针，例如使用了512个64位的指针组成4 KB数据块。

三种文件使用相同的组织方式，树的高度通常在根节点指针后面给出。以4 KB数据块、64位指针的情况为例，假定树的高度为0，那么根结点中指针将直接指向一个数据块；当树的高度为1时，根指针先指向一个内部的有512个指针的结点，其中的每个指针又指向一个4 KB的数据块。以此类推，高度为3的索引树可以最大存放1 GB数据，高度为5的索引树则扩大到256 TB。当然这并不意味着一个指定高度的索引树必然指向最大的文件，如果高度为3的索引树指向小于1 GB的文件，那么索引块中一些指针必然未被使用，这些指针将被赋值为NULL，以表示它们未被使用。

文件在操作过程中可能会增大到原本的树结构不能完全描述的程度，所以在这个过程中树结构将发生一些变化，这些变化将在下一节文件操作中提到。

2）混合索引存储方式

混合索引存储方式同样使用索引结点来实现文件系统数据结构[19]。与树状存储方式不同，混合索引存储方式使用既定的多级指针，在文件较小时，可以取得更快的读取速度。混合索引存储方式一个典型的应用是使用了Flash Memory和NVM作为外存构架的文件系统。

图3-17是一个混合索引存储方式的元数据结构。顶部列出了索引结点的类型。超级块用于存储整个文件系统的一些描述信息，索引位图和数据页位图用来管理文件系统中的

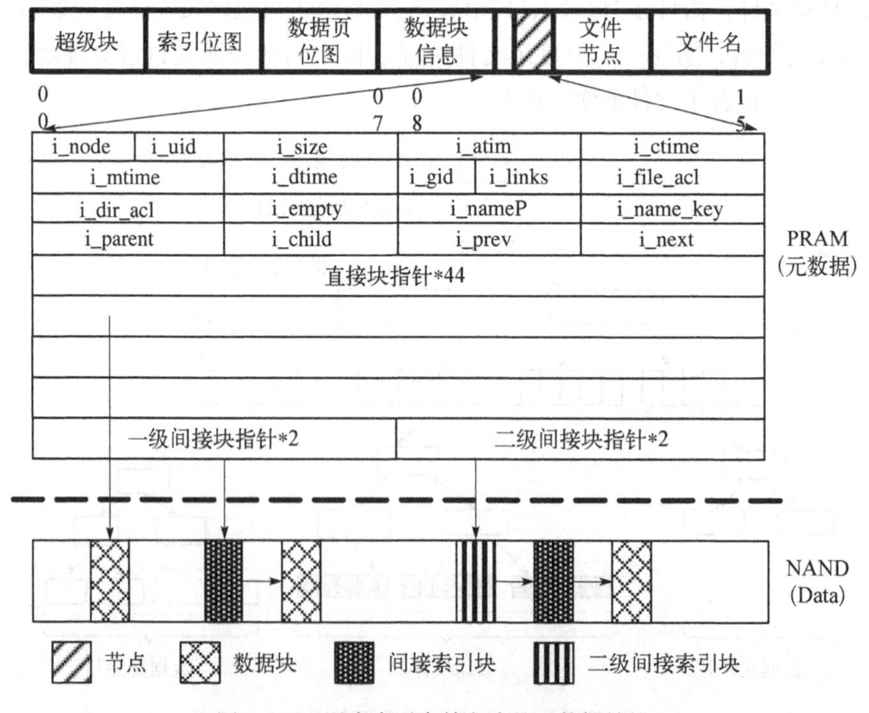

图3-17 混合索引存储方式的元数据结构

空闲块，数据块信息用来记录 Flash Memory 块的信息，文件名、目录名存储在 NVM 中。

图中的索引结点中除了包含一些文件的元数据外，主要包含了 44 个直接块指针、2 个 1 级间接块指针和 2 个 2 级间接块指针。44 个直接块指针指向文件的头 44 个数据块。1 级间接块指针指向含有 128 个块指针的数据块，而 2 级间接块指针则指向含有 1 级间接块指针的数据块。

和树状存储方式一样，混合索引方式把目录文件按与一般文件同样的方法组织索引结点。只是目录文件的数据是其他文件和目录的索引块指针。然而，直接存放目录文件列表会导致目录文件查找时间开销过大的问题。在实际中常使用 Hash 表来提高文件访问的效率。目录中的文件名通过 Hash 函数映射到目录文件中一个位置，以后如果要访问目录中一个文件，只需要通过 Hash 函数映射到该位置来得到数据。混合索引的索引结点较树状存储方式更易于实现，这使得用 Hash 表的方式来组织目录成为可能。

3）映射表存储方式

映射表存储方法是一种不同的存储管理方法[20]，尽管它也用索引结点来记录文件的基本信息。映射表存储方式在从文件名到外存地址的转换过程中加入了一个从文件名到虚拟地址的转换。如图 3－18 所示，映射表存储方式的核心部分是物理内存空间中第二部分的内存映射表。在文件名转换到虚拟地址之后，映射表完成类似于内存管理中页表的作用，它把一个文件的“虚拟地址页”转换到实际的物理块上。

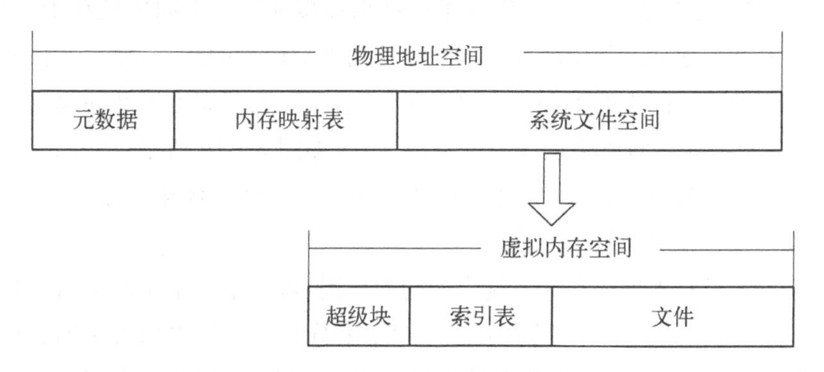

图 3－18　映射表存储方式

图 3－19 展示了映射表存储方式的存储结构：元数据、内存映射表、系统文件空间依次存储于物理地址空间内。元数据部分记录了存储体的一些基本信息，包括物理空间的大小、映射表大小等。内存映射表反映了虚拟地址到物理地址的转换关系。系统文件空间指示了虚拟内存中文件的组织结构。在虚拟内存空间中，超级块包含了整个文件系统的块大小、索引结点总数目、块总数目之类的文件系统信息，此外超级块也是文件的索引结点集合。每一个文件的索引结点中记录了文件的基础信息：文件名、文件权限、文件虚拟地址的起点等。这其中最重要的是文件的虚拟地址起点，当一个文件被读取的时候，首先要读出它的索引结点中的虚拟地址起点，由于文件在虚拟地址空间中是连续存放的，所以只要知道了要访问的地址（在虚拟地址空间中它是偏移量），加上虚拟地址起点，就可以得到要访

问地址的虚拟地址。得到虚拟地址后就可以查找内存映射表，把虚拟地址页转换成物理内存中的物理块地址，最后就得到了文件在物理内存上的地址。

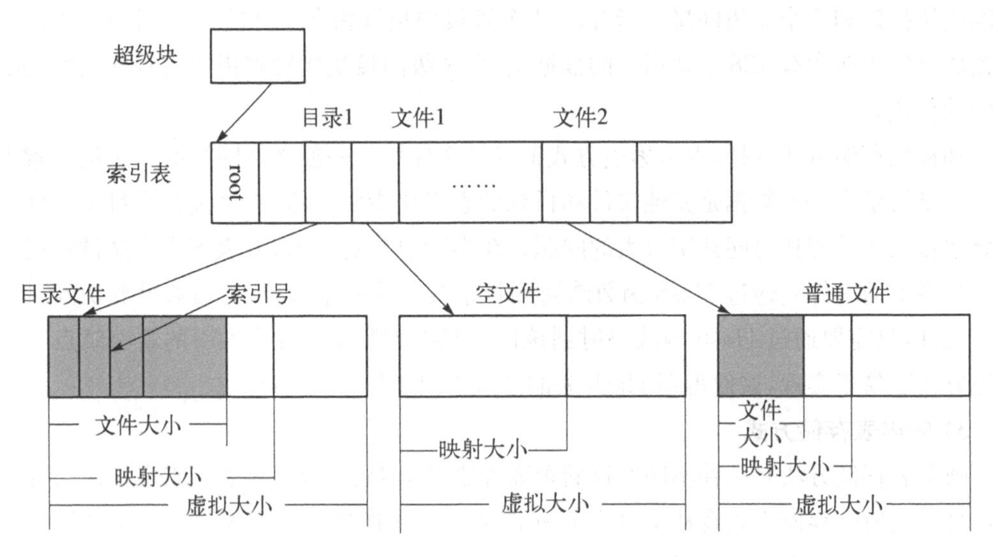

图 3-19 映射表存储方式的目录结构

映射表存储方式的目录结构类似于树状存储方式和混合索引存储方式，目录像普通文件一样被存储，其中包含了目录下文件的索引结点虚拟地址。不同之处在于，由于映射表存储方式由于在转换地址过程中增加了访问地址到虚拟地址的转换，使得文件实际物理大小可以和在虚拟地址空间中的大小不一致。实际上，映射表存储方式常使用空间预分配策略，这一策略会在物理存储体中预先分配空的文件，如图 3-19 所示。它们没有实际的内容，但也被分配到一些物理块上。空文件在文件操作时起到了优化工作效率的作用，这将在下一节的文件操作中更细致地讨论。

为了理解空文件在映射表存储系统中所起的作用，可以用三个不同的占用尺寸即文件占用大小，映射地址占用大小，虚拟地址占用大小来分析。文件占用大小即文件的实际大小，映射地址占用大小是文件在物理存储体上占用的大小，虚拟地址占用大小是文件在虚拟地址空间上占用的大小。虚拟地址占用大小总是大于等于映射地址占用大小，这意味着文件在分配过程中总存在着物理存储体上的空间浪费。通常会使用垃圾回收机制来循环利用这些空间。空文件没有实际的内容，所以它没有文件占用大小。但空文件仍然有映射地址占用大小，只是这个空间专属新分配的文件块使用。空文件同样占用虚拟地址空间，意味着它可以被虚拟地址空间统一管理。

3.3.1.2 文件操作

文件按特定的存储方式和目录形式被安排到外存中以后，并不意味着就可以静态地保留元数据和文件内容。只有在读文件内容的时候，文件的元数据和基本的数据结构才保持静态。在写文件、创建新文件等操作时，不同存储方式的文件系统会有不同的策略。

1）文件的基本操作

文件根据一定的方法被分配到特定的外存块上时，由于文件大小和基本信息的改变，文件的元数据和物理存储会发生一些变化。这些文件操作会有不同的实现机制。

基本的文件操作包括：① 创建文件。系统为新文件分配外存空间，并在文件系统的目录中建立相应的目录项。② 删除文件。删除系统目录中相应的目录项并回收存储空间。③ 读文件。根据用户提供的目录和文件名读取文件在外存中的内容。④ 写文件。根据文件名和文件在内存中的地址修改文件在内存中的数据。⑤ 打开文件。为了方便一个文件的多次读写，会先将文件的元数据读到内存的打开表中，以便用户对文件的快速修改和读出。⑥ 关闭文件。与打开文件相对，删除内存打开表中的文件元数据。

文件操作通常需要一个额外的进程来帮助实现，为了操作整个文件系统，它首先要得到一个索引结点的指针。以树状存储方式为例，进程会首先得到索引文件的根结点的指针，同时读取树状索引的高度、文件偏移量上限以及一个回调函数。回调函数将在得到正确的外存地址之后被调用。

由于文件操作使得元数据变多，这时候如果索引树的高度或者内部指针发生变化，文件操作进程将作相应的处理：在树的高度变化之前，文件操作进程首先检查访存请求地址是否超过目前索引树所能容纳的范围；如果超过，进程将分配一个新的指针块，使这个块的第一个指针指向树的特定结点，并使该结点指针指向新分配的结点。递归地调用这一过程直到文件大小符合要求。下面具体讨论树状存储方式的文件系统在特定的文件操作时的操作。

(1) 打开文件。文件操作进程分析用户提供的路径一步步找到文件系统中的目录入口。该文件的目录入口将被写入内存中，当文件下一次文件操作发生时将可以直接调出该目录入口。如果文件不存在或者要求创建，一个空闲表中的块将被使用并填写到索引中。

(2) 读出文件。文件操作进程将在打开文件的列表中找出要读的文件并调用读出函数。如果该文件是数据文件，文件系统将文件拷贝到用户指定的缓冲区，如果文件是目录，文件操作进程将把其中的目录项内容拷贝到指定的目录项缓冲池，然后搜索要读的下一级目录或文件并读出该文件的索引结点。

(3) 文件写操作。文件写操作需要对数据进行修改，所以要注意文件系统一致性问题，这将在后面着重讨论。如果文件系统使用了写时拷贝(copy-on-write)策略，进程将首先根据目录项找出文件的索引文件，然后尝试询问是否使用了原地写策略；如果是，则立即在文件数据上更改，否则先建立一个数据块的备份，再在备份上作修改。进程同时也会相应地修改文件元数据中的相关信息。

(4) 关闭文件。文件操作进程首先检查文件或目录是否已被标记成删除。如果是，进程将通过目录找到文件的索引文件指针并将其修改为空指针。接着进程将修改空闲块表来保持文件系统一致性。

混合索引的文件操作和传统的文件系统类似，下面分析映射表存储方式的文件操作。

映射表存储方式为了优化文件操作的性能使用了空文件。当创建新文件或增加一个文件的占用空间时,文件系统要给一个新的文件分配物理块。这时映射表存储方式的文件操作进程首先会找一个空的文件分配给它。空文件在文件系统中充当了空闲块的作用。如果一个文件在操作中变小,这个文件占用的虚拟地址空间的大小不会变化,结果文件的剩余部分不被利用;如果一个文件被删除,这个文件会变成空文件而不被从文件系统中删除。这样的操作使得文件空闲块可以整合到文件存储方式中。

文件在操作中不可避免地会调用文件的元数据,这些元数据通常存放在索引结点中。与传统的文件系统不同,基于NVM的系统可以尽量减少元数据的写回操作,以降低文件操作的系统开销。具体来说,对于固定位置的元数据,诸如超级块、位示图,文件系统在启动时已将其读入NVM。而对于不固定位置的元数据,诸如文件、目录索引块,文件系统仅在需要时将其读入NVM。作为一种利用NVM的优化,文件系统在运行中将不会把元数据写回到外存中。如果需要,用户可以通过特定的系统调用把全部的元数据写回到外存中。即使文件系统出现崩溃,元数据页也会被组织成列表存放在NVM中,这样就保证了文件系统的一致性。

2) 垃圾收集机制

垃圾收集是一种特殊的文件操作,通常它在空闲块不够用而又有新的文件块请求时被自动调用以循环利用外存中的块[21]。比较有效的垃圾收集机制往往可以快速找到外存中已经修改过的数据块,因为数据块已经过时。目前比较有效的策略是找出那些在内存中频繁更新的数据,这些数据通常称为热数据,这是因为热数据的更改会使得外存中所对应的块过时。

为了回收过时的块,垃圾收集机制可以先从元数据着手。元数据在读写文件或修改文件信息时很频繁地被修改。元数据块往往存储在内存的NVM中,文件系统不需要频繁地将其写出,因此外存元数据块是最好的垃圾收集的候选。

一些特殊存储机制如映射表存储方式有着特殊的空闲块分配方法,它的垃圾收集机制也会随之有所变化。映射表存储机制会创建很多空文件,这占用了很多外存空间。当外存中没有被映射进映射表的虚拟地址空间的块少于一个既定的阈值时,将启动垃圾收集机制,垃圾收集进程会先检测那些已经被分配出去的空文件,以把它们分配给请求的数据块。如果还需要更多的外存空间,垃圾收集机制会根据外存块的最后修改时间,选出外存中已经长时间没有修改的块调出到内存NVM中,这样可以有效避免那些经常被写回到外存中的块被收集进内存后再次被调出的情况。

3.3.1.3 文件系统一致性

文件系统一致性控制是文件系统要处理的首要问题。在传统的文件系统中,如果出现断电等原因导致文件系统崩溃,可能导致文件数据错误。例如,如果一个文件系统使用了上述的分块转换策略,在交换分块过程中把块a的数据写到临时块中,然后块b的数据覆盖了块 a,如果这时候断电,就会发现块 b 的数据在两个块中同时出现的问题。

文件系统一致性包含了三个层次的概念[18]:元数据一致性、数据一致性和版本一致性。元数据一致性是最底层的一致性,它只保证元数据没有差错,但不能保证数据本身没有错误。数据一致性同时也包含了元数据的一致性,同时保证数据本身没有错误。版本一致性是最高级的一致性保证,它要求数据可以恢复到以前修改过的版本。

传统的计算机系统构架下有许多方法可以用来保证文件系统一致性。例如 Fsck 检查机制可以在系统崩溃之后检查文件系统一致性,并尝试纠正发现的错误。近年来出现了一些新的文件系统检查方法如 Recon,也被用来检查文件系统在运行中发生错误引起的文件系统不一致。

日志是一种常见的维持文件系统一致性的方法。它是一种基于事务和检查点的文件恢复技术。它用写之前登记的方法解决一致性的问题。像 Ext3、Ext4、JFS、NTFS 等经典的文件系统都使用了日志来维护文件系统一致性。由于即使很小的改动也会让数据块写进日志区,对于元数据这样的频繁修改的数据块,日志系统可能会花费过多的时间用在日志操作上,因此对于使用了 NVM 的构架来说,需要对原本的系统作改进。

另一种常见的方式是影子分页技术,它不在原文件上直接修改而是拷贝一份新的数据块来修改。影子分页技术要用到更多的时间空间开销,但在使用了 NVM 后得到改善。一些新的文件系统,像 ZFS 和 Btrfs 都使用了影子分页来维护文件系统一致性。下面分析使用 NVM 系统构架后对原本系统的改进。

1) 改进后的影子分页技术

在传统的影子分页技术中,每个对原文件数据的修改都要重建一个新的数据块,这样一个文件所有的数据块形成一棵树的结构。如果文件被保存到外存中,则将把所有的这些修改数据全部修改,并用最新一次的修改覆盖到外存中,这种技术被称为 copy-on-write。由于其复制操作需要开销大,传统的影子分页技术不是一种高效的数据一致性维护策略,需要在引入 NVM 后进行一定的改进。图 3-20 所示为经过改进的影子分页技术在树状存储方式中的应用。

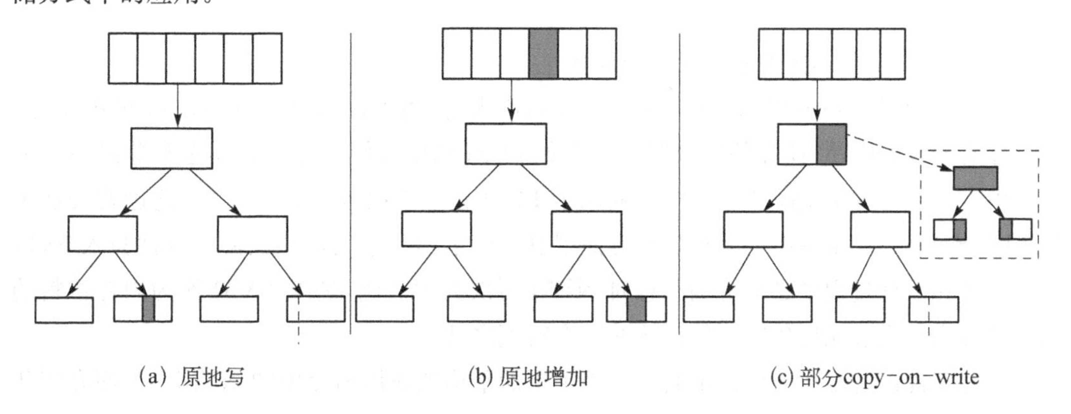

图 3-20 经过改进的影子分页技术在树状存储方式中的应用

经过改进的影子分页技术使用三种不同写策略来维护数据的一致性：

(1) 原地写策略。这也是三种策略中最高效的一种。原地写策略只能适用于64位以下数据的写，这是因为一般的硬件只能保证64位以下操作是原子性操作。就元数据这样的数据块，原地写策略足够胜任。因为元数据都是由一个个小的记录组成的，这样可以分别用原地写策略来更改。

(2) 原地增加策略。该策略利用一个文件中未使用的块。以树状存储方式为例，对于一个高度为3的2叉树结构(未包括根结点)，最多可以有四个叶子结点。如果一个文件未使用完这四个叶子结点，那么要修改的数据可以申请存放在第四个叶子结点中。如果这个时候出现文件系统崩溃，那么未完成的修改将被恢复到系统崩溃之前的状态。

(3) 部分copy-on-write。这是一种影子分页方法更一般的策略。在图3-20c中，用户要修改第三、第四个叶子结点上的数据，于是在原本树状存储方式基础上多分配两个结点并把第三、四个叶子结点的数据拷贝出去修改。这种方法由于只拷贝了要修改的数据块而使得效率提高。

2) 改进后的日志技术

日志是传统文件系统中更常见的一种维持文件系统一致性的策略。日志记录了文件数据的修改情况，它通常包含了大量的文件修改后的状态。虽然日志文件在传统文件系统中大量使用，但它因为维持了过多的状态而影响了整体性能。在使用了NVM之后，日志文件可以有效地存放在NVM上，以保证在断电等意外情况下也可以保留。这样，日志文件可以一直记录文件的修改操作，直到用户将最后版本的数据提交到外存。

NVM的容量并不适合含有大量状态的日志文件。修改过的日志系统同样使用事务来管理元数据的不同版本。为了提升性能，改进后的日志文件仅维持三个状态：原始状态，也就是文件从外存读入时的最初状态；更新状态，上一次修改前的状态；提交状态，即目前的状态。这样，如果用户要提交数据，提交状态会被写入外存中代替原始数据，然后NVM中的日志文件可以被删除。这样可以在维持文件系统一致性的基础上克服NVM访问速度和外存访问速度不匹配的问题。

3.3.1.4 文件系统对于写次数的优化

由于使用了NVM(以相变存储器PCM为代表)作为内存的材料，根据NVM的特点，写操作有着较DRAM明显的次数限制。例如PCM利用硫族化合物在晶态和非晶态巨大的导电性能差异来存储数据，写操作利用了PCM在通电时导电性的改变，这也就决定了PCM相比DRAM来说有着明显的写寿命限制。由于内存中大量的数据重复性写入，所以文件系统在设计过程中必须特别注意对NVM写次数的优化，是以NVM作为内存材料的内存计算文件系统相比传统文件系统的一个特别之处。

一些文件系统写次数优化策略可以用来更加平均地使用内存中的NVM。下面介绍几种常见的写次数优化策略。

1）强制换出策略

强制换出策略需要一个计数器来记录一个 NVM 块的写次数[22]。如果系统在使用过程中发现一个 NVM 块的写次数过于频繁(超过了一个预定的阈值)，则将该块强制换出到外存。图 3-21 中以 Flash Memory 作为外存，NVM 块 8 被强制换出然后终止计数器。这种策略使得换出的 NVM 块在一段时间内不再被使用。如果此时换出的块再次被访问，文件系统将自动分配一个其他的在 NVM 中的块，以保护之前的频繁写的块。

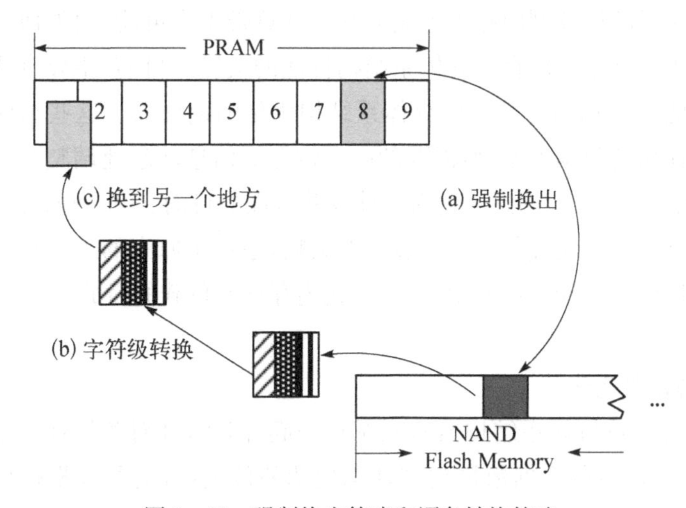

图 3-21 强制换出策略和词条转换策略

2）词条转换策略

强制换出策略可以在数据块层次上保持一个 NVM 的写次数限制，但是对于一个块中单个词条记录来说，仍然不能控制。例如，如果一个块中包含了一个文件的索引文件，而这个文件的大小信息不断修改，则只凭强制换出策略不能有效控制该块中单个数据在 NVM 中的写次数。词条转换策略在更细颗粒度的层次上控制写次数。如图 3-21 所示，只要文件系统交换了数据块，该系统将改变单条数据在一个数据块中的偏移量。这样就防止了一个特定数据结构中单个数据的重复写问题。

3）分块转换策略

类似于词条转换策略，也可在块的颗粒度上实现转换。这需要首先有一个记录块写次数的总计数器，在图 3-22 的左边可以看到。计数器包括分区表、使用次数、用来寻找空闲

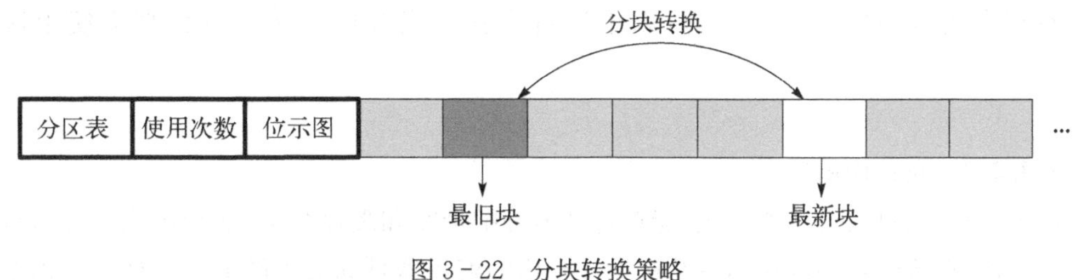

图 3-22 分块转换策略

块的位示图。这有点类似于垃圾处理机制中的 Hot-Cold 机制。如果文件系统中最多写的块和最少写的块次数之差超过了一个阈值,则交换这两个块来平均整个文件系统块的写次数。

3.3.2 任务及数据的调度

嵌入了计算单元的计算型内存为数据的并行计算带来了可能,而如何充分利用计算型内存的并行性成为提高整体内存计算体系结构性能的关键。目前,主要有两种方法用来提高并行计算的性能: ① 面向计算型内存体系结构优化的编译器。这些编译器可以通过分析计算过程中所使用的数据类型,所需要的内存带宽等信息动态地调整和优化整个系统的内存带宽[23]、缓存结构[24-25],达到优化内存计算并行性的目的。② 面向计算型内存体系结构优化的负载调度策略。通过优化的负载调度策略,系统中原有的工作负载被合理地分配到不同级别或不同位置的计算单元中,达到优化内存计算负载的目的。

3.3.2.1 编译器优化

由于编译器与计算机体系结构紧密联系在一起,因此,针对各种计算型内存系统一般都有专用编译器,有的可以根据数据类型动态地调整位宽,有的可以根据计算型内存的需要重新配置缓存栈的大小,有的根据编译时产生的信息优化代码位置或地址映射方式。然而,通过重新配置系统硬件的编译器优化方法不具普遍性,下面将对具有普遍意义的软件优化方法进行介绍。

在程序编译的过程中,编译器可以获得大量的有关代码数据结构、内存空间、逻辑嵌套等信息。利用这些信息,可以针对计算型内存的体系结构特点进行编译级别的优化。例如,通过对传统编译器得出的程序编译的结果进行分析,得到程序中代码段和数据段的内存分布和使用情况。然后,对这些内存地址进行分析,能够得到在程序地址空间内哪些虚拟内存被反复使用,并且这些被反复使用的内存是被哪些进程使用。获得这些信息后,面向计算内存的编译器就可以将代码段和数据段尽可能分配到一块计算内存当中,减少系统的访存延时。另外,由于计算型内存所集成的内存单元多为静态内存,因此在优化代码的过程中,编译器可以将使用频繁的内存页缓存起来,这样计算过程中产生的中间结果就能得到充分的利用。同样地,如果将计算内存内部频繁使用的静态内存地址保存下来,那么在程序运行的后续过程中,可以不通过查找页表等地址转换过程直接使用这块内存。

3.3.2.2 负载均衡

如上所述,通过对编译器优化,能够合理地分配带宽和缓存结构,达到优化任务执行的目的。然而,仅为计算型内存体系结构设计专用的编译器是远远不够的。在计算型内存体系结构中，整个计算机系统由多种不同的计算单元组成。这些计算单元拥有不同的内部结构和计算性能，如何将任务合理分配到这些计算单元当中，使整个系统具有更好的负载均衡策略也是一项非常重要的工作。由计算型内存组成的计算机体系结构，在任务并行当中会遇到四种传统负载均衡算法无法解决的问题。

(1) 传统计算机体系结构中，计算部件是由一定数量且具有相同性能的计算单元组成，负载调度算法能够将任务均匀分配到各个计算单元中就能达到设计目的。而在计算型内存组成的体系结构中，不同计算单元具有不同的总线宽度和计算能力，因此传统的负载探测机制和调度策略在计算型内存所组成的体系结构上是行不通的。

(2) 在数据访问层面，传统计算机所有的数据存储于共享的内存和磁盘中，各个CPU对数据的访问速度是平等的。而在计算型内存所组成的体系结构中，数据散布在主存和与子计算单元集成在一起的内存单元之中。因此，在最理想的情况下，每个计算单元所要计算的数据应该尽可能地存在于与本计算单元集成的内存单元当中，而在传统的计算机体系结构中，这一需求是难以满足的。

(3) 对于计算型内存所构成的计算机体系结构，一定数量具有不同计算能力的计算单元紧密耦合地连接在一起，传统的并行编程模型如SIMD或者MIMD不能满足这种体系结构的并行编程需要。面对这种新型的体系结构，需要设计一种中等粒度的任务分割方法和并行机制以充分利用这些计算单元。

(4) 业界已经为传统计算机体系结构研究出了很多实现并行计算的库函数，毫无疑问，由于系统结构的不同，这些库函数不能直接应用于计算型内存所构成的计算机上。如果能找到所有计算型内存所构成的计算机系统的共性，那么就能摸索出一种适合于新型体系结构的编程模型。进一步地，基于该模型，可以开发出专用的并行计算库函数。

为了克服计算型内存体系结构所遇到的上述四点困境，业界提出了很多解决方案。但总的来讲，一般是从现有机制的不足和计算内存体系结构的特点出发，从任务负载评估、数据分布及访存算法、任务分割三个方面进行研究的。

1) 任务负载评估

在传统计算系统中，往往通过对程序部分执行代码的分析来预测程序的执行总时间，或者根据程序代码不同指令的执行时间表估算整个程序的总执行时间。前一个方法能够较为精确地估算，但是对于计算内存体系结构来讲，这种估算并不合理，并且每次的估算结果也不能作为其他程序估算的参照。后一个办法虽然能够应用于含有不同计算单元的计算内存体系结构，但是这种方法所得出的结果不够精确。

业界对如何精确估算计算内存体系结构的执行时间做出了许多研究。其中，SAGE是一种面向FlexRAM结构的解决方案。SAGE将以上两种方法融合在一起[26]，能够精确地估算运行于FlexRAM系统上的程序执行时间。SAGE将系统行为分为三个基本类型，即运算、内存访问和代码动态执行，并以这三种行为作参数，形成一张行为权重表。在SAGE的操作系统中，有一个守护进程负责初始化并实时更新这张权重表。系统启动时，这张表为空，每当一个行为被执行，守护进程将查找权重表内是否有该行为。如果没有，那么守护进程将根据执行这个行为的处理器类型和指令类型，得出该行为的权重，并将权重值记入权重表。当权重表内有足够的信息后，根据特定的负载均衡算法，将任务合理地分配到各种计算单元，以达到负载均衡和减少各计算单元之间同步次数的目的，如图 3-23 所示。

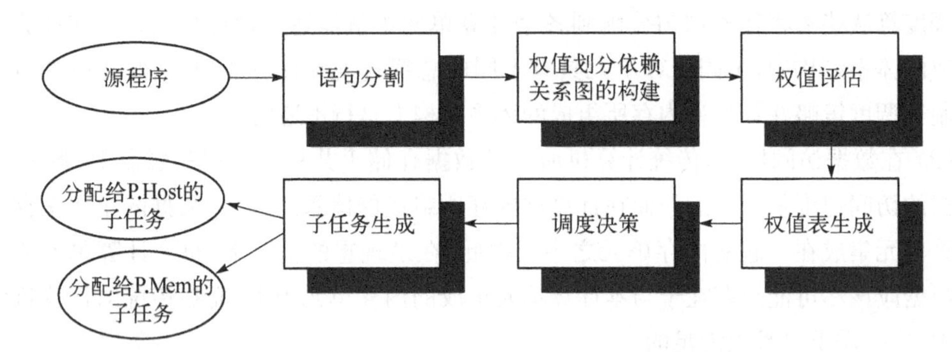

图 3-23 SAGE 计算型内存任务分配策略

2）数据和任务分发

集成了计算单元的计算型内存打破了传统冯·诺伊曼结构所带来的内存墙，提高了内存带宽和容量。但是，这种计算型内存面临的一个重大问题是，数量众多的计算内存之间的通信给系统带来了额外的负担。因此需要合理地将数据分配到各个计算内存单元之中，降低计算内存阵列之间的通信及数据流动。实验证明，行排列和列排列的分配方法都会降低系统的性能，因此一种能够在系统初始化的时候合理地分配数据，并能够在系统运行时合理地移动数据的调度算法是提高系统性能的一个关键因素。计算内存体系结构上的数据分布可以分为系统初始化数据分布和系统运行时数据分布两个方面。

为了尽可能减少系统中数据在各个计算单元之间的流动，需要在系统启动的初期就将数据合理地分配到各个执行单元中保存，这些数据应该与本计算单元有极高的耦合度，保证在计算开始后就能够尽量减少计算单元对数据的访问时间。为了将数据合理地分配到各个计算单元当中，需要满足以下规则[27]：

```
for each data i do
  for each processor node j do
    compute the total communication cost when data i put in node j
      od
      sort processor nodes using the cost as a key in ascending order
      put data i in the node with minimum total communication cost
od
```

经过上述计算过程，系统中的总访问时间被降到最低。然而，这需要所有计算单元所集成的内存单元都足够容纳计算所需的计算数据。对于大多数应用场景，计算单元所集成的内存是有限的，因此会出现计算单元集成的内存不足以容纳数据的情况，这就造成了数据与计算内存之间的分配冲突。在 PetaFlop 内存计算系统中，使用了一种启发式算法，用以解决数据在计算内存阵列当中分配的问题，对数据与计算内存之间的分配问题的研究有一定的借鉴作用。该算法首先遵循前面提到的数据分配规则，试图将数据合理地分配到各个计算内存当中。当出现数据分配冲突时，系统就把冲突的数据放入等待队列当中，等到其他数据被合理地分配到最佳的计算内存中去之后，再重新为这些缓存数据分配存储位置，算法可以表示如下：

```
for each data i do
   for each processor node j do
    compute the total communication cost when data i put in node j
   od
   sort the processor nodes in ascending order of the communincation cost
   save in the processor list
   u = pop(processor list)
   if u's memory is not full then assign data i to u
   else put data i into the waitingQueue
   fi
od
while waitingQueue not empty do
    dequeue(data, waitingQueue)
    u = (processor list)
    if u's memory is not full then assign data i to u;break
    else enqueue data i into the waitingQueue
    fi
od
```

当需要计算的数据和程序依据上面提到的初始化规则被分配到计算内存中后，系统开始执行程序。在程序执行过程中，程序所需的数据可能会发生变化，这就需要对系统运行时的数据和程序进行分发。在 PetaFlop 中，系统为数据向各个计算单元的移动所付出的代价进行估算，形成一张边加权无环图，然后从这张图中找到消耗最小的路径，并通过这条路径将数据分配到计算内存中[28]：

```
for each data i do
   for each processor node j do
    compute the total communication cost when data i put in node j
   od
  construct the cost-graph for data i
```

```
  obtain the shortest path from s
assign data i to the processor lying on the shortest path in each execution window
od
```

3）任务分割

在传统计算机体系结构里，CPU由一定数量的结构相同的计算单元组成，因此每个计算单元的计算能力是类似的。而且，由于计算单元统一通过系统总线与存储设备相连接，因此每个计算单元与数据的距离也是相等的。所以，如果要各个计算单元能够并行地执行任务，只要将程序中的工作合理地分配到计算机的各个运算单元中就能达到目的。而在分布式系统中，往往借助消息传递接口（Message Passing Interface，MPI）、BSP等方式将任务并行化。但在计算内存所构成的体系结构中，计算单元的结构和性能各不相同，各种计算单元之间的互连网络也多种多样。因此，很难借鉴传统的计算机体系结构和分布式系统结构的任务分割方式。SAGE实现了一种面向计算内存体系结构的任务分割方式。首先SAGE分析程序，然后依照依赖关系将程序分割成一些代码块。并根据这些代码块所需要的计算能力，为每个代码块分配一个权重值。最后，根据这些代码块的权重值将它们分发到与之匹配的计算单元中。与其他并行系统不同，SAGE进行代码分析的单位是代码块而不是循环结构。

3.4 内存数据库

在传统数据库体系结构里，数据库中的数据主要保存在磁盘上。因此，事务处理不可避免地需要对磁盘进行频繁的I/O操作。为了减少数据访问延迟，传统数据库一直以减少磁盘读写次数作为优化目标，尽可能避免磁盘I/O。然而随着数据库中数据量的增加和用户对数据库实时性要求的提高，传统数据库已经很难满足应用系统对数据高效访问的需求。内存数据库（Main Memory Database，MMDB）的主要设计理念是将数据从磁盘迁移到内存中，从而直接消除磁盘I/O对数据库速度的影响，达到提高数据库事务处理性能的目的[29]。内存数据库非常适合于需要快速响应和高事务吞吐量的应用环境。与DRDB（Disk Resident Database，磁盘数据库）相比，MMDB具有如下优点：① 完成同样功能所需的机器指令大大减少；② 不再需要缓冲区管理器；③ 简化了内存管理，降低了内存开销[30]。

3.4.1 内存数据库的结构

内存数据库依托操作系统提供的共享内存机制，将整个数据库装入一块共享内存当中，访问数据库的进程只需要将整个数据库或数据库的一部分映射到本进程的虚地址空间，即可实现对该数据库的直接访问。不仅如此，由于数据库的关系和索引数据驻留在内存中，应用进程可以通过指针或地址偏移量访问数据，无须像传统数据库一样通过缓冲区管理器访问数据，内存数据库与传统数据库的结构对比如图 3-24 所示[30]。

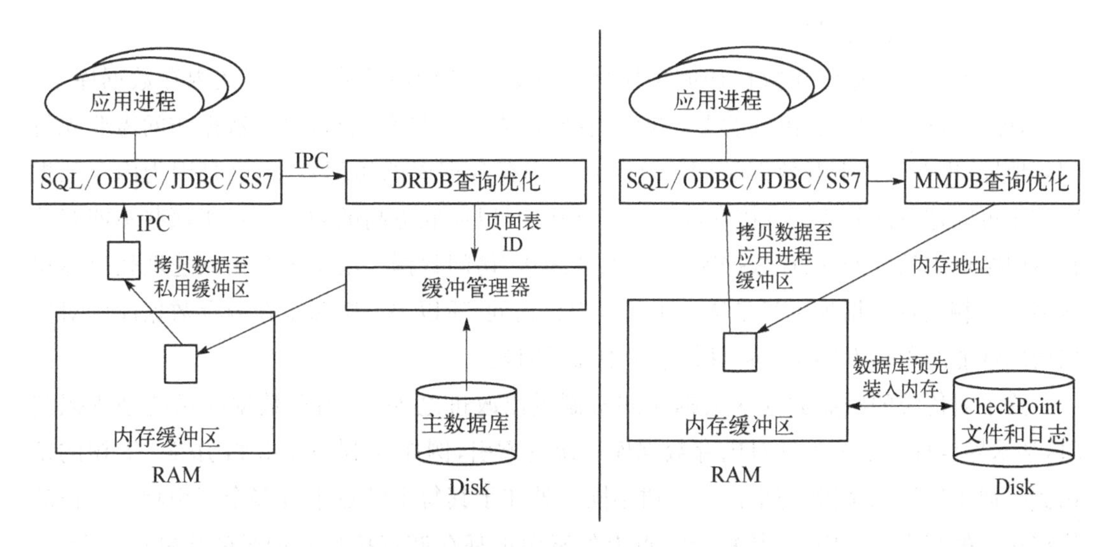

图 3-24 传统数据库和内存数据库的比较

3.4.2 内存数据库的关键技术

3.4.2.1 存储

对于磁盘数据库而言，由于其数据存放在磁道上，导致其适合于顺序读取数据。如果要随机读取数据，I/O 延迟将变得很严重。相比之下，内存数据库把数据存放在可以随机读取的内存上，访问速度是磁盘的几十倍。因此内存数据库在数据存储上的主要性能瓶颈不再是 I/O 延迟，而转变为内存数据访问的延迟和处理器运行数据管理算法的延迟。为了尽量减少这些延迟，一般采用空间换时间的策略。

在内存数据库的设计和使用中，也要考虑到对传统磁盘数据库的兼容。一些内存数据库管理系统使用和磁盘数据库相同的记录存储格式，以提高在两个系统之间转换的效率。然而对于内存数据库中各个记录属性的访问通常通过指针来直接访问，这比磁盘数据库使用变长属性在记录中的偏移量访问属性的方法更高效。

利用指针访问数据同样可以为应用程序带来更大的灵活性，应用程序可以直接操纵内存中的数据。但这也会带来一些问题，由于处理器和内存之间的缓存(Cache)广泛存在于现今的计算机硬件构架中，因此通过指针直接访问内存数据库不能很好地配合 Cache。在一些内存数据库系统如 Dali 系统中，底层的 API 可以提供给用户直接访问数据库文件的方法。然而，用户需要自己保证数据指针的正确性，而且随机访问内存中的数据会出现不同程度的内存块反复装入 Cache 的现象。因此，内存数据库存储设计不仅要考虑内存访问方式，也要考虑缓存对数据访问的影响，这是目前一些内存数据库仍没有解决的问题[31]。

3.4.2.2 数据访问

大多数磁盘数据库在数据访问中所使用的数据结构不能直接使用在内存数据库上。例如，磁盘数据库中广泛出现的B+树索引结构，索引中只有磁盘地址，数据访问需要先得到其地址，再在磁盘上对数据访问。这降低了内存数据库的访问效率，这是因为内存数据库完全可以把一部分数据直接存放在索引结构中，以换取更高的效率。对于那些不能存放在索引结构中的数据，内存数据库使用指针"间接"访问数据。由于内存访问速度较磁盘快很多，B+树的深度增加也只是增加了几次内存访问，所以B+树深度在内存数据库中对数据访问性能的影响不再像在磁盘数据库中那样明显。

除了对传统的磁盘数据库数据访问机制做出改进之外，在内存数据库系统刚刚兴起时，学术界也提出了不少针对内存数据库系统的索引，例如T树、Hash索引等。T树的结构类类似于平衡二叉树，与平衡二叉树不同之处在于其每个结点中有多个索引项。T树的优点是它的高空间利用率，其每个结点上的索引项都存储直接指向记录的指针[32]。Hash索引的实现方式根据策略的不同而异，它的优点在于对指针的查询时延很小。但是，Hash索引对一个区域的数据进行查询时就不再具有优势，这是因为Hash索引需要多次重复查询每一个数据指针，而不能像其他索引树那样顺次得到指针，这是由Hash索引对数据指针的散列存放决定的。尽管这些数据结构对内存数据库的访问起到了一定推动作用，然而随着目前学术界对处理器缓存作用认识的逐渐加深，内存数据库数据访问技术的热点研究方向愈发转变到如何更好地利用处理器缓存来加速访存上，以期性能可以得到最大优化。之前用到的索引结构，比如T树，没有对缓存作足够的重视，导致其缓存利用率低，反而制约了其性能潜力的发掘。因此学术界又相继提出了缓存敏感索引和多种针对缓存效率的索引优化方法。在MMDB系统刚刚兴起时，学术界提出了不少适合于MMDB系统的索引，例如T树、Hash索引等。T树基本上是平衡二叉树，但是它的每个结点上有多个索引项，并且不包含其他中间结点。T树具有相当好的空间利用率，每个结点上的索引项都存储直接指向记录的指针[32]。Hash索引可以根据不同的策略采取多种不同的实现方式。Hash索引对指针的查询很快，但是对区域查询(Range Scan)就无法快速地完成，需要多次重复查询。因为在树上可能相邻的两个元素，在Hash表里很可能被分配到不同的桶上。但是目前，随着对处理器缓存作用认识的逐渐加深，MMDB数据访问技术的热点研究方向是在访问的过程中如何更好地利用处理器缓存，使得性能能得到最大优化。学术界重新研究了在MMDB系统中曾普遍使用的索引，例如T树，发现其对缓存的利用率很差，反而制约了其性能潜力的发掘。因此学术界又相继研制出了对缓存敏感的索引，例如CSS树、CSB+树等。同时多种针对缓存效率的索引优化方法也被使用。

3.4.2.3 查询

内存数据库查询操作的开销主要是处理器的计算时间和内存访问时间。内存数据库使用一些方法来减少这两种开销。例如，可以将表中外键用外键指针来标志，这样相同的外键值可以使用相同的指针。当数据库执行 Join 操作时，可以直接比较外键指针而不是外键的值，这种方法在外键值类型为字符串时可以取得尤为明显的效率提升。同样的，在物化的中间结果上也只需要保存指向实际值的指针，而不必将实际数据拷贝到中间结果表上[33]。

在一些内存数据库中，Join 操作不再使用磁盘数据库中使用的归并排序。这是因为归并排序这种基于"分治"思想的排序方法虽然非常适用于需要从磁盘中读取部分数据到内存的磁盘数据库，但是对于内存数据库而言，它的处理时间开销和大量中间结果的空间开销可能导致查询效率的降低。一些研究数据显示基于 T 树的归并 join 可以取得比归并排序更好的性能。但是，由于归并排序可以通过对缓存作优化来得到更高的效率，目前它仍然是内存数据库中一种重要的排序方法。在 DRDB 系统上，查询处理的时间消耗以磁盘的 I/O 操作时间为主，而在 MMDB 上，因为没有磁盘的 I/O 操作，因此处理器的计算时间和缓存的利用成为最主要的开销。在 MMDB 上，有不少特殊的查询处理方法。例如将表里面的外键值用指向外键值的指针来替换。外键的值相同就使用相同的指针。这样在执行 Join 操作时，可以直接比较外键指针，而不是比较外键的值，在外键的值是字符串类型的时候这种方法是比较高效的。同样的道理，在物化的中间结果上也只需要保存指向实际值的指针，而不必将实际数据拷贝到中间结果表上[33]。

3.4.2.4 并发控制

内存数据库由于其高速的内存数据访问而大大缩减了事务的执行时间。因此，基于锁的内存数据库并发控制不需要很长的加锁时间。在磁盘数据库中，并发控制需要时刻注意锁的控制和操作，小粒度的锁可以用来减少对锁的竞争。内存数据库则可以使用大粒度的锁，例如表级锁，来简化锁管理，以达到更高的性能。

内存数据库也同时支持对整个数据库加锁。对数据库加锁使得所有的事务串行化执行，这可以带来很多并行执行所没有的优点：首先，可以消除许多并发控制上的开销，例如加锁和放锁、对死锁的检测和处理等。其次，事务的串行化执行使得在处理过程中的处理器缓存上下文无须切换，因此可以在连续执行事务指令、读取事务数据的前提下更好地利用处理器的指令缓存和数据缓存。

在并发条件下，一个事务在等待锁的时候，处理器将调度其他符合执行条件的事务开始执行，这会导致新的指令和数据切换操作，耗费一定的处理时间。另一方面，串行执行在对长事务处理时将导致其他事务长时间不能处理，这显然是不可行的。一些内存数据库通过对锁并发控制方式进行改进以对两者进行折中。由于内存数据库把数据对象存储在可以高速访问到的内存中，因此可以让数据对象本身也附带一些锁信息，来标示自身的加锁状态，同样的方法用在磁盘数据库上将会导致过多的数据访问开销。例如，事务在访问数据对象时，不必先通过全局的加锁 Hash 表获得数据对象的加锁状态信息，而是尝试访问数据对象，并直接读取对象的加锁状态信息。如果对象还没有被加锁，则事务可以对其进行相应的操作；如果对象已经加锁，则事务管理器将唤醒其他的等待事务，进入执行状态。如此事务对数据对象的加锁和锁释放操作只需要少量的指令，而不要通过 Hash 表来找寻要操作的锁[34]。由于内存的访问速度比磁盘快，因此 MMDB 的事务执行速度通常也较快。在采用基于锁的并发控制的系统中，这意味着锁的时间不会保持太长。因此，MMDB 的并发控制不必像 DRDB 那样时刻注意对锁的控制和操作。MMDB 对锁的管理与 DRDB 有不同的设计思路。通常，数据库系统会通过选择小的加锁粒度来减少对锁的竞争。但在 MMDB 系统中，数据已经常驻内存且对数据上锁的持有时间又很短，使用低粒度锁的优点就不再明显，因此使用大粒度的锁（例如表级锁）不仅能简化锁管理而且具有性能上的优势。

在 MMDB 中，对整个数据库加锁成为可能。对数据库加锁使得所有的事务都将串行化执行。串行化执行有很多优势：首先，可以消除许多并发控制上的开销，例如加锁和放锁，对死锁的检测和处理等。其次，由于事务的串行化执行，使得在执行单个事务的过程中，处理器的缓存上下文无须切换，可以在事务指令和事务所访问数据的连续性基础上，更好地利用处理器的指令缓存和数据缓存。因为在并发条件下，当一个事务在等待锁的时候，需要调度激活另外一个符合执行条件的事务开始执行。原先在处理器缓存中的事务指令和数据都将作废，需要重新切换加载新的指令和数据。这将耗费不少的处理器时间。但是在有长事务出现的情况下串行化执行就丧失了执行效率。可以考虑使用某种策略，使得短事务能够和长事务并发执行。在锁的实现过程中，MMDB 可以在被加锁的数据对象上使用新的技术。在 DRDB 中，存储在磁盘上的数据对象本身并不带有任何的锁信息。而在 MMDB 中，数据对象存储在内存中，可以用简便的方法使得数据对象本身也附带一些锁信息，来标示自身的加锁状态。例如，事务在访问数据对象时，不必通过全局的加锁 Hash 表来判断当前数据的对象的加锁状态，而是直接在访问数据对象时，读取对象自身的加锁状态信息。如果对象还没有被加锁，则事务可以对数据对象进行相应的操作。如果时间对象已经加锁，则像通常的处理流程一样，事务管理器将唤醒其他的等待事务，进入执行状态。这样一来，事务在对数据对象的加锁和锁释放操作只需要少量的指令就能完成，而不要通过 Hash 表来找寻要操作的锁[34]。

3.4.2.5 日志处理

日志技术广泛地应用于数据库系统中，内存数据库也不例外。事务在提交时，其日志将被写入非易失性存储体中，如果内存数据库使用的内存不是非易失性的内存，日志将被写入磁盘。以此产生的 I/O 开销将可能成为事务处理的性能瓶颈。

一种用来减少日志写入磁盘的方法是只将 Redo 日志写入非易失性储存体中。有些恢复算法[35]将 Redo 日志写入系统日志中，而将 Undo 日志记录写入其他本地的日志中，例如事务的缓冲区空间里。只有在事务失败时，Undo 日志记录才会被写入系统日志中。这种策略减少了事务日志写入磁盘的次数以换取更高的性能。还有一些恢复算法使用影子分页技术而不是直接更新数据库中的数据。所谓影子分页即执行数据的一个副本，所有对数据的操作都在这个副本上执行。当事务被提交时，所有的影子分页上的更新将写入到内存数据库中；如果事务失败，影子分页上的更新就可以直接丢弃，不需要 Undo 日志记录来回滚之前的操作。

另一种对事务提交时日志写入操作的优化方法是"分组提交"。具体做法是，把事务提交操作按一定数量成组写入磁盘，而不对每一次事务提交直接写入。这种做法可以减少日志写入磁盘的次数，但是要以事务提交处理时间的增加作为代价。

预提交也是一种很好的提高日志处理性能的方法。它在把日志记录写入磁盘时，首先把日志 记录写入日志缓冲区，然后立即释放事务的锁，其他事务可以立即得到处理而无须等待日志提交操作的完成。这种做法有些类似于设备管理中的 SPOOLING 技术，预提交策略旨在通过增加事务提交和事务处理之间的并行性来提高日志处理的性能。

如果内存数据库系统中使用了非易失性内存，事务提交时产生的 Redo 日志记录将首先被写入非易失性内存中，由于非易失性内存的断电数据不丢失的特性，日志记录可以在之后合适的时间在统一写入磁盘中而不影响事务处理。即使事务处理中断或者系统停机，这些在非易失性内存中的日志记录也不会丢失，从而很好地在保证日志安全性的前提下提高了日志处理的性能。

3.4.3 主流内存数据库及其优缺点

3.4.3.1 TimesTen

内存数据库 TimesTen 支持的系统包括实时计费系统、股票交易系统、呼叫中心系统、航线运营系统等。TimesTen 是内存数据库中非常优秀的一员，在全球的客户包括 Amdocs、亚斯贝克通信公司、爱立信、JP 摩根、NEC、诺基亚、斯普林特、美国航空等。TimesTen 中的这个 Ten 据说就是指速度能达到基于磁盘的 RDBMS 的 10 倍，适合作为大事务数据库的前端数据库。

1) TimesTen 优势

(1) 能够和 Oracle 后台数据库无缝集成，数据可以在 TimesTen 和 Oracle 之间双向实时流动。

(2) TimesTen 支持多节点并行提供服务的模式，数据可以在多个 TimesTen 节点之间直接传输，进一步提高了系统的扩展性和可靠性。

(3) 符合 RDBMS 独立内存数据库服务标准。

(4) 支持 SQL92。

(5) 支持 ODBC & JDBC。

(6) 高性能。

(7) 可作为 Oracle 数据库的前端 Cache。

(8) 支持本地高速访问和网络访问方式可靠性高。支持完整日志,支持镜像复制功能。

2) TimesTen 劣势

(1) 代码不开源,需要较高费用。

(2) 目前不支持存储过程和触发器。

3.4.3.2 SAP HANA

SAP HANA 摒弃磁盘而采用内存,将交易型数据库和分析型数据库合二为一,可以认为是真正意义上的实时数据平台。SAP 对 SAP HANA 的定义是使用列式和行式混合存储的内存计算技术,实现 OLTP 和 OLAP 的通用数据库平台。

SAP HANA 是专门为支持运营应用和分析应用而设计的一款内存计算平台,它能够对大量多结构数据进行实时分析,并将分析结果嵌入业务应用中。

SAP HANA 适用于执行实时分析处理及实时事务处理功能,还可用于开发和部署实时应用软件。

1) SAP HANA 优势

(1) 秒级处理实时决策。行式和列式存储,完全存于内存。

(2) 大规模数据运算。内存排序,无须考虑优化。

(3) 并行处理。低成本运行,普通 PC 服务器。

2) SAP HANA 劣势

SAP HANA 只能运行在 Suse Linux 企业版(SLES)上,软硬件平台较昂贵。

3.4.3.3 SolidDB

IBM SolidDB 系列数据库的特点在于使用了内存型关系数据库技术。这种技术能够提供非常快的运行速度,比基于磁盘的传统数据库的运行速度快 10 倍。IBM SolidDB(简写为 SolidDB)是一个功能全面的内存关系数据库,它提供了非常快的速度和非常高的可用性,满足实时应用程序对性能和可靠性的要求。单个 SolidDB 实例中可以同时包含内存表和基于磁盘的表。SolidDB 使用熟悉的 SQL 语句,使应用程序能够在每秒钟内获得几万个事务,而响应时间是按微秒计算的。

1) SolidDB 优势

(1) 没有大数据块结构。

(2) 检查点和耐久性。

(3) SolidDB 还使用其他一些技术来加快数据处理,例如一种获得专利的检查点(checkpointing)方法。这种方法产生一个快照一致性检查点,同时并不阻塞正常的事务处理。

除了这些性能优点外，SolidDB还带来其他好处。它将一个完全事务性的内存中数据库和一个强大的、基于磁盘的数据库组合到一个紧凑的解决方案中，并且可以透明地将同一个数据库的一部分驻留在内存中，一部分驻留在磁盘上。而且，SolidDB是市场上唯一一个可以作为几乎任何其他基于磁盘的关系数据库的前端高速缓存来部署的数据库软件。最后，SolidDB还提供超高的可用性。

2）SolidDB劣势

SolidDB在透明查询中，首先将节点增加到两个，然后将模式设置为HA HotStandby模式。不支持其他方式的数据分区。

3.4.3.4 SQL Server

微软SQL Server数据库服务器提供了从服务器到终端的数据库的完整的解决方案，其中数据库服务器部分是一个数据库管理系统，用于建立、使用和维护数据库。内存数据库是SQL Server 2014的新功能之一，SQL Server的Hekaton引擎由两部分组成：内存优化表和本地编译存储过程。虽然Hekaton集成了关系数据库引擎，但访问它们的方法对于客户端是透明的，这也意味着从客户端应用程序的角度来看，并不会知道Hekaton引擎的存在。

1）SQL Server优势

(1) 内存优化表完全不存在锁的概念，虽然之前的版本有快照隔离这个乐观并发控制的概念，但快照隔离仍然需要在修改数据的时候加锁。

(2) 内存优化表Hash-Index结构使得随机读写的速度大大提高。

(3) 内存优化表可以设置为非持久内存优化表，从而也就没有了日志(适合于ETL中间结果操作，但存在数据丢失的危险)，通过内存优化表＋本地编译存储过程有接近几十倍的性能提升。

2）SQL Server劣势

(1) 目前SQL Server 2014内存优化表的Hash－Index只支持固定的Bucket大小，不支持动态分配Bucket大小。

(2) 就目前来说，数据库镜像和复制是无法与内存优化表兼容的，但AlwaysOn、日志传送、备份还原是完整支持。

3.4.3.5 eXtremeDB

全球首款嵌入式内存实时数据库eXtremeDB，是实时嵌入式实时数据库公司McObject LLC专为高性能、低开销、稳定可靠的极速实时数据管理而设计的，它的性能可以达到微秒级的速度。

作为一款内存数据库系统(In-Memory Database System，IMDS)，eXtremeDB通过消

除磁盘和文件 I/O、缓存管理以及其他造成延迟的因素，实现了性能突破。由于直接使用主内存中的数据，eXtremeDB 能够有效避免磁盘数据库管理系统(DBMS)固有的数据复制和传输开销。用户可以在共享内存中创建数据库，支持多个进程的并发访问。

1) eXtremeDB 优势

(1) 进程内嵌入式数据库架构，能够完全在应用程序进程中运行，消除了客户端和服务器模块之间的进程间通信(IPC)。IPC 消息是关系 DBMS 以及一些基于客户端/服务器设计的内存和面向列的数据库系统造成延迟的固有原因。

(2) 代码路径非常短。核心数据库系统约 150 K 的内存开销体现了 McObject 在不断地消除微小的延迟。通过减少每个数据库操作所需的 CPU 周期数和提高操作代码位于一级/二级 CPU 缓存的可能性，这种短路径的特点能够有效加快代码的执行。

(3) 安全特性保证。页面级别的循环冗余检验(CRC)能够检测是否对存储的数据进行了未经授权的修改，RC4 加密技术可利用用户提供的密码防止非法访问或篡改。

2) eXtremeDB 劣势

(1) 不支持存储过程和脚本级别的触发器。

(2) 不支持外键。

(3) 数据库定义(表结构)在运行的过程中不能修改。

(4) 和其他数据库同步需要二次开发。

3.4.3.6 ALTIBASE

ALTIBASE 是一家提供内存数据库性能解决方案的公司。该公司创建了世界上第一个混合关系型数据库管理系统，ALTIBASE 的混合架构是内存数据库管理的首选解决方案，帮助企业及组织解决当前大数据和云计算方面的不断变化的挑战。

1) ALTIBASE 优势

(1) 内存操作。为了高效管理大容量数据库，ALTIBASE 被设计成高效使用每一层内存。ALTIBASE 内存管理模块的设计和实现机制是使用自己的内存池管理内存。ALTIBASE 的存储管理层(Storage Management Layer)管理内存中优化过的数据页，通过最大化各数据页之间的关系高效地存储和管理数据库。ALTIBASE 的查询处理层(Query Processing Layer) 在处理查询时高效管理内存空间，尽量减少由于不必要的内存分配和释放导致的性能下降。

(2) 磁盘操作。作为大容量数据库高效管理的方案，ALTIBASE 在一个 DBMS 中提供内存和磁盘存储区。同内存一样，基于磁盘的存储支持 DRDBMS 的 LRU 算法的缓冲池和物理磁盘存储管理。用户将希望的数据加载到缓冲池，与高性能内存存储区的数据最小化性能最低。

(3) 表精简功能。在内存数据库中，当大量数据被插入特定表之后频繁地发生更新或删除操作时，一个表可能会占用一些不必要的空间。在该情况下，DBMS 可以将不必要的内存返回给系统，提高内存空间的使用效率。ALTIBASE 提供表的精简功能，使用户高效管理表和内存。

2）ALTIBASE 劣势

（1）不保证持久化。

（2）没有同步复制。

（3）没有和 Oracle 通信的 CacheConnect 类似的东西。

除了上述，还有 MeayunDB、Berkeley DB 等其他内存数据库。这些内存数据库各有优劣，使用者在选择时除了要考虑性价比之外，更重要的是要根据自己的业务场景选择。内存数据库从某种程度上代表了数据库体系结构的发展趋势，它不仅能够大幅提升数据库的性能，还能够减轻数据库开发和管理人员的调优工作。目前，磁盘数据库仍然是无法取代的，但在不久的将来，相信内存数据库能够取代磁盘数据库，成为市场的主流。

◇参◇考◇文◇献◇

[1] Moinuddin K Qureshi, Sudhanva Gurumurthi, Bipin Rajendran. Phase change memory: from devices to systems[J]. Synthesis Lectures on Computer Architecture, 2011, 6(4): 1 - 134.

[2] Gokhale Maya, Bill Holmes, Ken Iobst. Processing in memory the Terasys massively parallel PIM array[J]. Computer, 1995, 28(4): 23 - 31.

[3] Jeffrey Draper, Jeff Sondeen, Sumit Mediratta, et al. Implementation of a 32-bit RISC processor for the data-intensive architecture processing-in-memory chip[C]. IEEE International Conference on Application-Specific Systems, Architectures and Processors, 2002: 163 - 172.

[4] Luke Roth, Lee Coraor, David Landis, et al. Computing in memory architectures for digital image processing[C]. Records of the 1999 IEEE International Workshop on Memory Technology, Design and Testing, 1999: 8 - 15.

[5] Elliott D G, Stumm M, Snelgrove W M, et al. Computational RAM: Implementing processors in memory[J]. Design & Test of Computers, 1999, 16(1): 32 - 41.

[6] Peter M Kogge, Toshio Sunaga, Hisatada Miyataka, et al. Combined DRAM and logic chip for massively parallel systems[C]. Advanced Research in VLSI, 1995: 4 - 16.

[7] Jung-Yup Kang, Sandeep Gupta, Jean-Luc Gaudiot. An efficient data-distribution mechanism in a Processor-In-Memory (PIM) architecture applied to motion estimation[J]. IEEE Transactions on Computers, 2008, 57(3): 375 - 388.

[8] Yi Kang, Wei Huang, Senug-Moon Yoo, et al. FlexRAM toward an advanced intelligent memory

system[C]. IEEE International Conference on Computer Design, 1999: 5 - 14.

[9] Jung-YupKang, Sandeep Gupta, Saurabh Shah, et al. Efficient PIM (Processor-In-Memory) architecture for motion estimation[C]. IEEE International Conference on Application-Specific Systems, Architectures and Processors, 2003: 282 - 292.

[10] David Patterson, Krste Asanovic, Aaron Brown, et al. Intelligent RAM (IRAM) the industrial setting, applications, and architecture[C]. IEEE International Conference on Computer Design, 1997: 2 - 7.

[11] David Patterson, Thomas Anderson, Neal Cardwell, et al. A case for intelligent RAM IRAM[J]. IEEE Micro, 1997, 17(2): 34 - 44.

[12] Mark Oskin, Frederic T Chong, Timothy Sherwood. Active pages a computation model for intelligent memory[C]. International Symposium on Computer Architecture, 1998, 26(3): 192 - 203.

[13] Jeff Draper, Jacqueline Chame, Mary Hall, et al. The architecture of the DIVA processing in memory chip[C]. International Conference on Supercomputing, 2002: 14 - 25.

[14] Jeffrey Draper, Jeff Sondeen, Chang Woo Kang. Implementation of a 256-bit wide word processor for the Data-Intensive Architecture (DIVA) Processing-In-Memory (PIM) chip[C]. European Solid-State Circuits Conference, 2002: 77 - 80.

[15] Eric S Chung, James C Hoe, Ken Mai. CoRAM an in-fabric memory architecture for FPGA-based computing[C]. ACM/SIGDA International Symposium on Field Programmable Gate Arrays, 2011: 97 - 106.

[16] Krishna Kumar Rangant, Nael B Abu-Ghazaleht, Philip A Wilseyt. A distributed multiple-SIMD processor in memory[C]. International Conference on Parallel Processing, 2001: 507 - 514.

[17] Jeremy Condit, Edmund B Nightingale, Christopher Frost, et al. Better I/O through byte-addressable, persistent memory[C]. ACM SIGOPS Symposium on Operating Systems Principles, 2009: 33 - 146.

[18] Chen Jianxi, Wei Qingsong, Chen Cheng, et al. FSMAC: a file system metadata accelerator with non-volatile memory[C]. IEEE Symposium on Mass Storage Systems and Technologies, 2013: 1 - 11.

[19] Youngwoo Park, SeungHo Lim, Chul Lee, et al. PFFS: a scalable flash memory file system for the hybrid architecture of phasechange RAM and NAND flash[C]. ACM Symposium on Applied Computing, 2008: 1498 - 1503.

[20] Wu Xiaojian, Narasimha Reddy A L. SCMFS: a file system for storage class memory[C]. International Conference for High Performance Computing, Networking, Storage and Analysis, 2011: 1 - 11.

[21] Mary Baker, Satoshi Asami, Etienne Deprit. Non-volatile memory for fast, reliable file systems [C]. International Conference on Architectural Support for Programming Languages and Operating Systems, 1992: 10 - 22.

[22] Youngwoo Park, Kyu Ho Park. High-performance scalable flash file system using virtual metadata storage with phase-change RAM[J]. IEEE Transactions on Computers, 2011, 60(3): 321 - 334.

[23] David Judd, Katherine Yelick, Christoforos Kozyrakis, et al. Exploiting on-chip memory bandwidth in the VIRAM compiler[M]. Springer, 2001.

[24] Csaba Andras Moritz, Matthew I Frank, Saman Amarasinghe. FlexCache a framework for flexible compiler generated data caching[M]. Springer, 2001.

[25] Alexander V Veidenbaum, Weiyu Tang, Rajesh Gupta, et al. Adapting cache line size to application behavior[C]. International Conference on Supercomputing, 1999: 145 - 154.

[26] Slo-Li Chu, Tsung-Chuan Huang, Lan-Chi Lee. Improving workload balance and code optimization in processor-in-memory systems[J]. Journal of Systems and Software, 2004, 71(1 - 2): 71 - 82.

[27] Yi Tian, Edwin H - M Sha, Peter M Kogge. Efficient data placement for processor-in-memory array processors[C]. The ISATED International Conference on Parallel and Distributed Computing and Systems,1997.

[28] Yi Tian, Edwin H - M Sha, Chantana Chantrapornchai, et al. Data scheduling on Processor-In-Memory arrays based on data placement and data movement[R]. Technical Report 97 - 09, CSE Dept., University of Notre Dame, 1997.

[29] Hasso Plattner, Potsdam, Brandenburg. A course in in-memory data management[M]. Springer, 2014.

[30] 杨武军,张继荣,屈军锁. 内存数据库技术综述[J]. 西安邮电学院学报,2005,3(10).

[31] 王晨. 内存数据库若干关键技术研究[D]. 浙江大学硕士论文,2006.

[32] Tobin J Lehmnand, Mieheal J Carey. A study of index structures for main memory database management systems[C]. International Conference on Very Large Data Bases,1986: 294 - 303.

[33] Jingren Zhou, Kemreht A Ross. Buffering accesses to memory-resident index structures[C]. International Conference on Very Large Data Bases, 2003(29): 405 - 416.

[34] Hector Gareia-Molina, Kenneth Salem. Main memory database systems: an overview[J]. IEEE Transactions on Knowledge and Data Engineering, 1992, 41(6): 509 - 516.

[35] Jagdaish H V, Silbersehatz A, Sudershna S. Recovering from main memory Lapses[C]. International Conference on Very Large Data Bases,1993: 391 - 404.

第4章

MapReduce 模型

金融、交通、医疗、安防等众多应用领域数据量的剧增和数据类型的多样化(结构化、半结构化与非结构化),催生了众多面向大数据处理的并行计算模型。本章将重点介绍MapReduce 模型的原理、MapReduce 模型的实现以及 MapReduce 模型的改进工作。

4.1 MapReduce 模型简介

目前,MapReduce 模型[1-2]已经得到了工业界和学术界的广泛应用与研究,它将待解决的数据集分解成若干个可以进行并行处理的小数据集,使分布式并行程序的编写变得更加简单。

4.1.1 MapReduce 模型概念及原理

以前大量的原始数据和各种类型的衍生数据主要通过数以百计的专用计算方法进行处理,例如文档抓取、Web 请求日志、倒排索引、Web 文档图结构表示等。但是由于数据的输入量巨大,此类计算方法很难在预期的时间内完成运算,因此为了提高数据处理速度,将计算任务分布在计算机集群中进行并行处理,然而如何并行化计算、分布数据、处理失败任务等一系列问题交织在一起,使得原本简单的数据处理方法变得十分复杂。

为解决上述问题,2004 年 Jeffrey Dean 和 Sanjay Ghemawat 正式提出了一个新的抽象模型——MapReduce 模型[3-4],将并行计算、容错、数据分布、负载均衡等复杂的细节隐藏在一个库里,使用者只需表述想要执行的简单运算。这个抽象模型的设计灵感来自 Lisp(List Processor,列表处理语言;约翰·麦卡锡在 1960 年左右创造的一种基于 λ 演算的函数式编程语言)和许多其他函数式语言的 Map 和 Reduce 原语。Lisp Map 作为输入函数可以对输入的数据进行初始排序划分,Lisp Reduce 函数对 Map 函数的输出值进行合并,形成一个简单的输出结果,Map 和 Reduce 函数组成了此模型的主要实现。

MapReduce 模型原理如图 4-1 所示,其最初设计方案是将 MapReduce 模型运行在由低端计算机组成的大型集群上。集群中每台计算机包含一个工作节点(Worker)、一个较快的主内存和一个辅助存储器[2]。其中,工作节点用于数据的处理;主内存用于暂存工作节点的输出数据;辅助存储器组成了集群的全局共享存储器,用于存储全部的初始数据和工作节点的输出数据,并且计算机之间可以通过底层网络实现辅助存储器的同步远程互访。

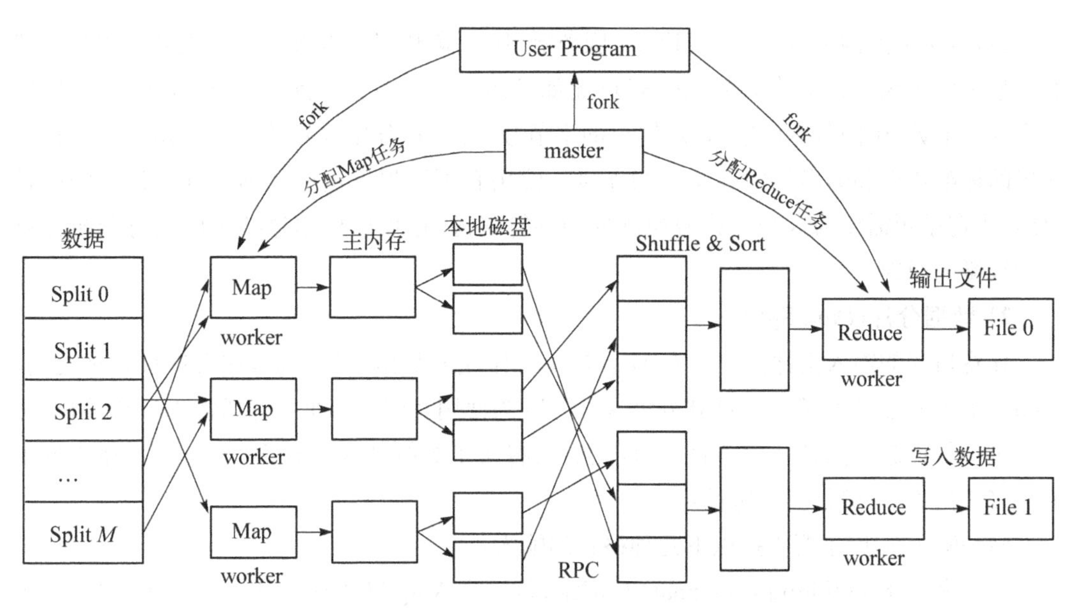

图 4-1 MapReduce 模型原理图

由图 4-1 可知，一个 MapReduce 作业由 Map 和 Reduce 两个阶段组成，每一个阶段包括数据输入、计算处理和数据输出三个步骤。其中每一个阶段的输出数据被当作下一阶段的输入数据，而且只有当每一个计算机都将它的输出数据写入共享存储器并完成数据同步后，计算机才可以读取它前一个阶段写入共享存储器的数据进行数据互相访问。除此方式以外，各个计算机之间不存在其他的数据交互方式(主节点 Master 除外)。

4.1.2 MapReduce 模型工作机制

本小节首先对 MapReduce 作业的运行进行剖析[4-5]，然后对 MapReduce 的容错机制和负载均衡进行详细介绍。

4.1.2.1 MapReduce 作业的运行机制

1) 主节点(Master)

MapReduce 模型将 MapReduce 作业(Job)分成若干个任务(Task)来执行，其中，MapReduce 作业作为客户端执行的一个工作单元，主要包括输入数据、MapReduce 程序和配置信息，任务主要包括 Map 和 Reduce 两类。

主节点对每一个 Map 任务和 Reduce 任务的状态(空闲、工作中或完成)和工作节点(非空闲任务)的标志进行存储，并负责将 Map 任务产生的中间数据存储区域的位置信息传递到 Reduce。因此，对于每个已经完成的 Map 任务，首先利用主节点存储其产生的 R 个中间数据存储区域的大小和位置；然后，当所有 Map 任务完成时，以逐步递增的方式将所有的中间数据存储区域的大小和位置信息传送给正在工作的 Reduce 任务。

另外，主节点内部含有一个HTTP服务器，用于输出MapReduce执行的状态报告。状态信息页面不仅包含了计算执行的进度(比如已经完成了多少任务、有多少任务正在处理、输入的字节数、中间数据的字节数、输出的字节数、处理百分比等)，还包含了指向每个任务输出的标准错误和输出的标准文件的连接。使用者可以根据这些数据来预测计算的执行时间，决定是否需要为这个计算增加额外的计算资源，还可以根据这些页面信息分析计算执行较慢的原因。

2) 数据分片(Data Split)

任意格式的输入文件都可作为MapReduce作业的数据初始存储，在文件被处理之前，MapReduce库首先将输入文件划分为M片(M为使用者定义)，每一片通常16～64 MB(可以通过参数控制，进而适应不同集群)，然后再将每个数据片保存在多个节点上，在集群中形成多份拷贝(一般是三份拷贝)。

MapReduce库主要支持以下几种格式的输入：

(1) 输入分片(FileInputFormat)与记录，每一个Map操作只处理一个输入分片，每个分片被划分为若干个记录，每个记录为一个<Key; Value>对；

(2) 文本输入(TextInputFormat)，默认格式，每条记录是一行输入，键为字节偏移量，值为行的内容；

(3) 二进制输入(SequenceFileInputFormat)，二进制格式，键为使用者自定义，值为使用者自定义；

(4) 多种输入(MultipleInputs)，允许为每条输入路径指定InputFormat和Mapper；

(5) 数据库输入(DBInputFormat)，用于从数据库中读取数据；

(6) KeyValueInputFormat，将行解析为<Key; Value>对，Key为第一个Tab字符前的所有字符，Value为行剩下的内容。

3) Map端

数据划分结束之后，MapReduce作业首先为每个分片构建一个Map任务(Map任务的数量由数据分片数量所决定，和数据分片成一一对应或者多对一的关系)；然后，由该任务来运行使用者自定义的Map函数，进而处理分片中的每条记录。在构建Map任务之前，MapReduce作业使用Fork将使用者进程拷贝到集群内其他机器上，并由主节点负责调度，为空闲工作节点分配任务(Map任务或者Reduce任务)。

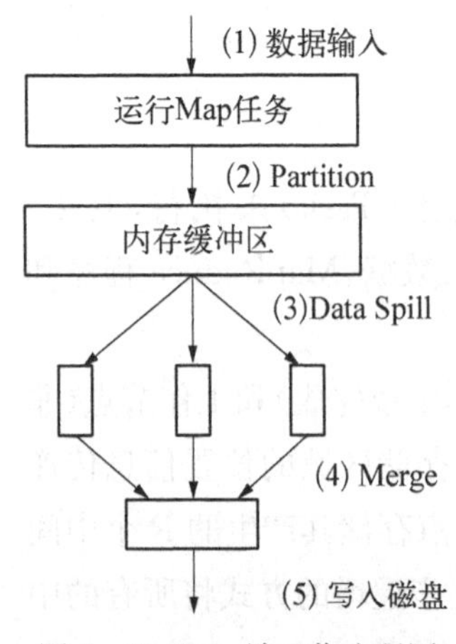

图4-2 Map端工作流程图

Map端的工作流程如图4-2所示，详述如下：

(1) 数据输入。工作节点执行Map任务时，首先读取分片数据，从输入数据中抽取<Key; Value>对；然后将每一个<Key; Value>对作为参数传递给Map函数。当Map任务运行在有相应数据分片的节点上时性能达到最佳(实现数据本地化)。

(2) Partition。虽然 Map 任务输出的<Key; Value>对在 Reduce 任务里进行合并,但 MapReduce 作业中含有多个 Reduce 任务(可能是一个),在此阶段需要指定当前<Key; Value>对最终所归属的 Reduce 任务。因此,MapReduce 提供了 Partitioner 接口,可根据 Key 或 Value 及 Reduce 的数量来解决定当前的<Key; Value>对的归属问题。

Partiton 默认的分配方式是对 Key Hash 后再以 Reduce 任务数量取模,此方式可平均 Reduce 的处理能力。当使用者对 Partitioner 有特殊分配需求时,可以采用订制的方式将需求设置到 Job 上。

(3) 数据溢出写(Data Spill)。每个 Map 任务都有一个环形内存缓冲区,用于暂存 Map 的输出结果,但是当 Map 任务的输出结果超出内存的存储能力时,需要在一定条件下将缓冲区中的数据临时写入磁盘,然后重新利用这块缓冲区。这个从内存向磁盘写数据的过程称为溢出写(Spill),溢出写是由后台单独线程来完成,不影响 Map 结果写入缓冲区的线程。

缓冲区默认大小是 100 MB(可以设置具体大小),整个缓冲区溢出写的比例默认是 0.8,当缓冲区的数据达到阈值,溢出写线程启动,锁定 80%的内存执行溢出写过程,Map 任务的输出结果可以继续向剩下的 20%内存中写入,互不影响。但是,在写磁盘过程中,如果缓冲区被写满,Map 会被阻塞直到写磁盘过程完成。

因为 Map 任务的输出需要发送到不同的 Reduce 端,而内存缓冲区未对将发送到相同 Reduce 端的数据进行合并(这种合并只是体现在磁盘文件中的),因此在溢出写过程中,如果多个<Key; Value>对发送到某个 Reduce 端,需要将这些<Key; Value>对拼接到一起,减少与 Partition 相关的索引记录。

(4) 聚合(Merge)阶段。当内存缓冲区达到溢出写的阈值时,将建立一个新的溢出写文件,因此在 Map 任务写完其最后一个输出记录之后,可能会产生多个溢出写文件。Merge 概念为:在任务完成之前,将溢出写文件合并成一个已经分区且排序的输出文件(配置属性控制着一次最多能合并多少流,默认值是 10),使 Map 任务最终只输出一个溢出写文件。

如果已经指定合并器(Combiner),并且溢出写次数至少为 3 时,合并器会在输出文件写到磁盘之前反复运行(不影响最终结果),使 Map 输出更为紧凑,进而减少写到本地磁盘和传给 Reducer 的数据量。此外,写磁盘时可以采用压缩 Map 输出的方式(默认情况下对输出结果不压缩,需要在属性中设置),使写入磁盘的速度更快,同时节约磁盘空间。

(5) 写入本地存储器。最后,Map 任务将其输出结果临时写入本地磁盘。因为其输出数据是 MapReduce 作业的中间结果,因此作业完成后 Map 的输出结果将被删除。

4) Shuffle & Sort

Shuffle & Sort 主要描述数据从 Map 任务输出到 Reduce 任务输入的过程,并确保每个 Reducer 任务的输入都按键排序。在 MapReduce 作业执行过程中,大多数 Map 任务与 Reduce 任务的执行均基于不同的节点，而且多数 Reduce 任务执行时需要跨节点去读取其他节点上 Map 任务的结果。因此 Shuffle & Sort 过程需要保证数据完整地从 Map 端传输到 Reduce 端，并且在跨节点读取数据时，尽可能地减少对带宽的不必要消耗，同时还要减少磁盘 I/O 对任务执行的影响。MapReduce 模型的 Shuffle & Sort 原理如图 4－3 所示。

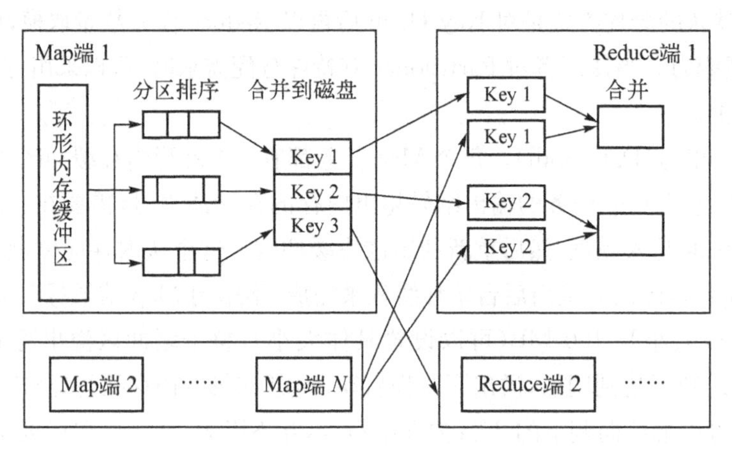

图 4－3 Shuttle & Sort 工作原理图

首先，将写入本地存储器的<Key; Value>对(由 Map 任务输出)分为 R 个区(R 的大小由使用者定义)，每个分区对应一个 Reduce 任务；然后，将中间<Key; Value>对的位置信息发送到主节点；最后，由主节点负责将信息转发到 Reduce 的工作节点。当运行 Reduce 任务的工作节点接收到其所负责的分区的位置信息(由主节点发送的每个 Map 任务产生的中间<Key; Value>对可能映射到所有 R 个不同分区)时，Reduce 工作节点将读取其负责的所有中间<Key; Value>对，并对<Key; Value>对进行排序，使键值相同的<Key; Value>对聚集在一起。

5) Reduce 端

Reduce 端的任务流程如图 4－4 所示，详述如下：

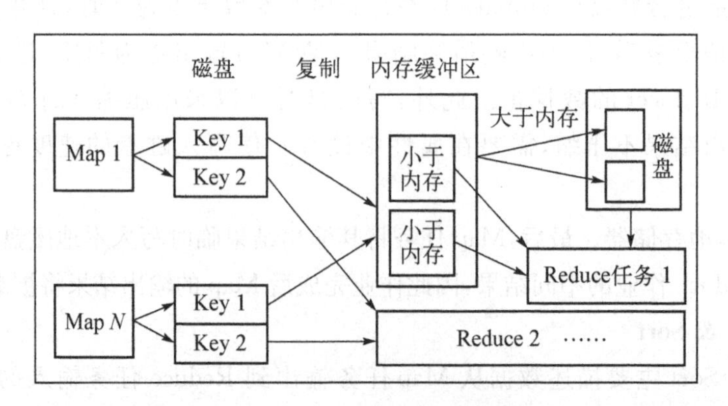

图 4－4 Reduce 任务流程图

(1) 复制阶段。Reduce 进程启动数据 Copy 线程(默认为 5 个线程,可进行修改)并行获取 Map 任务的输出文件(Map 任务已结束,这些文件存在本地磁盘中)。但是,由于每个 Map 任务的完成时间可能不同,因此当有一个任务完成时,Reduce 任务即可复制其输出。

(2) 聚合(Merge)阶段。当所有 Map 输出被复制完成后,Reduce 任务进入排序阶段。如果 Map 输出小于内存,输出结果被复制到 Reduce 工作节点的内存,否则被复制到磁盘。聚合有三种形式:第一,内存到内存(默认情况下不启用),在启用的情况下,如果内存缓冲区的使用达到阈值,输出数据合并后溢出写到磁盘中;第二,内存到磁盘,Map 端没有输出数据时运行结束;第三,磁盘到磁盘,生成最终文件。

(3) Reducer 的输入文件。经过多次聚合后生成一个存储于磁盘上或内存中的文件,默认情况下此文件存放于磁盘中(可通过性能优化使文件存放于内存中直接作为 Reducer 的输入)。

(4) 写入输出文件。最后,执行 Reducer 将输出结果直接写到分布式文件系统(一般是 HDFS)上。

Reduce 输出结果的格式主要包括以下几种:

① 文本输出(TextOutputFormat),默认的输出格式,将每条记录写为文本行,并以<Key; Value>对的方式输出行;

② 二进制输出(SequenceFileOutputFormat),将输出写为一个顺序二进制文件,适合于子 MapReduce 作业的输入;

③ 多个输出(MultipleOutputFormat),可对输出的文件名进行控制,或设置每个 Reducer 输出多个文件;

④ 延迟输出(LazyOutputFormat),封装输出格式,可以保证指定分区第一条记录输出时才真正创建文件;

⑤ 数据库输出,写到关系数据库和 HBase 的输出格式;

⑥ NullOutputFormat,忽略收到的数据,即不作输出。

4.1.2.2 容错机制

1) 工作节点容错

主节点周期性地 Ping 每个工作节点,如果在约定的时间范围内未接收到工作节点的返回信息,此工作节点将被主节点标记为失效。所有由此失效工作节点完成的 Map 任务被重新设置为初始的空闲状态,等待其他工作节点的重新调度执行。并且,工作节点失效时正在运行的 Map 或 Reduce 任务也将被重新置为空闲状态。

当工作节点发生故障时,虽然完成的 Map 输出已经被存储在此节点上,但是工作节点故障造成其输出已不可访问,因此必须重新执行。而已经完成的 Reduce 任务的输出存储在全局文件系统上,因此不需要再次执行。

当一个 Map 任务首先被工作节点 A 执行,之后由于工作节点 A 失效被调度到工作节点B执行时,"重新执行"的信息会被发送到所有执行 Reduce 任务的工作节点,将需要从工作节点A读取数据的 Reduce 任务转向从工作节点B读取。

MapReduce 可以处理大规模工作节点失效情况。比如,MapReduce 操作执行期间,由于网络维护引起正在运行的集群中多台机器在几分钟内不可访问,MapReduce 主节点会再次执行不可访问的工作节点完成的工作,之后继续执行未完成的任务,直到最终完成此 MapReduce 操作。

2) 主节点容错

主节点周期性地将其数据写入磁盘,并建立检查点(Checkpoint),如果主节点任务失效,可从最后一个检查点(Checkpoint)启动另一个主节点进程。但是,由于主节点进程再恢复工作十分繁杂,因此目前采用的方法是,如果主节点失效,立即中止 MapReduce 运算,使用者通过此状态信息重新执行 MapReduce 操作。

3) 任务语义容错

由于 Map 和 Reduce 任务的输出是原子提交,并且每个作业中的任务将它的输出写到私有临时文件中(每个 Map 任务生成 R 个此类文件,每个 Reduce 任务生成一个此类文件),因此当 Map 和 Reduce 的输入为确定性函数(即相同的输入产生相同的输出)时,在程序正确并且顺序执行的基础上,其所产生的结果应当与分布式计算在任何环境下的输出相一致。具体实现为:

当一个 Map 任务完成时,工作节点向主节点发送一个包含 R 个临时文件名的完成消息。如果主节点从一个已经完成的 Map 任务再次接收到一个完成消息,主节点将忽略此消息;否则,主节点将 R 个文件的名字记录在数据存储里。

当 Reduce 任务完成时,Reduce 工作节点进程以原子的方式把临时文件重命名为最终输出文件。如果同一个 Reduce 任务在多台机器上执行,针对同一个最终输出文件将有多个重命名的操作,此时可根据底层文件系统提供的重命名操作的原子性保证最终文件系统状态仅包含一个 Reduce 任务产生的数据。

4.1.2.3 负载平衡

以下将从作业调度、任务本地调度、任务备份和计数器四个方面对 MapReduce 模型的负载均衡进行介绍。

1) 作业调度

采用作业调度器管理使用者提交的多个作业,可最大限度实现使用者之间资源分配的公平性,目前调度算法主要包括以下几种:

(1) FIFO(First Input First Output,先进先出)。所有使用者的作业被提交到唯一队列中,按照优先级的高低和提交时间先后的顺序进行执行。FIFO 实现简单,集群调度开销较少,最大缺点是在 MapReduce 模型中存在大作业的情况下小作业响应时间较长。

(2) HOD(Hadoop on Demand)。在改善对小作业响应时间方面较 FIFO 有较大进步。

但其本身也存在缺陷：较差的数据本地化和较低的资源利用率。

(3) 公平调度算法(Fair Scheduling)。针对 HOD 调度算法产生的缺陷，公平调度算法最大限度保证每个使用者都获得相等的资源份额。

(4) 能力调度(Capacity Scheduler)。针对多使用者调度，采用多个队列组成(类似于 Fair Scheduler 的任务池，这些队列可能是层次结构的)集群，并且每个队列都具有分配能力，在每一个队列内部，作业根据 FIFO 方式进行调度。

2) 任务本地调度

主节点在调度 Map 任务时，首先判断输入文件的位置信息，优先将 Map 任务分配到包含其输入数据拷贝的节点上执行，如果失败，主节点将尝试在存有其输入数据拷贝的节点的附近机器上执行。

3) 任务备份

MapReduce 模型将作业分解成多个可并行执行的任务，从而使作业的完成时间大大小于将各个任务进行顺序执行的时间和，但是在并行执行中运行缓慢的任务会成为作业执行时间的瓶颈，然而当一个作业由成百上千个任务组成时，又极易出现少数运行缓慢的任务。比如一个机器的磁盘出现故障，在读取数据时要不断地进行读取纠错操作，导致读取数据的速度降低；如果集群的调度系统在同台机器上另外调度了其他任务，由于 CPU、内存、本地磁盘和网络带宽等竞争因素的存在，导致执行 MapReduce 代码的执行效率更加缓慢。

针对上述情况，MapReduce 模型提出了任务的"推测执行"机制。其执行过程为：首先启动某一作业的所有任务，等待作业运行一段时间后判断任务的平均进度；然后，重复启动一个比平均进度慢的任务作为推测任务；最后，当有一个任务成功完成后，任何正在运行的重复任务都将被中止，如果原任务在推测任务之前完成，推测任务将被中止，否则原任务被中止。

4) 计数器

计数器是一种收集作业统计信息的有效手段。MapReduce 模型的计数器主要用于以下两个方面：第一，统计不同事件发生次数，比如：统计已经处理了多少个单词、已经索引多少篇 German 文档等；第二，对操作的完整性进行检查。比如，在某些 MapReduce 操作中，用户需要确保输出的＜Key; Value＞对精确地等于输入的＜Key; Value＞对，或者处理的 German 文档数量在处理的整个文档数量中属于合理范围等。

在 MapReduce 模型中，计数器的值附加在 ping 的应答包中，并周期性地从各个单独的工作节点上传递到主节点。主节点将执行成功的 Map 和 Reduce 任务的计数器值进行累计，并在 MapReduce 操作完成之后，返回到用户代码。另外，一些计数器的值是由 MapReduce 自动维持的，比如已经处理的输入＜Key; Value＞对的数量、输出＜Key; Value＞对的数量等。

MapReduce 模型将计数器与主节点状态页面进行链接，使计数器的当前值在主节点的状态页面上进行显示，进而使用者可以获得当前计算的进度。但是由于备用任务和失效后重新执行任务会导致相同的任务被多次执行，因此在累加计数器值时，主节点首先检查重复运行的 Map 或者 Reduce 任务，避免重复累加。

4.1.3 MapReduce 模型优缺点

4.1.3.1 优点

(1) 硬件要求低。MapReduce 模型的设计是面向由数千台中低端计算机组成的大规模集群，并能够保证在现有的异构集群中运行。

(2) 接口化。MapReduce 模型通过简单的接口实现了大规模分布式计算的自动并行化，屏蔽了需要大量并行代码去实现的容错、负载均衡和数据分布等复杂细节，程序员只需关注实际操作数据的 Map 函数和 Reduce 函数。

(3) 编程语言多样化。MapReduce 模型支持 Java、C、C++、Python、Shell、PHP、Ruby 等多种开发语言。

(4) 扩展性强。MapReduce 模型采用的 Shared-Nothing 结构保证了其良好的伸缩性，同时，使其具有了各个节点间的松耦合性和较强的容错能力，节点可以被任意地从集群中移除，几乎不影响现有任务的执行。

(5) 数据分析低延迟。基于 MapReduce 模型的数据分析，无须复杂的数据预处理和写入数据库的过程，而是直接基于平面文件进行分析[3]，这种移动计算而非移动数据的计算模式可以将分析延迟最小化。

4.1.3.2 缺点

(1) 无法达到数据实时处理。MapReduce 模型设计初衷是为解决大规模、非实时数据问题，因此在大数据时代，MapReduce 并不能满足大数据实时处理的需求。

(2) 程序员负担增加。MapReduce 模型将文件存储格式的设计、模式信息的记录以及数据处理算法的实现等工作全部交由程序员完成，从而导致程序员的负担过重。

(3) I/O 代价较高。MapReduce 的输入数据并不能“贯穿”整个 MapReduce 流程[3]，在 Map 阶段结束后数据由内存写入本地存储，Reduce 阶段的输入数据需要从本地存储重新读取，这种基于扫描的处理模式和对中间结果步步处理的执行策略，导致了较高的 I/O 代价。

4.2 基于 MapReduce 模型的实现

随着大数据时代的到来，支持大数据处理的 MapReduce 模型的实现被不断推出，本节将重点介绍一些典型的实现。

4.2.1 Hadoop

4.2.1.1 Hadoop 简介

Hadoop[5-6]是一个开源的可运行在大型分布式集群上的并行计算框架，主要由 HDFS 和 MapReduce 模型组成，其编程语言包括 Java、C、C++、Python、Shell、PHP、Ruby 等。

基于 Hadoop 的项目主要包括：

(1) Common。一组分布式文件系统和通用 I/O 的组件与接口。

(2) Avro。一种支持高效、跨语言的 RPC 以及永久存储数据的序列化系统。

(3) Pig。一种数据流语言和运行环境，运行在 MapReduce 和 HDFS 的集群上。

(4) Hive。一个分布式、按列存储的数据仓库，管理 HDFS 中存储的数据，并提供基于 SQL 的查询语言用以查询数据。

(5) HBase。一个分布式、按列存储数据库，使用 HDFS 作为底层存储，同时支持 MapReduce 的批量式计算和点查询(随机读取)。

(6) ZooKeeper。一个分布式、可用性高的协调服务。

(7) Sqoop。一个在数据库和 HDFS 之间高效传输的数据工具。

Hadoop 优点主要包括以下几个方面：

(1) 高可靠性。Hadoop 按位存储的特点、分布式文件系统的备份恢复机制以及 MapReduce 的任务监控机制保证了分布式处理的可靠性。

(2) 高扩展性。运行 Hadoop 的计算机集群可以动态地扩展到数以千计的节点。

(3) 高效性。Hadoop 能够在节点之间动态地移动数据，并保证各个节点的动态平衡。

(4) 高容错性。Hadoop 能够自动保存数据的多个副本，并且可以自动对失败的任务进行重新分配。

Hadoop 最大缺点是对小块数据处理的速度较慢，而且数据处理过程中产生的中间文件较大时会增加网络传输的开销。

4.2.1.2 HDFS

1) HDFS 概念

Hadoop 主要支持以下几种分布式文件系统：

(1) Local。使用客户端校验和的本地磁盘文件系统。

(2) HDFS。Hadoop 的分布式文件系统，与 MapReduce 结合使用。

(3) HFTP。在 HTTP 上提供对 HDFS 只读访问的文件系统。

(4) HSFTP。在 HTTPS 上提供对 HDFS 只读访问的文件系统。

(5) HAR。构建在其他文件系统之上用于文件存档的文件系统。

(6) hfs(云存储)。采用 C++编写的类似于 HDFS 或谷歌 GFS 的文件系统。

(7) S3。由 Amazon S3 支持的文件系统。

目前，Hadoop 主要采用 HDFS 系统对文件进行创建、删除、移动以及重命名等操作。HDFS 的架构由一个 NameNode 和大量 DataNode 组成，并且其内部通信采用标准的 TCP/IP 协议。

(1) NameNode。NameNode 是一个运行在单独机器上的软件，负责管理文件系统命名空间，维护系统内的所有文件和目录。NameNode 将管理维护信息存储在命名空间镜像文件(FsImage)和编辑日志文件(EditLog)中，并将这两个文件永久地保存在本地磁盘上。同时，为了防止文件损坏或 NameNode 系统丢失，MapReduce 复制了 FsImage 和 EditLog 文件副本。

NameNode 的管理方式为：只有表示 DataNode 和块文件映射的元数据经过 NameNode，而实际的 I/O 事务并不经过 NameNode，当外节点发送请求要求创建文件时，NameNode 以块标志和该块第一个副本的 DataNode IP 地址作为响应，并同时通知其他将要接收该块副本的 DataNode。

(2) DataNode。DataNode 也是一个运行在单独机器上的软件，通常以机架的形式进行组织，并且机架通过一个交换机将所有系统连接起来(假设在 Hadoop 中，机架内部节点之间的传输速度快于机架间节点的传输速度)。

DataNode 主要用于响应来自 HDFS 客户机的读写请求和 NameNode 对块的创建、删除和复制命令。它的工作方式为：每个 DataNode 定期向 NameNode 发送一个包含块报告的“心跳(Heartbeat)”消息，NameNode 可根据此消息验证块映射和其他文件系统的元数据；当 DataNode 无法发送心跳消息时，NameNode 将采取修复措施，重新复制在该节点上丢失的块。

2) 文件操作

Hadoop 的本质是一个批处理系统，数据被引入 HDFS 并分发到各个节点进行处理。当节点向 HDFS 中写入文件时，首先将该文件缓存到本地的临时存储，然后判断缓存数据与 HDFS 块的大小，如果缓存的数据小于所需的 HDFS 块大小，直接对文件进行存储，否则创建文件的请求将被发送至 NameNode，NameNode 不仅以 DataNode 标志和目标块响应客户机，而且也将通知要保存文件块副本的 DataNode，并在客户机开始将临时文件发送给第一个 DataNode 时，通过管道方式将块内容转发给副本 DataNode。

当最后的文件块发送之后，NameNode 将文件创建提交到它的持久化元数据存储(EditLog 和 FsImage 文件)中。

4.2.1.3 Hadoop 工作流

Hadoop 工作流如图 4-5 所示。

Hadoop 的工作流由客户端、JobTracker、TaskTracker 和 HDFS 四个独立部分控制，其流程主要包括以下几部分：

1) 提交作业

当客户端提交一个新的 MapReduce 作业时，向 JobTracker 请求一个新的 Job ID，同时

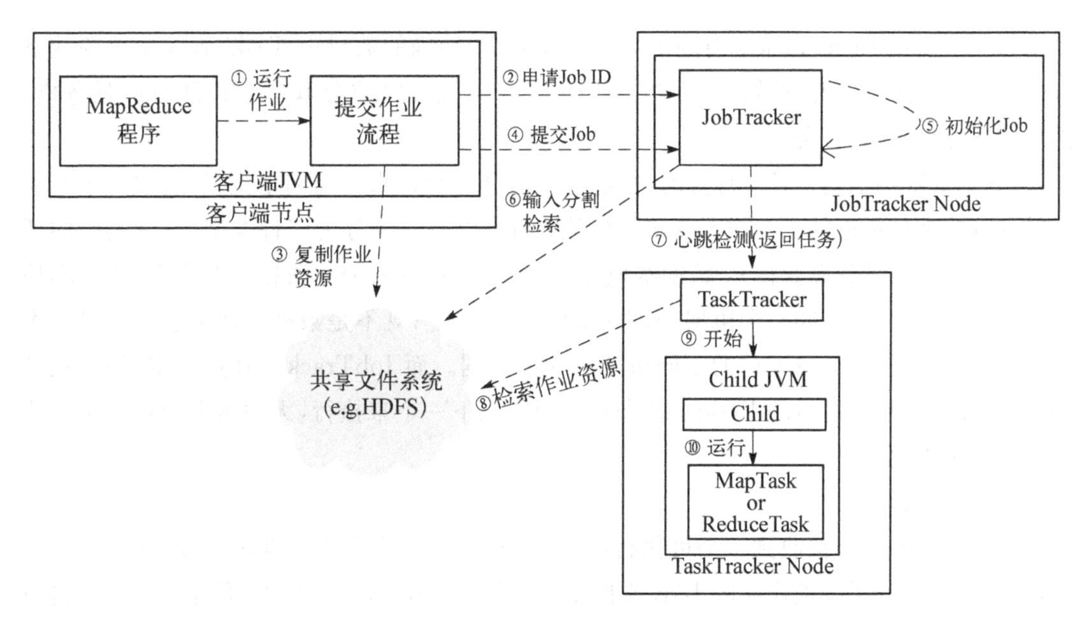

图 4-5　Hadoop 工作流图

检查作业的输出说明和作业的输入分片，如果输出说明不合法(如没有指定输出目录或者输出目录已经存在)或者分片无法计算(如输入路径不存在)，则作业不会被提交。

2) 复制资源

作业提交通过之后，运行作业所需的资源将被复制到一个以 Job ID 命名的目录下(目录在 JobTracker 的文件系统中，如 HDFS)。资源主要包括作业 JAR(Java Archive，Java 归档文件)、配置文件、计算的输入分片等，其中作业 JAR 的副本较多(由 mapred. submit. replication 属性控制，默认值为 10)，因此在运行作业的任务时，集群中有很多个副本可供 TaskTracker 访问。

3) 作业初始化

JobTracker 接收到作业后，将其存放到一个内部作业队列里，由作业调度器对其进行调度和初始化，其中初始化包括创建一个表示正在运行作业的对象、用来封装任务和记录信息(用于跟踪任务的状态和进度)等方面。

当作业调度器调度某一作业时，首先为作业创建任务运行列表，然后从文件系统中获取已经计算好的输入分片信息，最后为每个分片创建一个 Map 任务(所需创建的 Reduce 任务的数量由 mapred. reduce. task 属性决定)。

4) 任务分配

TaskTracker 利用循环定期向 JobTracker 发送“心跳”，“心跳”告知 JobTracker 其是否仍在运行(“心跳”还携带其他信息，例如当前 Map 任务完成的进度信息等)。并且 TaskTracker 作为“心跳”的一部分，可指明其是否能够运行新的任务，如果是，JobTracker 将为它分配一个新任务，并使用“心跳”的返回值与 TaskTracker 进行通信。

JobTracker 为 TaskTracker 选择任务之前，必须选定任务所属的作业。对于 Map 任务和 Reduce 任务，TaskTracker 有固定数量的任务槽，精确的数量由 TaskTracker 核的数量和内存大小来决定。并且默认调度器在处理 Reduce 任务之前会填满空闲的 Map 任务槽，然后才选择 Reduce 任务。

JobTracker 在选择 Map 任务时，会优先考虑 TaskTracker 的网络位置，选取一个距离其输入分片文件最近的 TaskTracker。根据距离可以把任务分为三种类型(三种类型的任务比例可以通过计数器获得)：数据本地化，任务运行在输入分片所在的节点上；机架本地化，任务和输入分片在同一个机架，但不在同一个节点上；既不是数据本地化也不是机架本地化，任务从与它们自身运行的不同机架上检索数据。而 JobTracker 在选择 Reduce 任务时，只是简单地从待运行的 Reduce 任务列表中选取下一个来执行，无须考虑数据的本地化和机架的本地化。

5) 执行任务

当 TaskTracker 接收到一个可执行的新任务时，它首先实现作业的 JAR 文件本地化(即通过共享文件系统把作业的 JAR 文件复制到 TaskTracker 所在的文件系统中)，并将应用程序所需的全部文件从分布式缓存复制到本地磁盘；然后，为任务创建一个本地目录，把 JAR 文件中的内容解压到此文件夹下；最后，新建一个 TaskRunner 实例来运行该任务，并且 TaskRunner 在运行每个任务时都将启动一个新的 JVM，以便使用者定义的 Map 和 Reduce 函数的软件问题不会影响到 TaskTracker。

6) 更新进度和状态

每一个作业和它的每一个任务都具有一个在执行期间不断变化的状态信息，其内容主要包括作业或任务的状态(如运行状态、成功完成、失败)、Map 和 Reduce 的进度、作业计数器的值、状态消息或者描述(可以由使用者代码设置)等。

如果任务报告了其进度，系统便会设置一个状态变化信息(将被发送到 TaskTracker)标志，并且通过一个独立的线程每隔三秒对标志搜索一次，若搜索到标志则“告诉”TaskTracker 当前的任务状态信息。同时，TaskTracker 每隔 5 s 发送“心跳”到 JobTracker(“心跳”时间间隔根据实际集群的大小来决定，5 s 是最小值)，并且由 TaskTracker 运行的所有任务状态都将被发送到 JobTracker，JobTracker 将这些更新合并起来，产生一个所有运行作业及其所含任务的状态全局视图。最后，JobClient 通过每秒查询 JobTracker 来接收最新状态。

7) 完成作业

当 JobTracker 收到作业最后一个任务已完成的通知后，会将作业的状态设置为“成功”，客户端查询状态时被告知已经成功完成，最后 JobTracker 清空作业的工作状态，并且指示 TaskTracker 也清空作业的工作状态。

4.2.1.4 Hadoop 的容错

1) 任务失败

任务失败主要分为四种：① 子任务失败，是指 Map 或 Reduce 任务中的使用者代码抛出运行异常，当发生此情况时，子任务进程在退出之前向其父 TaskTracker 发送错误报告，并被记入使用者日志，同时，TaskTracker 将此次任务尝试（Task Attempt）标记为 Failed，并释放一个任务槽；② 流任务（Streaming Task）失败，如果流（Streaming）进程以非零退出代码退出，则被标记为 Failed；③ 子进程失败，如果子进程突然退出，TaskTracker 会“察觉”到自己的进程已经退出，并尝试将自己标记为 Failed；④ 任务挂起，如果 TaskTracker 在预定时间内（任务失败的超时时间间隔一般为 10 min，可以进行设置）未收到进度的更新信息，便将任务标记为 Failed，并且在此之后，子进程被自动杀死。

JobTracker 得知一个 Task Attempt 失败后，将重新调度该任务的执行，并尝试避免重新调度具有失败记录的 TaskTracker 上的任务。如果一个任务的失败次数超过 4 次（次数可以设置），将不被重试。另外，存在一类允许少数任务失败的作业，在可保障作业运行的情况下为作业设置允许任务失败的最大百分比。

2）JobTracker 失败

JobTracker 失败的概率较小，暂无容错机制，它是一个单点故障，一旦 JobTracker 失败整个作业需要人为重新启动。

3）TaskTracker 失败

如果一个 TaskTracker 由于崩溃或运行过于缓慢而失败，将停止向 JobTracker 发送“心跳”（或很少发送“心跳”），并且当 TaskTracker 超过时间间隔没有向 JobTracker 汇报心跳时，JobTracker 则视之为死亡，将其从调度池中剔除。如果 TaskTracker 上面的失败任务数远远高于集群的平均失败任务数，此 TaskTracker 将会被列入“黑名单”。被列入黑名单的 TaskTracker 可以通过重启的方式从 JobTracker 的黑名单中移出。

4.2.2 Phoenix

4.2.2.1 简介

多核技术的普及，为并行计算模型提供了新的舞台，为了简化并行编码，需要一个模型和一个有效运行时系统作指导，Phoenix 在此背景下被提出。Phoenix[7-8] 作为斯坦福大学 EE382a 课程的一类项目，由斯坦福大学计算机系统实验室开发，它的设计目的是为了共享内存缓冲区的通信，减少数据拷贝产生的开销。

Phoenix 是共享内存的体系结构上的 MapReduce 模型的实现，主要用于数据密集型任务处理。它的目标是适合于共享内存的多处理器计算机（SMP 和 ccNUMA）以及多核计算机，使程序执行得更高效，而且使程序员不必关心并发的管理。

Phoenix 使用线程创建并行化的 Map 和 Reduce 任务，通过任务调度器给可用的处理器动态调度任务，实现负载均衡和最大化吞吐量，并通过调整任务粒度和并行任务的分配来进行局部管理。

第一个版本为 Phoenix；后经过大量修改，Phoenix 2 在可扩展性和移植性方面得到加

强,并可以支持 Linux 系统;Phoenix++是 Phoenix 的 C++实现。其主要应用包括:

(1) Word Count。统计文件集的词频。

(2) Reverse Index。遍历 html,统计链接,将引用了同一链接的网页组成链表。

(3) Matrix Multiply。矩阵乘法,每一个 Map 任务用于计算一个以行排列的输出矩阵集合,以(x,y)坐标作为返回结果的 Key 值,以计算结果作为 Value 值。

(4) String Match。处理两个文件:一个是加密后文件,包含了一系列加密的单词;另一个是明文文件,包含了一个明文单词列表。目标是找出明文文件里哪些单词出现在加密文件中。每个 Map 函数负责一部分的明文单词,中间值以单词为键,匹配标记为值。

(5) KMeans。迭代聚类算法对 3D 数据点分组。

(6) PCA。对矩阵进行主成分分析。

(7) Histogram。分析一幅位图,计算每个像素出现的频率,每个 Map 处理一部分位图。

(8) Linear Regression。线性规划,根据坐标集画出近似直线。将点分配给不同的 Map 函数,统计之后交由 Reduce 汇总。

4.2.2.2 实现机制

Phoenix 包括一个简单的应用程序编程接口(API)和一个高效的运行时系统。其中 Phoenix 的接口相对较小,对程序员可见;高效的运行时系统具有线程管理、资源管理、故障恢复等功能。

系统运行通过调度程序进行控制,并由用户代码对调度程序进行初始化。调度程序不仅创建和管理运行时的 Map 任务或 Reduce 任务线程,还管理用于任务间通信的缓冲区,并通过 scheduler_ args_ t 结构体为调度程序提供数据和函数指针。同时,在初始化后,调度程序还决定计算所需的内核,而且每个内核产生一个动态分配 Map 和 Reduce 任务数量的工作线程。其工作流程如图 4-6 所示。

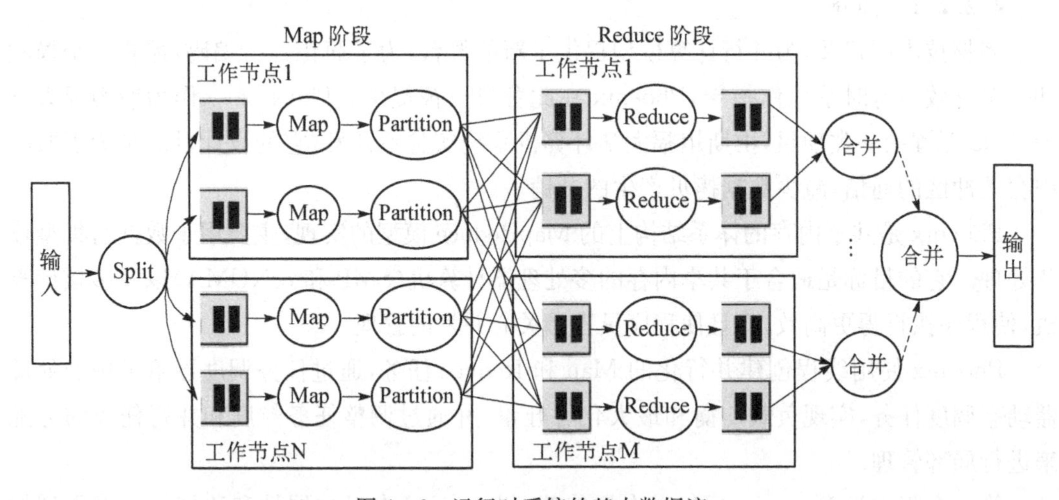

图 4-6 运行时系统的基本数据流

在执行 Map 阶段之前，由调度器使用划分器(Splitter)来划分输入对，形成可以由 Map 任务处理的同样大小的单位。每个 Map 任务调用一次划分器，并且返回一个指向 Map 任务将要处理的数据的指针。Map 任务是动态分配的，而且每个任务都产生一个中间<Key，Value>对，然后由 Partition 函数将中间<Key；Value>对分割成单元的形式，确保所有 Key 值相同的 Value 来自同一个单元。在 Map 阶段的最后，对缓冲区中的数据基于 Key 值进行排序，以协助最终排序。调度程序必须等待所有 Map 任务结束才能建立 Reduce 阶段。

Reduce 任务如同 Map 任务一样也是动态分配。一个不同之处是，Map 任务中可以自由地分组，而在 Reduce 任务中，必须在一个任务中处理所有 Key 值相同的 Value 的分组。因此，该阶段体现出高度的不平衡性，从而使动态调度显得更重要。每个 Reduce 任务的输出已经按 Key 值排序，并且所有任务的最终输出被合并成一个按值排序的单一缓冲区，合并步数 $\log_2(P/2)$，其中 P 是 Workers 的数量。

在 Phoenix 的执行过程中，不同阶段共需要两种类型的临时缓冲器，所有的缓冲区被分配在共享内存中，经过有指定的方式进行访问。每当必须重新安排缓冲器(例如分割到不同的任务)时，只需操纵指针而不必操作实际的<Key；Value>对，而且中间缓冲区并不对用户代码直接可见。

MapReduce 缓冲区用于存储中间输出对。每个工作节点都有自己的一组缓冲区，缓冲区最初大小为缺省值，根据需要动态调整大小。在初始阶段，由于相同的 Key 值可能存在多个<Key；Value>对，因此为了加快分区功能，使用 Emit_intermediate 函数存储同一个缓冲区相同 Key 值的所有 Value，并在 Map 任务结束时，通过 Key 顺序的为每个缓冲区排序。另外，Reduce-Merge 缓冲区在进行排序前被用来存储 Reduce 任务的输出，在此阶段中，每个 Key 只有一个与它相关联的 Value，排序后可在用户分配的输出数据缓冲区得到最后的输出。

由于 Phoenix 处理的是海量数据，所以容错机制必不可少。Phoenix 通过超时机制或者滞后任务的发生机制检查错误，然后采用类似重新计算的策略在其他工作线程上重复执行该任务进而来实现容错功能。

4.2.3 其他实现

另外，基于 MapReduce 模型的实现还包括以下几种。

1) MapReduce. NET

MapReduce. NET[9]是一种基于. NET 的、编程语言为 C# 的 MapReduce 模型的实现，其设计运行在 Windows 上，可最大限度地重用 Windows 组件，同时可以与 CIFS (Common Internet File System，通用的网络文件系统)或者 NTFS(NT File System，NT 文件系统)所兼容。

2) Cell MapReduce

Cell MapReduce[10]是由威斯康星大学麦迪逊分校计算机科学系垂直研究小组开发。

它是基于Cell宽带引擎的MapReduce实现，执行过程为：首先通过块DMA（Direct Memory Access，直接内存存取）传输预先分配Map和Reduce任务的输出区域，然后通过双缓冲区和流数据的内存交换来实现计算并行化，最后通过双阶段分隔（Partition）和分类（Sort）处理来实现逻辑聚合。最大的缺点是Cell宽带引擎没有为众多SPE（Synergistic Processing Element，协处理器）提供一致性的存储器，编程难度高。

3）Skynet

Skynet[11-12]是一个编程语言为Ruby的开源实现。在Skynet上，一个耗时的连续任务（例如计算代价很大的Rails）可以简洁快速地转化成一个运行在多台机器上的分布式程序。Skynet具有自适应、自升级、无单点故障等特点，并且使用一个“对等恢复”系统使工作节点相互检测。如果一个工作节点发生故障，其他工作节点不仅接收到故障消息，而且接收失败工作节点上的所有任务并继续执行。同时Skynet未设置特殊的主节点，所有工作节点可以在任何时间作为任何任务的主节点，如果此主节点失败则任务会被其他工作节点接收后继续执行。

4）GridGain

GridGain[13]是一个以MapReduce模型为核心的、编译语言为Java的开源云平台，其允许使用者在私有云或者公有云上开发和运行应用程序。GridGain定义了将原始任务划分成多个子任务的过程，同时定义了对这些子任务进行并行和聚类（Reduce）操作后返回最终结果的过程。另外，GridGain MapReduce增加了新的特性，主要有分布式任务会话、为长时间运行任务设置检查点、初期和晚期的负载均衡、数据网格的紧密协同定位等。

5）Misco

Misco[14]是一种由加利福尼亚大学、雅典大学和Nokia研究中心联合开发的、编程语言为Erlang和Python的MapReduce实现。它主要是基于移动分布式平台，核心部分由Erlang语言开发，外部编程接口采用Python语言开发，主节点和工作节点之间采用基于轮询的通信机制，使用HTTP的方式传输数据，其最大的缺点是轮询的时间间隔不易确定。

6）Mars

Mars[15]是一种由香港科技大学与微软、新浪合作开发的基于GPUs的MapReduce实现。它的编程语言为C和C＋＋，并且目前已经包含字符串匹配、矩阵乘法、倒排索引、字词统计、网页访问排名、网页访问计数、相似性评估和K均值等应用，能够在32位与64位的Linux平台下运行。它主要利用众多的GPU线程来完成Map和Reduce的工作，最大的缺点是若输入数据划分不均匀，易出现负载不均衡和写冲突。

7）FPMR

FPMR[16]是一种由清华大学和微软亚洲研究中心合作开发的应用于高性能计算的MapReduce实现，具有可重构性、高灵活性和严格遵守摩尔定律等特点。它主要在片上实现多个Map任务和Reduce任务，并利用动态调度策略实现较高的资源利用率和负载均衡，同时利用高效的数据获取策略解决带宽瓶颈。最大的缺点是不支持动态内存管理，需要进一步验证其效率和生产力，目前其模型仍不够成熟。

8）Ussop

Ussop[17]是一种由我国台湾地区成功大学和立德大学合作开发的基于公共资源网格环境的 MapReduce 实现，它根据网格节点的计算能力，自适应 Map 输入的粒度，使在广域网中传输中间数据的开销达到最小化。其最大的缺点是缺乏高效的容错策略。

4.3 MapReduce 模型的改进

目前随着研究的不断深入，MapReduce 模型的应用范围越来越广泛，但其自身存在的缺陷限制了其在各个应用领域内的应用，如在迭代计算、小数据集处理分析和数据实时处理等方面，MapReduce 模型的效率低下。针对 MapReduce 模型不足，国内外研究学者做了大量的改进工作[18-19]，主要包括以下几个方面。

4.3.1 Spark

4.3.1.1 Spark 概念及架构

Spark[20-21]是由 UC Berkeley AMPLab 开发的一种基于 MapReduce 算法的分布式计算框架。它不仅支持内存中数据集的保存和恢复，而且 Spark 启用了内存分布数据集，除了能够提供交互式查询外，还可以优化迭代工作的负载，实现 MapReduce 的迭代计算。另外，Spark 作为一种批处理的交互式实时处理类型，对外提供了丰富的 Java、Python 等 API 扩展了其应用开发范围。

Spark 架构如图 4－7 所示，详述如下：

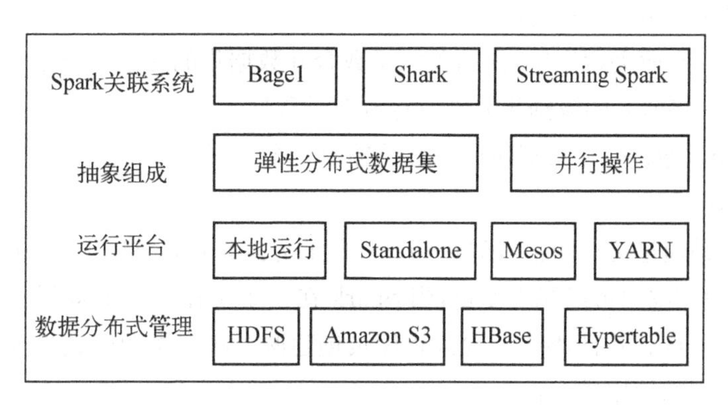

图 4－7　Spark 架构图

（1）数据分布式管理。Spark 不仅可以直接对 HDFS 进行数据的读写，同时还支持

Amazon S3、Hypertable、HBase 等系统。

(2) 运行平台包括本地运行、Standalone、Mesoes、YARN 等。

(3) 抽象组成。弹性分布式数据集和并行操作。并且 Spark 可以与 MapReduce 运行于同集群中,共享存储资源与计算。

(4) Spark 关联系统。Shark、Spark Streaming 和 Bagel。

4.3.1.2 Spark 抽象组成

Spark 主要为并行程序设计提供了两个抽象的概念:弹性分布式数据集和并行操作。不仅如此,Spark 还提供了两种限定类型的共享变量,用于控制函数在集群上的运行。

1) 弹性分布式数据集(Resilient Distributed Datasets, RDD)

弹性分布式数据集是一个对象划分的只读集合,在弹性分布式数据集的处理过程中,如果节点失败,可对丢失的数据集合进行重建。同时,因为 Spark 采用 Scala 语言实现,因此每一个弹性分布式数据集合可以被一个 Scala 对象所描述,Scala 可以像操作本地集合对象一样操作分布式数据集。

Spark 构建弹性分布式数据集合的方式有以下几种:

(1) 将文件输入一个共享文件系统(例如 HDFS)进行创建。

(2) 通过在驱动程序中并行化一个 Scala 集合,将集合进行切片划分,并发送到多个节点。

(3) 通过转化现有弹性分布式数据集,利用 FlatMap 将一种类型元素组成的数据集转换成另一种类型元素组成的数据集。

(4) 改变现有弹性分布式数据集的持久性。默认情况下,弹性分布式数据集合具有惰性和短暂性,在并行操作时对数据集进行强行划分,并且在内存使用完之后被"丢弃"。因此改变持久性分为两个执行过程:Cache 改变数据集的惰性;Save 评估数据集合并将它们写入分布式文件系统。

2) 并行操作

RDDs 上的并行操作主要包括:

(1) Reduce。在驱动程序中,使用关联函数合并数据集的元素并产生一个输出结果。

(2) Collect。将所有的数据集元素发送到驱动程序。

(3) Foreach。通过使用者提供的函数传输每一个元素。

3) 共享变量

程序员主要是通过传递闭包(函数)到 Spark 的方式来调用 Map、Filter 和 Reduce 等操作,而闭包在创建范围内可以视为变量,当 Spark 在一个工作节点上运行一个闭包时,变量将被复制到工作节点。并且,Spark 允许程序员创建两个限定类型的共享变量,用于支持以下两个简单而通用的使用模式:

(1) 广播变量。如果一个大型只读数据(例如一个查找表)被用于多个并行操作,最优的方式是将数据一次性分配到工作节点上,而不采用每一个闭包来封装数据。Spark 使程序员创建一个广播变量对象可以包装数据值，并且确定一次性分配给每一个工作节点。

(2) 累加器。工作节点可用其统计关联操作，而且其参数值只有驱动程序可以访问。并且由于累加器的“Add-Only”语义，使程序更易于容错。

4.3.2 Data Freeway 和 Puma

虽然建立在 Hadoop、HBase、Hive、Scribe 等开源工具基础上的大数据处理架构能够很好地解决扩展性和容错性等多方面的问题，但是它们的处理延迟较大，针对此问题 Facebook 在数据的流式处理方面做出了两方面改进：优化数据的传输通道和优化数据的处理系统[22-23]。

1) 优化数据通道

优化后的数据通道为 Data Freeway，它包含 Scribe、Calligraphus、Continuous Copier 和 PTail 四个组件，并提供了文件到消息、消息到消息、消息到文件和文件到文件的四种传输方式。Data Freeway 结构如图 4-8 所示，详述如下：

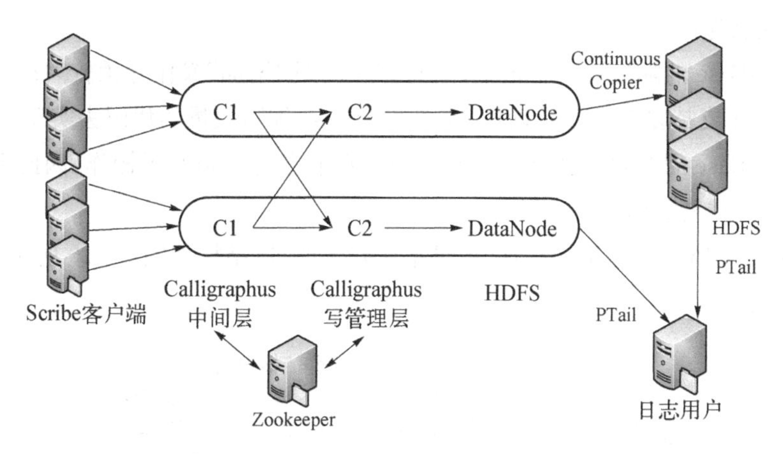

图 4-8　Data Freeway 架构图

(1) Scribe。客户端发送数据。

(2) Calligraphus。对数据进行排序聚类，并将处理后的数据写到 HDFS，同时利用 Zooleeper 作为辅助工具，实现日志文件种类的管理。

(3) Continuous Copier。文件拷贝，将文件从一个 HDFS 拷贝到另一个 HDFS。

(4) PTail。并行地监控多个 HDFS 上的目录，并将文件数据写为标准输出。

2) 优化数据的处理系统

(1) Puma2。早期数据处理系统的工作流如图 4-9 所示。

首先，PTail 将数据以流的方式传递给 Puma2；然后，Puma2 以聚合(Aggregation)的方式并且以时间为序列对流消息进行操作；最后，Puma2 为处理后的每一条消息发送“增加(Increment)”操作到 HBase，并将数据存储到 HBase。但是由于 Puma2 的服务器是对等

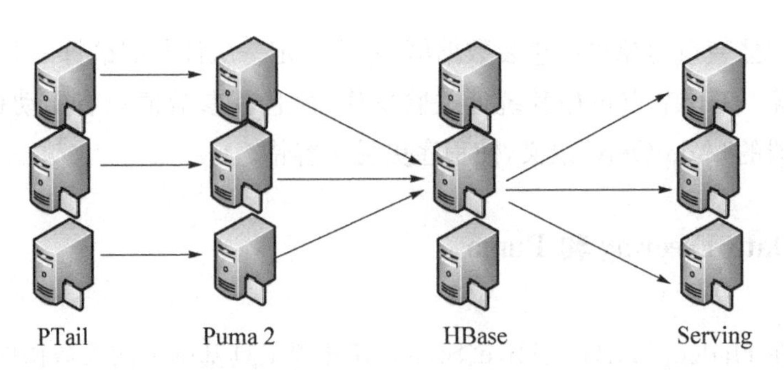

图 4-9 Puma2 数据流图

的，因此可能有多个 Puma2 服务器修改 HBase 中的同一行数据，所以 HBase 支持一条"增加"操作修改同行数据的多个列。

Puma2 优点为：

① 架构简单易于维护，在上游数据周期性地存储到 HBase 的过程中，Puma2 只需监控 Ptail 的检查点；

② 采用的对称结构易于集群的扩展和故障处理。

Puma2 缺点为：

① 由于 HBase 的随机读效率很低，因此 HBase 的"增加"操作开销较大；

② HBase 不支持复杂的聚合操作，需要在 HBase 编写大量的代码去实现；

③ 由于 HBase 的"增加"操作和 PTail 的检查节点均不是原子操作，因此 Puma2 在故障时会产生少量重复数据。

(2) Puma3。Puma3 针对 Puma2 的缺陷进行了改进，结构如图 4-10 所示。Puma3 的改进方面主要包括：

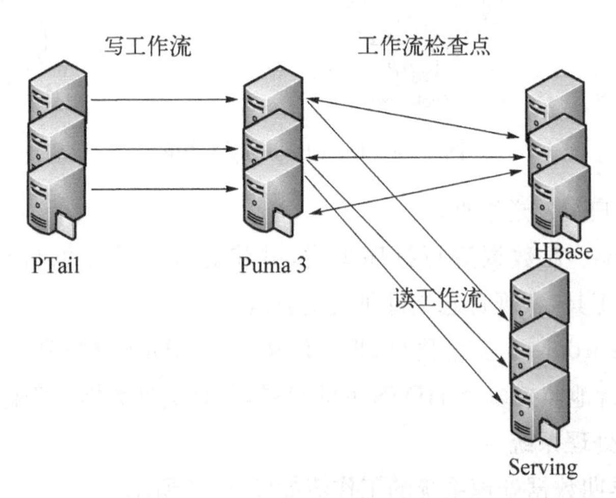

图 4-10 Puma3 数据流图

① Puma3 将聚合操作由 HBase 转向本地内存，有效地降低了处理延迟；

② 在传输通道的 Calligraphus 阶段，通过聚合 Key 对 Puma3 中的数据进行分片，用于

支持内存中的聚合操作；

③ HBase 只作为持久化存储，Puma3 定期将内存中的数据存储到 HBase 中，只有 Puma3 故障时才从 HBase 中读相关数据进行恢复。

4.3.3 Storm

4.3.3.1 Storm 概念及原理

Storm[24-25]是一个分布式实时计算系统，对外提供了一系列用于批处理的组件，可有效的应用于信息流处理（Stream Processing）、连续计算（Continuous Computation）和分布式远程过程调用（Distributed RPC）。Storm 结构简单，可以兼容多种开发语言，并且其集群类似于 Hadoop 集群。不同之处在于 Hadoop 集群运行 MapReduce Job（作业），而 Storm 运行 Topologies。Job 和 Topologies 存在的差异主要是，MapReduce Job 最终会被完成，而 Topologies 进程将一直运行，除非该进程被“杀死”。

在 Storm 集群中存在两个节点：主节点和工作节点。主节点上运行着一个守护进程“Nimbus”，它类似于 Hadoop 的“JobTracker”，主要负责为集群分配代码、将任务分派到机器、检测失败等。每一个工作节点上运行着一个守护进程“Supervisor”，主要负责监听分派给机器的工作以及根据需求开始或者停止“Nimbus”分配给它的进程，同时每一个工作节点进程执行着一个由分布在多个机器上的工作节点进程组成的 Topologies 子集。Storm 的结构如图 4－11 所示：

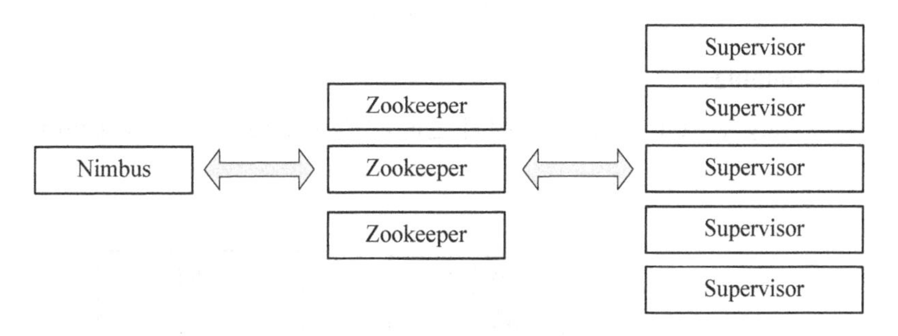

图 4－11　Storm 架构图

由图 4－11 可知，Storm 通过 Zookeeper 协调 Nimbus 和 Supervisors 的调度关系，并且由于 Nimbus 和 Supervisor 守护进程均无状态（所有的状态保存在 Zookeeper 或者锁在磁盘中），因此当“杀掉”一个 Nimbus 或者 Supervisor 进程时，它们像未被“杀掉”一样立即开始对 Nimbus 或者 Supervisor 进程进行备份，此设计提高了 Storm 的健壮性。

4.3.3.2 Storm 组件

1）Topologies

在 Storm 上进行实时计算时，首先需要创建 Topologies，每个 Topology 等价于一个图的计算，并且在每个 Topology 中的每一个节点包含了处理逻辑和节点之间的链接，主要负责指定数据传输到哪一节点。

2）Streams

Stream 是 Storm 中核心的抽象对象，一个 Steam 可视为一个无边界 Tuple 序列。Storm 为一个 Stream 转化成另一个 Stream（在一种分布式的且可靠的方式下）提供了“Spouts”和“Bolts”等基础元件，其中，Spouts 是 Streams 的来源，Bolts 主要是接收输入 Streams 进行处理，并可能生成一个新的 Stream。

Spouts 和 Bolts 通过 Stream Grouping 链接在一起，组成一个被封装在 Topology 里的网状图，因此一个 Topology 可被定义为一个 Stream 的转化图，图中每一个节点代表一个 Spout 或 Bolt。图的边缘指定了 Bolts 和 Stream 的指向关系，当一个 Spout 或者 Bolt 向 Stream 发送一个 Tuple 时，Storm 将 Tuple 发送到每一个 Bolt，由相应的 Bolt 指向 Tuple 所属的 Stream。Topology 网状图如 4－12 所示。

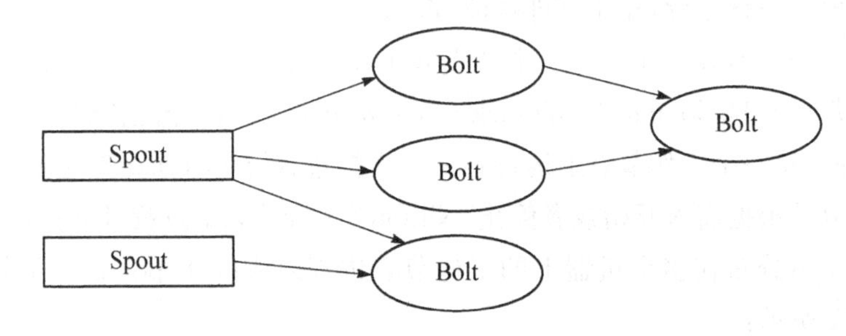

图 4－12　Topology 的网状图

3）Stream Groupings

在一个 Topology 中，Tuples 在两个组件之间的传送主要是基于 Stream Grouping，原理如图 4－13 所示。

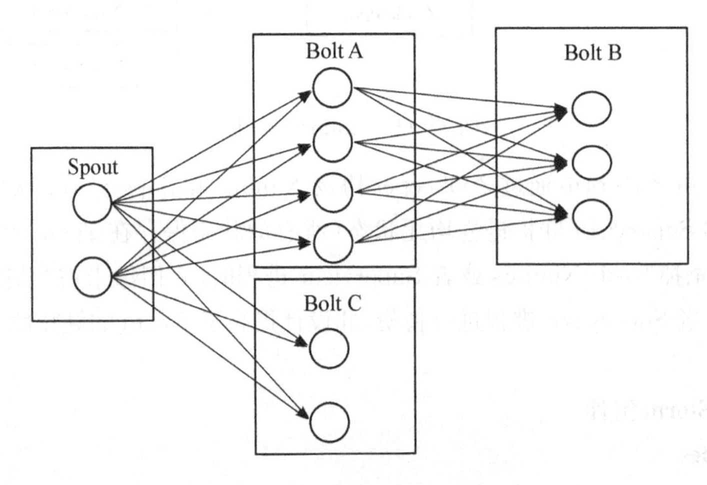

图 4－13　Stream Grouping 原理图

4.3.4 Nephele/PACTs

4.3.4.1 简介

针对 MapReduce 模型处理流程单一和不能够直接支持多个数据源的处理等问题，Battre Dominic 等人提出了一种构建于 Nephele 模型之上的数据处理模型——Nephele/PACTs[26]。它是 MapReduce 模型的扩展，包括 PACTs(Parallelization Contracts)，一个基于 MapReduce 的并行编程模型和并行计算引擎 Nephele。使用 PACT 和 Nephele 可以将 MapReduce 与流处理结合，结合方式为：Nephele 使用专用协议保证各项功能的效率，通过通信、同步和容错机制将 PACT 程序转换成 Nephele 数据流，进而实现不同类型数据流的优化处理。

如图 4-14 所示，PACTs 模型有两大要素：用户自定义函数(UDF)和 Contract。用户自定义函数是指使用者自己编写的一定功能的代码，Contract 是一些常用的数据处理操作，可分为输入 Contract 和输出 Contract，比如连接、匹配、分配等。PACT 的数据处理流程为：数据首先输入 Contract 进行处理，然后在交由用户自定义函数，在用户自定义函数对数据处理完成之后，在将输出数据交由输出 Contract 进行处理，最后由输出 Contract 给出最后结果。因此用户自定义函数可以认为是被 Contract 所封装。

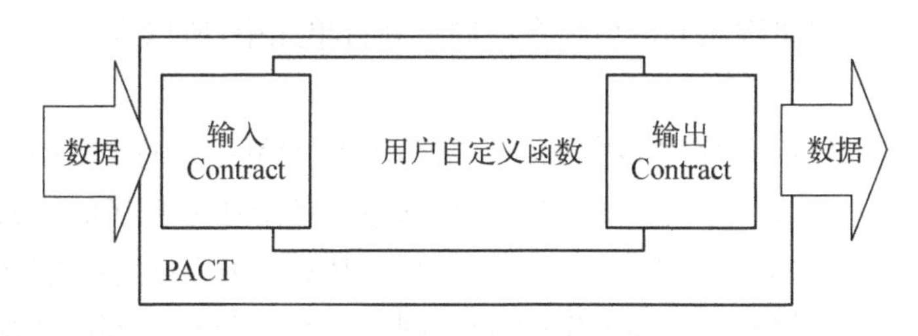

图 4-14 PACT 的组成图

在 PACT 编程模型中，程序的执行是通过将特定的用户代码组合成一个工作流来实现。PACT 模型为相关的用户函数的输入输出定义了属性，在输入 Contract 部分对并行性进行评估，在输出 Contract 部分允许优化器推断 UF 输出数据的特定属性，并且输出 Contract 作为 PACT 的可选部分，可为特定的用户函数所产生的数据提供保证。

4.3.4.2 执行机制

Nephele 计算模型的思想是为某一个作业分配合适的资源，而不是为某一个固定的资源分配任务。在该模型中，使用者需要将处理作业描述成有向无环图(Directed Acyclic Graph, DAG)，系统在接收到有向无环图之后，会将该图转换成执行流程图。相对于有向无环图来说，执行流程图具有所有和监控、调度、执行相关的信息，系统可以根据执行流程图所具有的信息，准确无误地执行任务。

Nephele/PACTs 模型也需要用户构建有向无环图，图的顶点表示由 Contract 封装的用户自定义函数，图的边表示了各个顶点之间的依赖关系。当系统接收到该有向无环图的时候，会将该图转换成 Nephele 的作业流程图。之后，再由 Nephele 系统根据作业流程图完成数据处理，如图 4－15 所示。

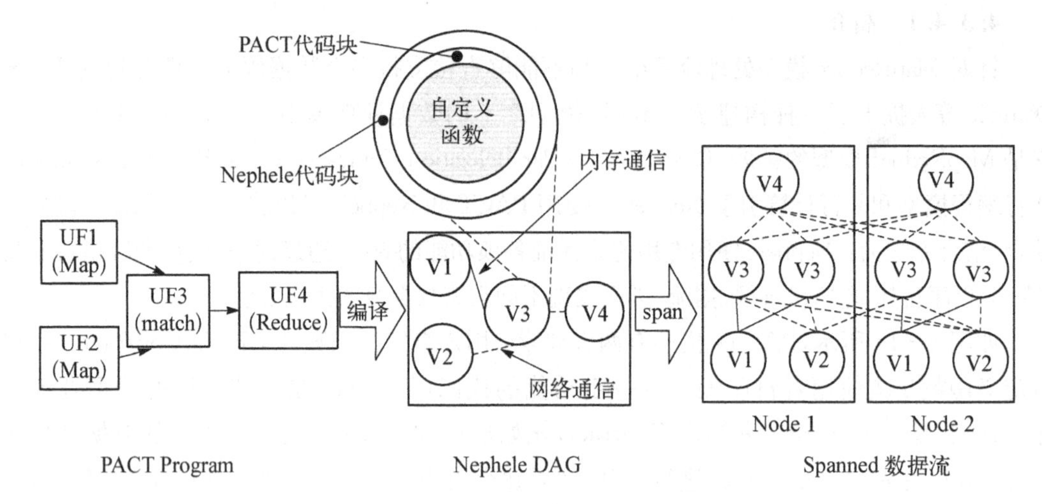

图 4－15　PACT 程序的编译过程图

对于所有的输入集，Match 函数将每一个＜Key; Value＞对映射到一个单独的分区。由于＜Key; Value＞对里键相同的值包含在同一并行单元中，所以 Match 函数满足内部等值连接的要求。

首先，编译器将 PACT 程序转化为一个 Nephele DAG，并将 Nephele DAG 交付给 Nephele 系统。Nephele DAG 表示并行数据流，描述了各个任务直接的依赖关系和数据传输方法，它由边和点组成，其中，每一个顶点包含由 PACT 代码封装的用户自定义函数，PACT 代码负责输入数据的预处理工作；顶点之间的边表示 UFs 之间的数据通信。

其次，Nephele 系统贯穿整个 Nephele DAG，通过为每个顶点创建多个实例来获得并行数据流，并且每个顶点允许有不同数量的并行实例。并行实例作为顶点的一个参数，由 PACT 编译器初始化。

Nephele/PACTs 模型良好地封装了一些常用的数据处理操作，降低了使用者编程的难度。该模型不仅能够描述 MapReduce 模型所能描述的操作，同时也能描述更加复杂的数据处理流程。

4.3.5　其他改进工作

另外，研究学者对 MapReduce 模型的改进工作还包括以下几个方面。

4.3.5.1　Barrier-less MapReduce

Barrier-less MapReduce[27-28]是伊利诺伊大学计算机科学系独立开发的，其设计思想是修改 Reduce 函数，使其能够处理中间值＜Key；Value＞对，省去排序和聚合的时间。

Barrier-less MapReduce 的实现主要面临两个问题：

(1) 屏蔽模型的排序机制，减少 I/O 对 Reduce 端的影响；

(2) 修改 Reduce 函数的调用机制，使其能够单独地调用数据，不必通过指定的 Key 值调用其所对应的 Value 值。

Barrier-less 实现过程如下：

(1) 采用流水线的形式实现 Reduce 阶段对 Map 阶段输出数据的远程读取和 Reduce 任务对数据的处理，减少了 I/O 对 Reduce 任务的干扰；

(2) 在 Barrier-less MapReduce 中，每一个 Mapper 作为一个异步线程，将所输出的数据全部存储到一个单独的缓冲区，Reduce 任务以独立线程的形式被执行，并且线程之间采用先进先出的方式对 Map 端缓冲区的数据进行操作，此方式避免了以 Key 值指定 Reduce 端数据的机制，实现了 Reduce 任务对数据的单独调用。

虽然此模型节省了 MapReduce 模型的运行时间，但是 Barrier-less MapReduce 模型存在一个缺陷：用户需要对其定义的 Reduce 函数作相应的修改，增加了用户编程的负担。

4.3.5.2 Map-Reduce-Merge

Map-Reduce-Merge 模型[29]是由 UCLA 计算机科学系和雅虎联合开发，可以处理多个异构数据集，其设计思想是在 Map 阶段和 Reduce 阶段之后增加 Merge 阶段，将 Reduce 阶段已分割和分类的数据进行有效的合并。

MapReduce 模型和 Map-Reduce-Merge 模型的特征对比[11-12]如下：

(1) MapReduce 模型的 Map 和 Reduce 过程：

$$\text{Map:}\quad (\text{key1},\ \text{v1}) \rightarrow [(\text{k2},\ \text{v2})]$$

$$\text{Reduce:}\quad (\text{k2},\ [\text{v2}]) \rightarrow [\text{v3}]$$

其中，k 代表 Key 值，v 代表对应的 Value 值。

① Map 函数对输出数据(k1,v1)进行计算，生成中间＜Key；Value＞对[(k2,v2)]；

② Reduce 函数根据 Key 值 k2 合并值列表[v2]，生成最终结果值列表[v3]。

(2) Map-Reduce-Merge 模型的 Map、Reduce 和 Merge 过程：

$$\text{Map:}\ (\text{k1},\ \text{v1})_{\alpha} \rightarrow [(\text{k2},\ \text{v2})]_{\alpha}$$

$$\text{Reduce:}\ (\text{k2},\ [\text{v2}])_{\alpha} \rightarrow (\text{k2},\ [\text{v3}])_{\alpha}$$

$$\text{Merge:}\ ((\text{k2},\ [\text{v3}])_{\alpha},\ (\text{k3},\ [\text{v4}])_{\beta}) \rightarrow [(\text{k4},\ \text{v5})_{\gamma}]$$

其中 α,β,γ 代表数据集血统，k 代表 Key 值，v 代表对应的 Value 值。

① Map 函数使用转换规则，将输入的＜Key；Value＞对(k1,v1)转化成中间＜Key；Value＞对列表[(k2,v2)]；

② Reduce 函数根据 Key 值 k2 聚合值列表[v2]，生成一个值列表[v3](仍然和 k2 关联)；

③ 前两步中 Map 函数和 Reduce 函数的计算属于同一个数据集血统 α。另一对 Map 函数和 Reduce 函数产生的中间<Key；Value>对(k3,[v4])属于数据集血统 β。merge 函数基于 k2 和 k3 合并来自两个不同血统的<Key；Value>对，并生成属于数据集血统 γ 的<Key；Value>对[(k4,v5)]。如果 $\alpha=\beta$，merge 函数进行自我合并，类似于关系代数中的自我结合。

4.3.5.3 KPNs

1）简介

KPNs(Kahn Process Networks，Kahn 处理网络)是由挪威奥斯陆大学信息学系独立开发，可自动执行迭代计算，在将串行算法改写成 KPNs 形式时只需在对应的位置插入通信状态[30-32]。但是该模型仍需大量的实验来验证其性能与可扩展性。

2）优点及实现过程

KPNs 的优点主要包括：

(1) 编程灵活，MapReduce 模型将数据操作的形式限定为<Key；Value>对，而 KPNs 并未要求固定的限制，将一个顺序算法转化为一个 KPNs 的过程中，只需修改小部分代码，在适当的位置插入通信语句。

(2) 独立流程进行序列编码，程序通常采用顺序的编写方式，隐藏明确的代码通信单元同步(消息从发送到接收)。

(3) 可组合性，连接网络计算的输出函数 $f(x)$和网络计算的输入函数 $g(x)$保证输出结果为 $g(f(x))$。组件可以单独地开发和测试，然后聚集在一起进而完成更加复杂的任务。

(4) 可靠的错误重现机制，可以实现错误重现，更加方便错误的调试。

(5) 任意通信图，可以直接实现模型的迭代算法。

基于 KPNs 实现并行应用程序需要以下三步：

(1) 识别独立的子任务和组件，以及它们相应的输入输出；

(2) 执行子任务，存在在已有的组件中“填写空白”的执行方式，例如在适当位置填写 Reduce 函数和多路聚合函数(Merge Function)；

(3) 确定子任务的数量和它们之间的通信。

4.3.5.4 Oivos

1）简介

Oivos[33]是由挪威特罗姆瑟大学计算机系独立开发，主要由编译器、任务调度程序和文件系统三部分组成，其对传统 MapReduce 模型的改进为：自动管理执行多次 MapReduce 过程或 MapReduce Merge 过程。MapReduce 模型在实现并行计算时迫使程序员考虑辅助功能(任务调度、同步性、容错等)的实现，Oivos 通过更高层次的抽象化对这一问题进行了解决，使一个单独的Oivos程序可以指定无数MapReduce的传递内容，包括多个异构的记录集等。同时，在Oivos中，一个程序可以指定一切所关联的外部信息，一旦消息传递到执行的程序上，它将持续到程序的结束。

另外，Oivos为程序提供了语义相似检查，例如，在事件当中，如果一个先前的Oivos运行被中止，或者一个文件子集在一个先前的Oivos刚运行时就被修改，此时Oivos将通过检查保存在底层分布式系统中的时间节点自动决定需要重新执行的任务。

2）表操作

Oivos的执行过程主要是对表进行操作，因此在执行之前首先对代表同类数据集的数据表进行抽象。表可以被声明为输入表，也可通过应用操作派生出其他表，并且表的操作经常被使用者指定的函数参数化。

Oivos采用的是声明式编程，Oivos程序执行之前只需声明所有的表，无须指定执行顺序。对表的操作包括：

（1）Map操作。为表中的每一条记录信息申请一个使用者指定的Map函数。

（2）Sort操作。通过使用者指定的Key值合并表中的数据信息。

（3）Reduce操作。为表中的每一个Key值申请一个使用者指定的Reduce函数，并且Reduce函数接收一个Key值和一个用于归约表中所有记录信息的迭代器。

（4）合并（Combine）操作。根据Key值将表中的所有记录合并成一个单一的记录。

（5）聚合操作——一个二元操作。基于相同Key值将两个异类的输入表合成一个新的表，为每一个Key值申请一个使用者指定的Merger函数。

◇参◇考◇文◇献◇

[1] 覃雄派，王会举，杜小勇，等. 大数据分析——RDBMS与MapReduce的竞争与共生[J]. 软件学报，2012，23(1)：32-45.

[2] M Felice Pace. BSP vs MapReduce[J]. Procedia Computer Science, 2012(9)：246-255.

[3] 王珊，王会举，覃雄派，等. 架构大数据：挑战、现状与展望[J]. 计算机学报，2011，34(10)：1741-1752.

[4] Jeffrey Dean, Sanjay Ghemawat. MapReduce：simplified data processing on large clusters[J]. Communications of the ACM, 2008，51(1)：107-113.

[5] White T. Hadoop：the definitive guide[M]. O'Reilly Media, 2009.

[6] 赵彦荣，王伟平，孟丹，等. 基于Hadoop的高效连接查询处理算法CHMJ[J]. 软件学报，2012，

23(8): 2032 - 2041.

[7] Ranger C, Raghuraman R, Penmetsa A, et al. Evaluating MapReduce for multi-core and multiprocessor systems[C]. IEEE 13th International Symposium on High Performance Computer Architecture, 2007: 13 - 24.

[8] Mao Y, Morris R, Kaashoek M F. Optimizing MapReduce for multicore architectures[C]. Computer Science and Artificial Intelligence Laboratory, Massachusetts Institute of Technology, Tech. Rep, 2010: 1 - 13.

[9] Chao Jin, Rajkumar Buyya. MapReduce programming model for NET - Based cloud computing[J]. The 15th International Euro-Par Conference, 2009(5704): 417 - 428.

[10] M Mustafa Rafique, Benjamin Rose, Ali R Butt, et al. Supporting MapReduce on large-scale asymmetric multi-core clusters[J]. ACM SIGOPS Operating Systems Review Archive, 2009,43(2): 25 - 34.

[11] Shrideep Pallickara, Jaliya Ekanayake, Geoffrey Fox. Granules: a lightweight, streaming runtime for cloud computing with support for Map-Reduce[C]. IEEE International Conference on Cluster Computing and Workshops, 2009: 1 - 10.

[12] SKYNET[EB/OL]. http://skynet.rubyforge.org/.

[13] Pan J, Biannic Y L, Magoules F. Parallelizing multiple group-by query in share-nothing environment: a MapReduce study case[C]. Proceedings of the 19th ACM International Symposium on High Performance Distributed Computing. ACM, 2010: 856 - 863.

[14] Theofilos Kakantousis, Ioannis Boutsis, Vana Kalogeraki, et al. Misco: a system for data analysis applications on networks of smartphones using MapReduce[C]. IEEE 13th International Conference on Mobile Data Management, 2012: 356 - 359.

[15] Fang Wenbin, He Bingsheng, Luo Qiong, et al. Mars: accelerating MapReduce with graphics processors[C]. IEEE Transactions on Parallel and Distributed Systems, 2011, 22(4): 608 - 620.

[16] Shan Yi, Wang Bo, Yan Jing, et al. FPMR: MapReduce framework on FPGA a case study of RankBoost acceleration[C]. Proceedings of the 18th Annual ACM/SIGDA International Symposium on Field Programmable Gate Arrays, 2010: 93 - 102.

[17] Chen Po Cheng, Su Yen Liang, Chang Jyh Biau, et al. Variable-sized map and locality-aware reduce on public-resource grids[C]. Advances in Grid and Pervasive Computing, 2010(6104): 234 - 243.

[18] S V Valvåg, Dag Johansen, Åge Kvalnes. Cogset: a high performance mapreduce engine[J]. Concurrency and Computation: Practice and Experience, 2013, 25(1): 2 - 23.

[19] 李建江,崔健,王聃,等. MapReduce 并行编程模型研究综述[J]. 电子学报,2011,39(1).

[20] Matei Zaharia, Mosharaf Chowdhury, Michael J Franklin, et al. Spark: cluster computing with working sets[C]. In 2nd USENIX Workshop on Hot Topics in Cloud Computing, 2010: 1 - 7.

[21] Spark[EB/OL]. http://spark.incubator.apache.org/.

[22] Bai Yuzhong. Beyond MapReduce: 谈 2011 年风靡的数据流计算系统[J]. 程序员,2012(01).

[23] Faraz Ahmad, Seyong Lee, Mithuna Thottethodi, et al. PUMA: Purdue MapReduce Benchmarks Suite[C]. Purdue Technical Report TR - ECE - 12 - 11, 2012: 1 - 7.

[24] GitHub[EB/OL]. https://github.com/nathanmarz/storm/wiki/Tutorial.

[25] Brian Olsen, Mark McKenney. Storm system database: a big data approach to moving object databases[C]. 4th International Conference on Computing for Geospatial Research and Application (COM. Geo), 2013: 142 - 143.

[26] Dominic Battre, Stephan Ewen, Fabian Hueske, et al. Nephele/PACTs: a programming model and execution framework for web-scale analytical processing [C]. Proceedings of the 1st ACM Symposium on Cloud Computing, 2010: 119 - 130.

[27] Abhishek Verma, Brian Cho, Nicolas Zea, et al. Breaking the MapReduce stage barrier[J]. Cluster Computing, 2010, 16(1): 191 - 206.

[28] Moca M, Silaghi G C, Fedak G. Distributed results checking for MapReduce in volunteer computing [C]. IEEE International Symposium on Parallel and Distributed Processing Workshops and Phd Forum (IPDPSW), 2011: 1847 - 1854.

[29] Yang Hung-chih, Dasdan Ali, Hsiao Ruey-Lung, et al. Map-Reduce-Merge: simplified relational data processing on large clusters [C]. Proceedings of the 2007 ACM SIGMOD International Conference, 2007: 1029 - 1040.

[30] Vrba Ž. Implementation and performance aspects of Kahn process networks [D]. Ph. D. dissertation, Faculty of Mathematics and Natural Sciences, University of Oslo, 2009.

[31] Vrba Z, Halvorsen P, Griwodz C, et al. Kahn process networks are a flexible alternative to MapReduce [C]. 11th IEEE International Conference on High Performance Computing and Communications, 2009: 154 - 162.

[32] Marc Geilen, Twan Basten. Requirements on the execution of Kahn process networks [J]. Programming Languages and Systems, 2003(2618): 319 - 334.

[33] Valvag S V, Johansen D. Oivos: simple and efficient distributed data processing[J]. The 10th IEEE International Conference on High Performance Computing and Communications, 2008: 113 - 122.

第5章

BSP 模型

BSP(Bulk Synchronous Parallel，整体同步并行)模型[1]是英国著名科学家Leslie G. Valiant为架起并行体系结构和并行编程语言之间的桥梁而提出的一种并行计算模型，从提出至今一直受到学术界和工业界的广泛关注，尤其是进入数据密集型时代，BSP模型更是获得了空前的关注。本章主要介绍BSP模型的原理以及基于BSP模型的编程框架。

5.1 BSP模型简介

本节介绍BSP模型的概念及其基本原理，并在此基础上对BSP模型的优缺点进行分析。

5.1.1 BSP模型概念

冯·诺依曼模型在串行计算方面的成功在于，它实际上是一个位于硬件和软件之间的有效的桥接模型，高层次的语言可以有效地在这种模型之上编译。为了架起并行体系结构和并行编程语言之间的桥梁，英国著名的计算机科学家Leslie G. Valiant提出了BSP模型。BSP模型可以定义为以下三个属性的结合：

(1) 具有执行计算或存储功能的组件；

(2) 提供组件之间点对点消息传递的选路器；

(3) 用于在每个时间间隔L对所有或部分组件实现同步功能的设施，其中L为周期参数。

5.1.2 BSP模型原理

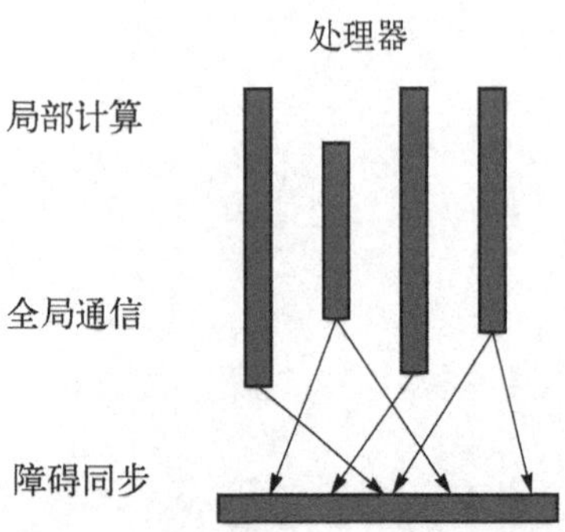

处理器

局部计算

全局通信

障碍同步

图5-1 BSP模型工作原理

BSP模型的工作原理可以用图5-1来表示。在BSP模型中，计算由一系列超步(Superstep)组成，在每一超步中，每个组件执行局部计算，传递和接收消息。每一周期时间间隔L作一个全局检查，以确定该超步中是否所有组件已经完成任务，如果完成则进入下一超步；否则，下一个时间周期分配给未完成的超步。第i超步的计算时间可以表示为w_i+gh_i+L，其中，w_i表示第i超步中最大运算步数，h_i表示该超步中每个组件发送和接收的最大消息包数，g表示选路器吞吐率，L表示执行一个全局路障同步或发送/接收一条信息包的最小延迟时间，则一个具有 s 超步的程序执行时间为 $\sum_{i=0}^{s-1} w_i + g\sum_{i=1}^{s-1} h_i + Ls$。

5.1.3 BSP 模型优缺点

许多在 BSP 方面的工作验证了 BSP 模型在并行计算方面的优势：

(1) 不易死锁。BSP 模型将计算和通信相分离。在计算阶段，每个处理器执行本地计算，在通信阶段，每个处理器将需要发送的消息发送给别的处理器，将消息发送出去后执行同步操作，路障同步用来保障所有的消息已经发送到目的地。在下一个超步中，所有的处理器可以获取到从别的处理器发送过来的消息。在这一过程中，同步障作为一个中间阶段用于保障消息发送的完毕和消息可以获取的时间节点，发送消息的处理器和接收消息的处理器之间不易产生死锁。

(2) 易于编程。在 BSP 模型中，计算过程可以用串行程序在实现，开发人员只需要确定子任务之间消息交互的内容和时刻即可。

(3) 性能可预测。BSP 模型最大的优势之一在于其计算时间是可以预测的，开发人员在开发一个并行应用时，可以提前预测出并行应用的执行时间。

(4) BSP 模型与具体的硬件结构无关。正是由于这一优势，无论是在并行机、网格环境、多核环境还是云计算平台，BSP 模型都工作良好。

BSP 模型也存在一些缺点：BSP 模型把所有的处理器以及处理器之间的通信同等看待，没有区分计算节点之间的能力差异以及通信距离的远近，导致在每一次超步都需要等待最慢的那个节点。

5.2 BSP 模型发展概况

由于 BSP 模型具有不易死锁、容易编程和性能可预测等优点，从提出至今一直备受学术界和工业界的广泛关注。

5.2.1 BSP 模型初级阶段

5.2.1.1 DBSP 模型

BSP 模型对任意一对处理器之间的通信同等看待，在很多算法中不能利用通信局部性（处理器仅与相邻的处理通信），没有区分通信距离的远近，而产生过于悲观的时间复杂度估计。

DBSP(Decomposable Bulk Synchronous Parallel,可分解的整体同步并行)模型[2]可以表示为 $(p,\ g(p),\ l(p))$,其中 p 为处理器个数,$g(p)$ 和 $l(p)$ 为特定的路由性能函数。在DBSP模型中,处理器可以执行指令 split (i),$i \in (1,\ \cdots,\ p)$,将计算机群分割为子机群 $C_1,\ \cdots,\ C_s$,其中 s 是指令 split(i) 中 i 的不同值的个数,在 split 指令中指定具有同样 i 的处理器属于 p_i 处理器的同一子机群,在子机群 C_i 中,处理器分配新的编号 $1,\ \cdots,\ p_i$,作为子机群内消息发送的目标地址。在接下来的超步中,所有子机群作为独立的 $C_i =$ DBSP$(p_i,\ g(p_i),\ l(p_i))$ 独立计算,直到执行 join 指令,所有的处理器又作为一个标准的BSP模型一起工作。

在同一个计算中,机群可能重复分解,从一个 split 到另一个 split 的划分可能不同。子机群可以递归地分解,每个 join 操作对应同一层 split 操作,例如:$C \xrightarrow{\text{split}} \{C_1,\ C_2\} \xrightarrow{\text{split2}} \{C_1,\ \{C_{21},\ C_{22},\ C_{23}\}\} \xrightarrow{\text{join2}} \{C_1,\ C_2\}$,不同子机群内的处理器不能通信,如果想通信,必须先执行 join 操作。

BSP模型没有试图获取子机群位置,若能利用子机器位置信息,则可以通过优化通信来减少运行时间。不论处理器之间通信数据量是否相同,BSP模型在计算所需的运行时间时,取其中最大的通信数据量作为计算参数,所以导致运行时间估计过高。Pilar de la Torre 等人提出一种 BSP 模型的改进模型 D-BSP(Decomposable, BSP)[3],由处理器的子集的集合 S 组成,包括 P 自身,每个子集可以看作一个子机群。子机群内的处理器可以作为一个自治的 D-BSP 进行信息交换并进行同步。D-BSP 允许任意的分解,分解可以递归进行。D-BSP 主要的优势在于消息限定在范围更小的簇内,这种通信方式的代价更小。Alexandre Tiskin 对 D-BSP 模型做了进一步的研究[4],讨论了在一个分布式内存环境中支持共享内存抽象,利用网络邻近性来改善网络拥塞和存储体竞争的管理。

5.2.1.2 NBSP 模型

F. de Sande 等人提出一种 NBSP(Nested Bulk Synchronous Parallel,嵌套的整体同步并行)模型[5],用处理器集合扩展 BSP 模型。利用 Division 函数可以对处理器集合进行分割,处理器执行组聚集操作意味着所有的处理器在同一个集合中。

NBSP 模型可以表示为元组 $(N,\ \mathrm{Div},\ \mathrm{Col},\ (g)r \in \{1,\ \cdots,\ N\},\ (L)r \in \{1,\ \cdots,\ N\})$。其中 N 是处理器个数,Div 和 Col 分别是划分和聚集函数的集合,通信能力由一些带宽参数 $(g)r \in \{1,\ \cdots,\ N\}$ 和延迟参数 $(L)r \in \{1,\ \cdots,\ N\}$ 来刻画,值 gr 和 Lr 是规模为 r 的任意子机群的带宽和延迟。在任何时候,限定处理器执行下面三个操作中的一个:

(1) 任意类型的串行计算:赋值,循环,函数调用等;

(2) 操作 D∈Div;

(3) 操作 C∈Col。

5.2.1.3 进程迁移 BSP 模型

在标准的 BSP 模型中，一个 BSP 应用由一个或多个超步组成。每个超步包含计算和通信阶段，跟随着一个同步障，同步障必须等待最慢的进程。为了解决这个问题，Rodrigo da Rosa Righi 等人提出了一种在 BSP 应用中控制进程重调度的模型 MigBSP(Migration Model for Bulk-Synchronous Parallel，迁移整体同步并行)[6]。它的主要思想是利用运行环境搜集到的信息，自适应地调整进程位置使负载达到平衡，以减少超步时间。为了评估模型迁移的可能性，MigBSP 模型除了考虑计算和通信，也考虑内存和迁移代价。

Bonorden 等人通过迁移扩展 BSP 模型[7]，在每个同步障阶段之后，加入一个迁移阶段，进程可以迁移到别的主机以适应负载的变化。迁移阶段的代价为 $m * g$，其中 m 是一个处理器的所有进程将发送或接收的消息包数的最大值。

若利用工作站网络中的空闲计算能力来运行并行程序，则处理器不稳定特征会导致 BSP 程序在这种环境中性能较低。为解决这个问题，Mohan V. Nibhanupudi 等人[8]提出了一种基于状态数据的急切复制和进程的惰性(Lazy)复制(仅当需要时计算才被复制)的策略。利用计算状态的动态复制、惰性进程复制和进程迁移，支持自适应的并行度，以响应可用工作站个数的改变，该策略已经整合到牛津大学的 BSP 库中。

5.2.1.4 异构环境的 BSP 模型

BSP 模型假定所有的组件具有同样的计算和通信能力，不适合异构并行环境。Tiffani L. Williams 等人[9]提出一种基于 BSP 模型的 HBSP(Heterogeneous Bulk Synchronous Parallel，异构的整体同步并行)模型，作为一种异构并行环境下应用程序开发架构。HBSP 引入反映异构计算组件相对速度的参数，每个处理器 j 都有一个相对最慢处理器的相对速度参数 c_j，根据处理器速度参数分配计算负载。

为了解决不平衡的通信模式，即处理器发送或接收不同的数据量，E-BSP 模型[10]对 BSP 模型进行扩展，把每个通信模式看作一个(M, h_1, h_2)关系，每个节点最多发送 h_1 信息，最多接收 h_2 信息，路由的总的信息量不超过 M。E-BSP 也考虑网络邻近性，延迟依赖于互联网络中处理器的相对位置。

5.2.1.5 共享内存的 BSP 模型

BSP 最初定义为一个分布式内存模型，共享内存风格的 BSP 模型必须由 PRAM 模拟实现，这种方法破坏了数据局部性，导致很多实际问题效率较差。Alexandre Tiskin 提出一种新的 BSP 类型的模型 BSPRAM[11]，允许共享内存风格的编程同时保持数据局部性。BSPRAM 模型中，通信网络以随机存取共享内存单元的形式实现(图 5.2)。内存有两层，即各自的

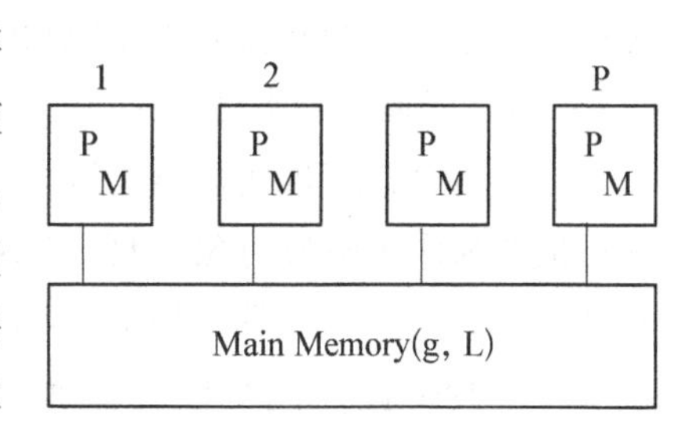

图 5-2 BSPRAM

局部内存和一个共享的全局内存。超步由输入阶段、局部计算阶段和输出阶段组成。在输入阶段，处理器可以从主存读取数据；在输出阶段，可以往主存写入数据。

5.2.2 多核 BSP

Multi-BSP(Multi-Bulk Synchronous Parallel，多核整体同步并行)[12]用两种方式扩展BSP模型。首先，它是一个层数不限的分层模型。它不但能够识别单芯片，而且可以识别多芯片体系结构内多层内存和缓存的物理实体，目标是对整个体系(甚至整个数据中心)的所有层一起建模。其次，在每层中，Multi-BSP 把内存大小作为第四个参数，深度为 d 的 Multi-BSP 模型由 $4d(p_1, g_1, L_1, m_1)(p_2, g_2, L_2, m_2)(p_3, g_3, L_3, M_3)\cdots(p_d, g_d, L_d, m_d)$ 参数指定，这是一个深度为 d 的树，内存/缓存在内部节点，处理器在叶子节点，每层上的四个参数分别为子组件个数、通信带宽、同步代价、内存/缓存大小定量。

5.2.3 BSP 模型在云平台上的应用

5.2.3.1 OSL

OSL(Orleans Skeleton Library，Orleans 框架库)[13]是一个用 C++语言在 MPI 通信库基础上编写的 BSP 算法框架库，包括数据并行框架(Data Parallel Skeletons)和通信框架(Communication Skeletons)。OSL 的目标是为广泛使用的编程语言提供一个易用的库，允许基于一个简单可移植的性能模型，来分析影响并行程序的性能因素。

OSL 试图提供一种结构化的方法来描述应用的并行性：算法框架(Algorithmic Skeletons)可视为函数式语言中的高阶函数，能方便地表示算法的并行模式如管道传递、并行归约等；使用 OSL 库来编写并行应用，就是对这些算法框架进行组合。

分布式阵列(Distributed Array)是 OSL 库的基本数据结构，所有的数据并行框架和通信框架都在分布式阵列上完成，这个数据结构隐藏了数据的分散和收集的细节。分布式阵列作为一个通用类实现，可以限定全局空间大小。

算法框架在面向对象编程语言(包括 C++)不能直接处理函数，为了将一个函数作为参数传递给另一个函数，一般做法是先把函数封装到一个对象，然后将这个对象作为参数传递。要作为参数传递的任何函数对象，都要求继承自一元操作符类(Unary Operator Class)或二元操作符类(Binary Operator Class)。

OSL 库实现了四类典型的数据并行框架 map、map_index、zip 和 zip_index。这些数据并行框架都作为函数对象实现。OSL 也以函数对象的形式实现了三类常见的通信框架：右移(Shift_right)、左移(Shift_left)和子阵转置(Permute_partition)。这些通信框架都隐藏了一个 BSP 路障同步以确保通信的完成。OSL 支持两种 BSP 同步：标准的同步，用 MPI_Barrier 作为同步原语实现；不经意的同步(Oblivious Synchronization)。不经意的同步是一种松弛的同步，意味着不同处理器同一时刻可以处于不同的超步中，最初用在 PUB 库(The Paderborn University BSP Library)中。

5.2.3.2 BSPCloud

BSPCloud[14]是一套云环境下 BSP 编程工具软件，目的是为开发人员提供一套 BSP 编程函数库，可用于开发云平台上 I/O 密集型的应用。

BSPCloud 编程工具采用分布式内存和共享内存混合编程。如图 5-3 所示，BspJobTracker 负责作业的调度和控制作业的运行。当用户提交一个作业到云平台后，作业不是立即执行，而是放到调度模块 Schedule 中，由 Schedule 负责调度作业运行。当调度器取出一个作业后，BspJobTracker 将作业划分成若干子任务，并将这些子任务分配到虚拟机，由 BulkTracker 负责调度运行。BulkTrakcer 启动若干个线程，这些线程完成细粒度任务计算。

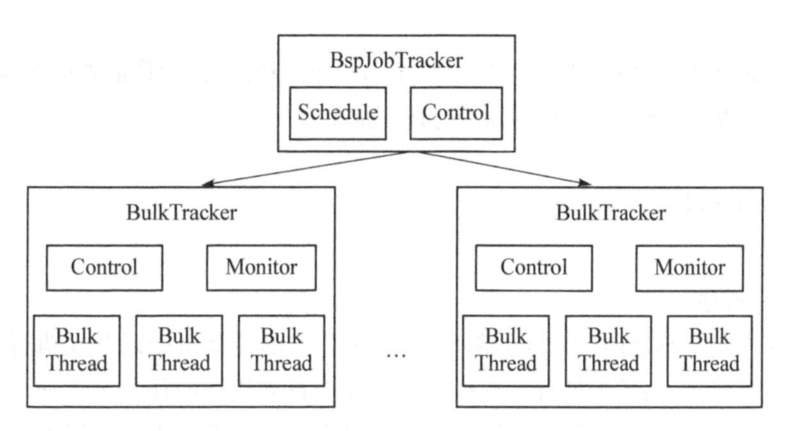

图 5-3 BSPCloud 编程工具架构图

5.2.4 BSP 模型在大数据时代的应用

许多实际应用问题中都涉及大型的图算法，比如网页链接关系和社会关系图等。这些图都有相同的特点：规模超大，常常达到数十亿的顶点和上万亿的边。这么大的规模，给需要在其上进行高效计算的应用提出了巨大的难题。为了解决大规模图算法问题，Grzegorz Malewicz 等人基于 BSP 模型实现了一个大规模图处理框架 Pregel[15]。Pregel 具有高效、可扩展、容错、容易编程等特点，可部署在上千台计算节点的集群上。

HAMA[16]是基于 BSP 模型的通用并行计算框架。作为 Hadoop 项目中的一个子项目，HAMA 在 Hadoop 架构的基础上提供了高层次的 BSP 模型原语，用于大规模的科学计算。

GPS[17](Graph Processing System，图像处理系统)是一个完全开源的高可扩展性、可容错性和易于编程的大规模图处理系统。GPS与Google的Pregel类似，都是基于BSP模型。GPS与Pregel相比具有三个不同的特征：① 可扩展的API使全局通信更易于表达和高效；② 可以基于消息模式在计算过程中重新划分顶点到不同的工作节点；③ 在所有计算节点上划分相邻高度数节点列表以减少通信开销。

Giraph[18]是一个迭代的图处理系统，最初作为Pregel的开源实现。Giraph在Pregel的基础上增加了主节点计算、共享聚合、面向边的输入、核外计算等特征。Giraph可用于图数据处理和分析，例如，Facebook用Giraph来分析由用户之间关系生成的社会网络图。

上述适合大规模数据处理的BSP编程框架，将在下节给出更详细的阐述。

5.3 基于BSP模型的编程框架

随着数据密集型时代的到来，掀起了基于BSP模型的并行计算框架的开发热潮，本节将详细介绍一些基于BSP模型的开源并行计算框架。

5.3.1 Pregel

5.3.1.1 概述

图算法通常具有本地内存访问局部性差、每个顶点的计算量少以及在执行过程中并行度会发生变化等特点，高效地处理大规模图是一项极具挑战性的任务。在众多机器上分布执行加剧了本地内存访问局部性差的问题，并且增大了在计算过程中机器发生故障的可能性。尽管大规模图无处不在，但是目前还没有一种可扩展的、通用的系统可以在大规模分布式环境下针对各种图表示方法来实现图算法。

目前，实现一种大规模图处理算法通常意味着以下几个方案的抉择：

(1) 定制特定的分布式计算框架，该框架需要对新的图算法或者图表示方法重新实现。这种方案的可重用性较差。

(2) 基于已有的分布式计算平台。但是，这些平台通常并不完全适合图处理应用。比如MapReduce非常适合大规模的计算问题，有时候也用来解决大型图问题，但是它并不是图处理问题的最优解决方案，也不是最合适的方案。对这些分布式计算平台的数据处理模型进行扩展，用于聚合以及类SQL的查询方式，但这些扩展方式通常对大型图计算这种消息传递模型来说并不理想。

(3) 使用单机的图算法库如BGL、LEAD、NetworkX、JDSL、Standford GraphBase和FGL等，但是单机计算方式对图的规模有很大的限制。

(4) 使用已有的并行图处理系统。例如，并行的BGL和CGM图计算库提供了并行图计算的方式,但是没有提供容错等支持大规模分布式系统的技术。

以上四种方案用于大规模图处理问题时都有很大的限制。为了解决大规模图处理问题,Grzegorz Malewicz 等人开发了一个可扩展的、具有容错功能的分布式计算框架 Pregel[15],可以灵活地表示任意的图算法。Pregel 计算系统的灵感来自 Leslie G. Valiant 提出的 BSP 模型。Pregel 计算由一系列的迭代组成,每一次的迭代称为一个"超步"。在每一次的超步中,Pregel 都会调用每个顶点上用户自定义的函数,在概念上这个过程是并行的。用户自定义的函数定义了在一个顶点 V 以及一个超步中需要执行的操作,该函数可以读取上一个超步中发送给顶点 V 的消息,并将该消息发送给别的顶点,使得这些顶点可以在下一步超步中读取到数据,并修改顶点 V 的状态以及其出边。消息通常通过顶点的出边发送,但一个消息也可能被发送到任何标志为可知的顶点。

这种以顶点为中心的方法很容易使人联想到 MapReduce,因为它们都让用户只需要关注应用的执行逻辑,而把容错、并行等大量复杂的任务交给系统负责。这种计算模式非常适合分布式实现:它没有限制每个超步的执行顺序,所有的通信都仅限于从超步 S 到超步 S+1。

这种计算模式的高同步性使得推断程序执行的语义变得简单,同时也保证了 Pregel 程序在异步系统中能够免疫临界资源竞争从而避免死锁,原则上 Pregel 程序的性能可以与并行松弛的异步系统相当。通常情况下图计算应用中顶点的数量要比机器的数量大得多,所以必须要平衡各机器之间的负载使得超步之间的同步不会增加额外的延迟。

5.3.1.2 计算模型

Pregel 计算的输入是一个有向图。该有向图的每个顶点都有一个唯一的字符串类型的顶点标志。每个顶点有一个用户定义的值,该值可以被修改。每条有向边都与其源顶点相关联,并且有一个用户定义的值和目标顶点的 ID,有向边的值也可以被修改。

一个典型的 Pregel 计算过程包括读取输入数据、初始化图、运行一系列的被全局路障隔离的超步直到整个计算结束、输出结果。

在每一个超级步中,顶点的计算都是并行的,每个顶点执行相同的由用户自定义的函数。每个顶点可以修改其自身的状态或它出边的信息,接收在上一个超步中别的顶点发送给它的消息,发送消息到别的顶点,或者修改图的拓扑结构。在这种计算模式中,"边"并不是核心对象,没有相应的计算运行在边上。

算法是否结束取决于是否所有的顶点都已经达到"Halt"状态。在计算开始时,所有的顶点置于活跃状态,每个活跃的顶点都参与所有超步的计算。一个顶点可以通过将自身的状态设置为"Halt"而使它处于非活跃状态,处于非活跃状态的顶点不需要再进行计算,除非受到外部的触发。在接下来的超步中处于非活跃状态的顶点将不再执行,除非它接收到来自别的顶点的消息。如果一个顶点因接收到来自别的顶点的消息而处于活跃状态,接下来,必须将该顶点重新设置为非活跃状态。当所有的顶点都处于非活跃状态且没有消息传

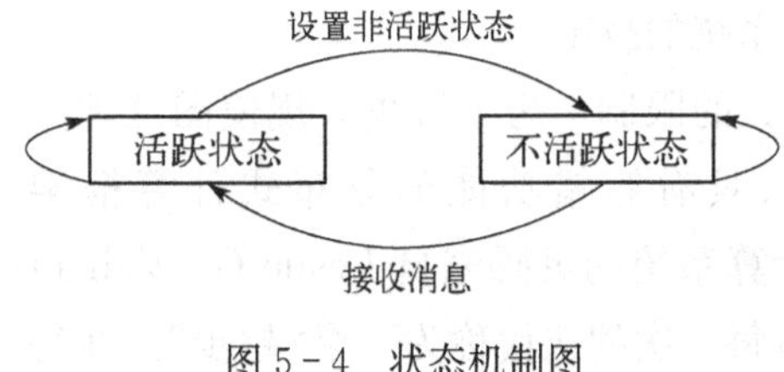

图 5-4 状态机制图

输时,整个算法才会终止。图 5-4 描述了这种简单的状态机制。

Pregel 程序的输出是所有顶点输出的集合。Pregel 程序的输出结果通常是与输入图同构的一个有向图,但是并非一定是这样,因为在计算过程中,可以对顶点和边进行添加和删除操作。比如一个聚类算法,就有可能从一个大图中选出满足需求的一些不相连的顶点;一个图的挖掘算法就可能仅仅是输出从图中挖掘出来的聚合数据。

图 5-5 给出了一个简单的示例:给定一个强连通图,图中每个顶点都包含一个它所有相邻节点的最大值,顶点在执行过程中向其他顶点传播最大值。在每个超步中,任何一个顶点若接收到一个比其当前值更大的消息,那么就将这个值传送给它所有的相邻顶点。当在某一个超步中没有顶点的值发生改变时,整个计算将终止。

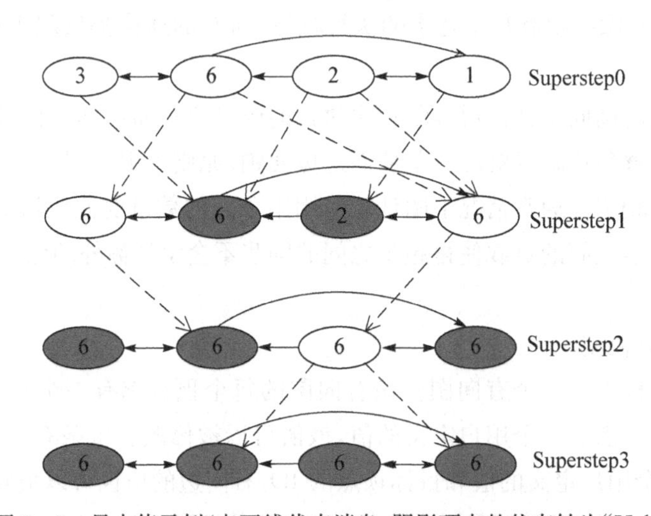

图 5-5 最大值示例(点画线代表消息,阴影顶点的状态转为“Halt”)

Pregel 采用一种纯消息的传递模式,忽略远程数据读取和其他模拟共享内存的方式。这样做有两个原因:①消息传递可以足够表达顶点之间的通信,没有必要使用远程读取。目前尚未发现在某种图算法中消息传递不够表达顶点之间通信的情况。②为了提高 Pregel 应用的性能。在一个集群环境中,从远程机器上读取数据会产生很高的延迟,这种延迟很难避免,而 Pregel 的消息传递模式可以通过批量异步消息传递的方式来缓解从远程机器读取数据的延迟。

图算法也可以写成一系列的链式 MapReduce 函数,采用基于 BSP 模型的 Pregel 进行图处理主要是基于可用性和性能的考虑。在 Pregel 中,顶点和边的运算在本地机器上执行,网络仅仅用来传输消息。而 MapReduce 本质上是面向函数的,因此,将图算法用一系列的链式 MapReduce 来表示需要将整个图的状态从一个阶段传输到另一个阶段,这样就需要更多的通信开销和相关的序列化开销。另外,在一系列的 MapReduce 函数中,需要对各个阶段的工作进行协调,这增加了编程的难度,而 Pregel 各个超步的迭代操作可以避免这种情况。

5.3.1.3 Pregel 的 API

本小节主要介绍 Pregel 的 C++ API 中几个最重要的方面。编写一个 Pregel 程序应该包含 Pregel 中已预先定义的一个子类——Vertex 类(表 5-1)。

表 5-1 顶点 API 的基类

```
template<typename VertexValue,
typename EdgeValue,
typename MessageValue>
class Vertex {
public:
virtual void Compute(MessageIterator * msgs) = 0;
const string& vertex_id() const;
int64superstep() const;
const VertexValue& GetValue();
VertexValue * MutableValue();
OutEdgeIterator GetOutEdgeIterator();
void SendMessageTo(const string& dest_vertex,
const MessageValue& message);
void VoteToHalt();
};
```

该类模板参数中定义了与顶点、边和消息相关的三种类型,每个顶点有一个相关指定类型的值,这种模式看上去有点局限性,但是用户可以通过使用灵活的类型来管理,边和消息的类型与此类似。用户需要重写 Vertex 类的虚函数 Compute(),在每个超步中,每个活跃的顶点将会执行 Compute()函数。预定义的 Vertex 方法允许 Compute()函数查询当前顶点和其边的信息,并发送消息到其他的顶点。Compute()函数可以通过调用 GetValue()函数来检查与其顶点相关的值,或者通过调用 MutableValue()函数来修改当前顶点的值,它还可以通过出边迭代器提供的方法来检查和修改出边的值。这种状态的更新是立即生效的。由于这种可见性仅限于修改的顶点,所以不同的顶点在并发访问数据的时候不存在数据间的竞争关系。

在跨越超步时,只有与顶点和边相关联的值的状态可以被保存,把由 Pregel 计算框架管理的图状态限制为每个顶点或边的单一值,可以简化计算周期、图分布和容错。

1) 消息传递机制

顶点之间的通信是通过消息传递的方式,每个消息都包含一个消息值和目的顶点的名称。消息值的数据类型则由用户通过 Vertex 类的模板参数来指定。

在一个超步中,一个顶点可以发送任意多次的消息。当顶点 V 的 Compute()函数在第 S+1 个超级步中被调用时,所有在第 S 个超步中发送给顶点 V 的消息都可以通过一个迭代器来使用。迭代器并不保证消息的顺序,但是可以保证消息一定会交付且不会重复。

一种通用的使用方式为:对一个顶点 V,遍历其自身的出边,并发送消息到每条边的目的顶点,如下面所示的 PageRank 算法那样,但是,目的顶点不能是顶点 V 的相邻顶点。一个顶点可以从前几次超步获取的信息中得到非相邻顶点的标志,或者顶点标志可以隐式地得到。比如,图可能是一个分团问题,具有已知的顶点标志(从 V_1 到 V_n),这些顶点的信息可以不用显式地包含在图的边中。

算法 5.1 PageRank

```
class PageRankVertex: public Vertex<double,void,double>{
  // PageRank 算法
public:
virtual void Compute(MessageIterator * msgs){
if(superstep ()> = 1){
double sum = 0;
for(;Imsgs - >Done();msgs - >Next())
sum + = msgs - >Value();
                    * MutableValue() = 0.15/NumVertices() + .85 * sum;
                        }
if(superstep ()<30){
const int64 n = GetOutEdgeIterator().size();
SendMessageToAllNeighbors(GetValue()/n);
}  else{
VoteToHalt();
            }
            }
                }
```

当一个消息的目标顶点不存在时,便执行用户定义的 Handlers,一个 Handler 可以创建不存在的顶点或从其源顶点中删除这条边。

2) Combiners

当一个顶点发送消息,尤其是发送到另外一台机器的顶点时,会产生一些开销。在某些情况下,可以通过用户的帮助来降低这些开销。比如,假如 Compute()函数接收整数类型的消息,而它仅仅关心的是这些值的和,而不是每一个值,这种情况下,系统可以将多个消息合并成一个消息,该消息仅包含这些消息值的和,这样就可以减少传输和缓存的开销。

Combiners 在默认情况下并没有开启,这是因为没有一种与所有用户的 Compute()函数都一致的有效的合并函数。用户如果想要开启 Combiners 的功能,可以继承 Combiner 类,重写其虚函数 Combine()。Pregel 框架并不保证哪些消息会合并而哪些不会,也不保证传送给 Combiners 的值和合并操作的执行顺序。所以 Combiners 应该仅仅在减少关联和交互开销的情况下使用。

对于某些算法来说，比如单源最短路径，可以通过使用 Combiners 将消息传输量降低 4 倍多。

3）聚合器（Aggregators）

Pregel 的聚合器是一种提供全局通信和监控的机制。每一个顶点都可以在超级步 S 中向一个聚合器提供一个数据，系统会使用一种规约操作来合并这些值，合并后的值会在超步 S+1 中被所有的顶点使用。Pregel 中包含许多预定义的聚合器，比如对一些整型或字符串类型值的 Min、Max 和 Sum 等操作。

聚合器可以用来作统计。例如，一个求和聚合器可以用来统计每个顶点的出度，并可得到图中边的总数。更多复杂的规约操作可以产生一些历史统计信息。

聚合器也可用来作全局协同。例如，Compute()函数的一个分支可以在某些超步中执行，直到一个求和聚合器确定所有顶点满足一些条件后，Compute()函数的另一个分支才可以执行。又比如一个用于顶点 ID 的最小值或最大值聚合器，可以用来选择一个顶点在一个算法中扮演某种重要角色。

用户可以通过继承预定义的聚合器类来定义一个新的聚合器，并指定聚合器的值如何在接收到输入数据前进行初始化，以及如何将部分聚合值合并成一个值。聚合操作也应该满足交换律和结合律。

默认情况下，一个聚合器仅用来从一个超步中减少输入值，但是，用户也可能用它来定义一个 sticky 聚合器，它可以从所有的超步中接收数据。这是非常有用的，比如，要维护全局的边数，那么就仅仅在增加和删除边的时候才调整这个值。

聚合器还有更高级的用法，比如，可以用来为△-stepping 最短路径算法实现一个分布式优先队列。聚合器根据每个顶点当前距离为它分配一个优先级。在一个超步中，顶点将它们的值汇报给最小值聚合器。在下一个超级步中，最小值聚合器将最小值广播给所有工作节点。

4）拓扑结构变化（Topology Mutations）

一些图算法可能需要改变图的拓扑结构。比如在一个聚类算法中，可能将每个聚类用一个顶点来替换；又比如在一个最小生成树算法中，可能会删除组成一个最小树的边除外的所有边。就像一个用户自定义的 Compute()函数可以发送消息一样，它同样可以发起在图中增加或删除顶点或边的请求。

在同一个超步中，多个顶点发出的请求可能发生冲突（比如两个请求都要求增加同一个顶点 V，但初始值却不同），Pregel 中采用两种机制来决定如何选择：局部有序和 Handlers。

和消息一样，当请求发起后，拓扑结构会在超步中生效。在有删除操作的超步中，会先删除边，后删除顶点，因为顶点的删除通常也意味着其边的删除。而在有增加顶点或边的超步中，就需要先增加顶点后增加边，并且所有拓扑的改变都会在 Compute()函数调用前完成。这种局部有序就决定了大多数访问冲突的时序。

其他访问冲突可以通过用户自定义的 Handlers 来解决。如果在同一超步中有多个请求需要创建同一个顶点，在默认情况下，系统会任意选择一个请求，但有特殊需求的用户可以通过在 Vertex 子类中定义一个合适的 Handler 函数来指定一个更好的冲入解决策略。同一种 Handler 机制用于解决由于多个顶点删除请求或者多个边增加或删除请求而造成的冲突。为了使 Compute()函数的代码简单，Pregel 委托 Handlers 来解决冲突，这限制了 Handlers 和 Compute()函数的交互，但在实际应用中并没有产生影响。

在图的拓扑使用之前，不需要对全局拓扑进行协调，Pregel 的这种设计便于流式处理，直观来讲，对顶点 V 修改的冲突由 V 自己来处理。

Pregel 同样也支持局部的拓扑改变，比如，一个顶点可以添加或删除其自身的出边或删除其自己，局部拓扑的改变不会引发冲突，且可以通过使用一个简单的串行编程语义使局部拓扑的改变立即生效来简化分布式编程。

5）输入输出（Input and Output）

Pregel 有许多可能的图的文件格式，比如文本文档、关系数据库中的一系列顶点或者 Bigtable 中的行。为了避免强迫用户使用一种特定的文件格式，Pregel 将输入文件解析为图的任务从图计算中分离出来。类似地，计算的输出可以生成任意一种格式和可以用一个给定的应用最适合的方式存储。Pregel 库为许多普通的文件格式提供了读取和写入操作，但是具有不常用文件格式需求的用户可以继承抽象函数 Reader 和 Writer 类来定义他们自己的读写方式。

5.3.1.4 Pregel 的具体实现

Pregel 是为 Google 的集群架构而设计的。每一个集群都包含上千台商业 PC 机，这些机器分列在许多机架上，机架之间有非常高的内部通信带宽。集群之间是内部互联的，但在地理上分布在不同的地方。

应用通常在一个集群管理系统上执行，该管理系统用来对作业进行调度以优化集群的资源分配，有时候会“杀死”实例或将实例迁移到其他机器上去。集群系统包含一个名称服务系统，所以实例可以由逻辑名称来引用，该逻辑名称独立于它当前绑定的物理机。持久化的数据存储在分布式存储系统 GFS 或 Bigtable 中，而临时数据则存储在本地磁盘中。

1）基本体系结构（Basic Architecture）

Pregel 库将一张图分解成许多子图，每一子图包含一系列顶点和所有这些顶点的出边。将一个顶点分配到某个子图上仅仅取决于该顶点的 ID，这意味着当一个顶点在不同的机器上，甚至顶点不存在时，也可以知道这个顶点属于哪个子图。默认的划分函数是 Hash(ID) mod N，其中，N 为划分总数，但是用户可以替换这个划分函数。

为顶点分配工作节点在 Pregel 中是不透明的。有些应用在默认的分配策略下可以很好地工作,而有些应用可以利用用户自定义的分配函数来利用图的天然局部性。比如,一种典型的启发式 Web 图可以将来自同一个站点的网页顶点数据分配到同一个工作节点上进行计算。

在不考虑出错的情况下,一个 Pregel 程序的执行过程包含以下几个步骤:

(1) 用户程序的多个副本在集群上开始执行,其中的一个副本作为主节点运行。这时候主节点还没有对图进行划分,只是用来协调工作节点。工作节点利用集群管理系统的名称服务来发现主节点的位置,并发送注册信息到主节点。

(2) 主节点决定将图划分成多少个子图,并为每个工作节点分配一个或多个子图,用户也可以控制每个工作节点分配子图的数量。一个工作节点有多个子图时允许并行执行这些子图,可以更好地实现负载均衡,从而提高性能。每个工作节点负责维护分配给它的子图的状态,对子图的顶点执行用户自定义的 Compute()函数,并管理发送到别的工作节点和从别的工作节点发送过来的消息。

(3) 主节点将用户输入中的一部分分配给每个工作节点。这些输入被看作一系列的记录,每一条记录都包含一些顶点和边。输入的划分与图本身的划分是正交的,通常都是基于文件边界。如果一个工作节点加载的顶点刚好属于该工作节点分配的子图,那么对图数据结构的修改会立即生效;否则,该工作节点将向拥有该顶点的工作节点发送一个消息。当所有输入的加载完成后,所有的顶点标记为活跃顶点。

(4) 主节点通知每个工作节点运行一个超步,工作节点遍历其活跃顶点,为每个子图分配一个线程。工作节点为每个活跃的顶点调用 Compute()函数,并把在上一个超步中发给它的消息交付给它。消息的发送是异步的,以使计算和通信重叠,但必须在上一个超步结束前交付。当一个工作节点完成计算后,将向主节点报告,告诉主节点在下一个超步中有多少个活跃顶点。只要有顶点处于活跃状态或有消息还在传输,这个过程将一直重复执行。

(5) 当计算终止后,主节点会通知工作节点保存它拥有的那部分图的结果。

2) 容错(Fault Tolerance)

Pregel 的容错是通过检查点来实现的。在每个超步开始的时候,主节点通知工作节点将它分配到的子图的状态保存到持久存储设备。保存的状态包括顶点值、边的值和从别的工作节点发送的消息。主节点自己单独保存聚合器聚合的值。

工作节点的失效是通过主节点周期性地给工作节点发送 Ping 消息才检测的,如果一个工作节点在一个特定的时间间隔内没有接收到 Ping 消息,该工作节点进程将终止。如果主节点在一定时间间隔内没有接收到某工作节点的返回信息,主节点将标记该工作节点进程失效。

当一个或多个工作节点发生故障时,分配给这些工作节点的子图的当前状态将会丢失。主节点将重新将这些子图分配给可用的工作节点,这些工作节点会在一个超步开始的时候从最近可用的检查点重新加载子图的状态信息,这个检查点可能比最近完成的超步早好几个超步，因此需要恢复丢失的那几个超步。检查点频率的选择基于一个平均时间失效模型，以平衡检查点和恢复开销。

Pregel 还支持密闭恢复策略，以改善恢复执行的开销和延迟。除了基本的检查点，工作节点还保存载入图和各个超步的计算中分配到该节点上的子图发送出去的消息。这样恢复就受限于那些丢失的子图信息。系统利用从健康的子图获取的日志消息重新计算从丢失的超步到最近完成的超步之间的部分。

这种在恢复过程中仅仅重新计算丢失的子图的方法可以节省计算资源，且由于每个工作节点可能只恢复很小一部分子图，所以可以改善恢复延迟。保存工作节点所分配子图的输出信息增加了开销，但是通常一台机器有足够的磁盘带宽来确保 I/O 不会成为瓶颈。

密闭恢复策略需求用户算法是确定的，以避免保存的消息与恢复过程中的新消息混淆。随机算法可以通过基于超步和划分产生一个伪随机数来使算法变得确定。非确定性算法可以关闭密闭恢复策略而使用基本的恢复机制。

3）工作节点的实现(Worker Implementation)

一个工作节点负责维护分配给它的内存中的部分图的状态。从概念上讲，这可以看做从顶点 ID 到顶点状态的一个映射。其中，每个顶点的状态包含当前值、出边信息的列表、输入信息的列表和顶点是否处于活跃状态的标志。当工作节点执行一个超步时，对所有的顶点进行迭代，且为每个顶点调用 Compute()函数，传给该函数当前顶点的值、一个接收消息的迭代器和一个出边的迭代器。这里没有对入边的访问，这是因为入边其实是源顶点的所有出边的一部分，通常在另外的工作节点上。

出于性能的考虑，活跃顶点标志与输入消息队列是分开存储的。此外，当仅有一个顶点值和边值的副本时，将存在两份活跃顶点标志和输入消息队列副本，一个用于当前超步，另一个用于下一个超步。当一个工作节点在超步 S 中处理分配给它的顶点时，同时会利用另一个线程从执行同一超步的其他工作节点接收消息。由于顶点接收的是上一个超步发送的消息，超步 S 和超步 S+1 的消息必须保持隔离。同样，一个顶点 v 接收到消息意味着顶点 v 在下一个超步属于活跃顶点，而不是在当前超步活跃。

当 Compute()请求发送一个消息到其他顶点时，工作节点首先确认目标顶点是属于远程的工作节点还是属于当前工作节点。如果目标顶点是在远程工作节点上，那么消息就会缓存，当缓存大小达到一个阈值，最大的缓存数据将会异步发送出去，每个信息将作为一个单独的网络消息传输到目标工作节点。如果目标顶点是当前工作节点，那么就可以作相应的优化：消息会直接放到目标顶点的输入消息队列中。

如果用户提供了 Combiner，那么在消息加入输出队列和到达输入队列时，会执行 Combiner 操作，后一种情况并不会减少网络开销，但是可以节省用于存储消息的空间。

4）主节点的实现(Master Implementation)

主节点主要负责协调工作节点的活动。每个工作节点在向主节点注册的时候会分配一个唯一的标志。主节点维护一个当前所有活动的工作节点列表,该列表包含工作节点的标识、地址信息和分配到的部分图。主节点用于保存这些信息的数据结构的大小与图所划分的个数成比例,而与图中顶点和边的个数无关。因此,一个主节点可以协调一个非常大的图的计算。

主节点的大部分操作,包含输入、输出、计算、保存和从检查点中恢复,会在路障同步的时候终止。在操作开始的时候,主节点会向每个活动的工作节点发送一个相同的请求,并等待工作节点的响应。如果有工作节点失效,主节点会进入恢复模式。如果路障同步成功,主节点便进入下一个阶段。例如,一个计算路障同步成功后,主节点会增加全局超步索引,并进入下一个超步。

主节点同时还维护计算进展和图的状态的统计信息,包括图的大小、顶点出度的分布图、活跃顶点的个数、最近超步的执行时间和信息传输量以及所有用户定义的聚合器的值。为了方便用户监控,主节点运行一个 HTTP 服务器来显示。

5.3.2 HAMA

5.3.2.1 HAMA 概述

许多数据密集型科学应用如大规模数值分析、计算物理、生物信息学和图形绘制等,要用到大规模矩阵计算或图计算。图计算也是机器学习、信息检索、数据挖掘和社会网络分析等多种工程应用的主要原语。为了能够高效地支持科学计算和工程应用,Sangwon Seo 等人开发出一个分布式处理框架 HAMA[16]。与 MapReduce 相比,HAMA 支持消息传递模式的应用开发,提供了灵活、简单且易于使用的编程 API,可以避免在通信过程中发生死锁[19]。

5.3.2.2 体系架构图

HAMA 是一个建立在 Hadoop 平台上的分布式框架[16],主要用于大规模矩阵计算和图计算。HAMA 为各种科学应用提供了一个强大的工具,并用简单的 API 为应用开发者和研究人员提供基本的原语。HAMA 已被 Apache 软件基金会列为 Hadoop 的一个子项目。

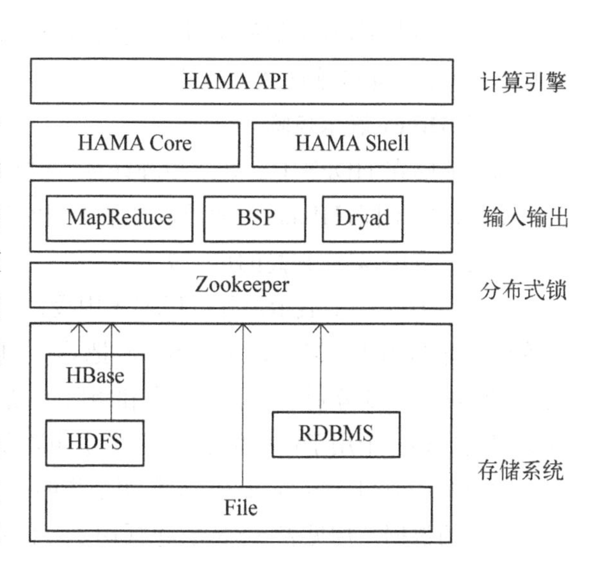

图 5-6 HAMA 的体系架构图

图 5-6 给出了 HAMA 的总体架构。HAMA 采用一种分层体系结构,主要由三部分组成:为矩阵计算和图计算提供许多原语的 HAMA Core、一个交互

式用户控制台HAMA Shell和HAMA API。HAMA Core也用于选取合适的计算引擎。目前，HAMA支持三种计算引擎：Hadoop的MapReduce引擎、BSP引擎以及微软的Dryad引擎[20]（本书第6章将给出Dryad的详细介绍）。Hadoop的MapReduce引擎常用于矩阵计算，而BSP和Dryad模型通常用于图计算。BSP和Dryad的主要区别是，BSP更多地利用本地数据因而表现更为高效，而Dryad通过控制通信图从而提供非常灵活的计算。

5.3.2.3 主要优点

为了以一种原子的方式操作分布式元数据事务控制，HAMA充分利用了Zookeeper。另外，HAMA还提供了灵活的数据管理接口，默认接口是位于HDFS(Hadoop分布式文件系统)之上的HBase。

概括来说，HAMA的主要优点有：

(1) 兼容性。HAMA能充分利用Hadoop的所有功能以及它的相关包，这是因为HAMA与已有的Hadoop接口兼容。

(2) 可扩展性。由于HAMA的兼容性，它可以在不作任何修改的情况下充分利用大规模分布式的互联网基础设施和服务，比如Amazon的EC2服务。

(3) 灵活性。为了利用自身的灵活性以支持不同的计算模式，HAMA提供了简单的计算引擎接口，任何遵循该接口的计算引擎均可以插件的形式自由加入和离开。目前有MapReduce、BSP和Dryad三种计算模型可以使用。

(4) 适用性。HAMA提供的原语可以应用到需要矩阵计算和图计算的各种应用中。

5.3.2.4 应用案例：线性代数

在许多情况下，复杂的科学计算应用需要求解线性代数。作为一个案例，这里介绍两种基本的原语：矩阵乘法和求线性解。

1) 用HBase表示矩阵

为了能够在HDFS上面处理矩阵计算，选择HBase作为NO-SQL数据库。与传统的关系型数据库不同，HBase中的数据是基于列的和半结构化的。这些数据可以分布在1 000个以上的节点中，具有很高的可扩展性。

为了在HBase上表示矩阵，HAMA中设计了两种结构：一个管理表和一个矩阵结构。把管理表命名为HAMA. admin. table，把具体的矩阵结构命名为HAMA. matrix _XXX。表5-2和表5-3分别给出了管理表和矩阵的结构。表5-2所示的管理表包含了三个元数据列成员和一个用于标明位于表5-3中矩阵路径的参数“actual_matrix_path”。需要特别注意的是：attribute：purpose参数用来指明一个矩阵是一个实矩阵还是一个图的邻接矩阵。矩阵的数据结构见表5-3，它包括用于存储行或列大小的必要元数据、类型、特征对以及每个行索引的列向量。不同于表5-2中的attribute：purpose，在表5-3中的attribute：

type 参数表示所选矩阵属于稀疏矩阵还是稠密矩阵,算法可以根据矩阵的类型进行优化。

需要注意的是,这种矩阵的表示方法仅仅在处理临时矩阵计算时有效。这是因为只有通过管理表(表 5-2)中所提供的别名, mapper 和 reducer 才能使用矩阵中的数据。

表 5-2 HAMA. admin. table HBase 模式表

Row	Column Families
matrix_name(alias)	actual_matrix_path
Metadata	attribute: created_data
	attribute: owner
	attribute: purpose

表 5-3 具体矩阵的 HBase 模式表

Row	Column Families
matrix row index	column vector
metadata	alias: name
	attribute: columns
	attribute: rows
	attribute: type
	eival: value
	eival: ind
	eivec: value
	cache: value

2) 矩阵乘法

Hama 可以用两种方法来实现矩阵乘法:迭代法和块方法。前者适合用于稀疏矩阵的计算,后者适合通信开销较低的稠密矩阵。

(1) 迭代法。迭代法比较简单。首先,每个 Map 任务接收矩阵 B 的一个行索引作为一个键,该行索引的列向量作为相应的值。然后,将矩阵 A 所有列的第 i 行乘以接收到的列向量。最后,一个 reduce 任务会将第 i 行的计算结果写入结果矩阵中。迭代方法的伪代码如算法 5.2。

算法 5.2 迭代法伪代码

```
INPUT: key, /* the row index of B */
       value, /* the column vector of the row */
       context /* IO interface (HBase) */
void map(ImmutableBytesWritable key, Result value, Context context)  {
    double ij-th = currVector.get(key);
    SparseVector mult = new SparseVector(value).scale(ij-th);    /* Multiplication */
    context.write(nKey, mult.getEntries());
}
INPUT: key, /* key by map task */
       value, /* value by map task */
       context /* IO interface (HBase) */
void reduce(IntWritable key, Iterable<MapWritable> values, Context context)  {
    SparseVector sum = new SparseVector();
    for (MapWritable value: values) {   sum.add(new SparseVector(value));
                                    }
}
```

(2) 块方法。为了计算两个稠密矩阵 A 和 B 的乘积,需要在 MapReduce 的预处理阶段建立"采集表"。采集表是一维的,由二维的矩阵 A、B 变换而来。采集表的每一行都包含两个子矩阵 A(i,k)和 B(k,j),具有(n * n * i)+(n * j)+k 个行索引,其中 n 表示矩阵 A 和矩阵 B 行的大小。把这些子矩阵称作块。每个 Map 任务只需处理采集表而不是原始的矩阵,因此可以显著地降低数据的网络迁移。算法 5.3 给出了预处理阶段之后的分块算法。每个 Map 任务接收一个 block ID 作为一个键名,并将 A 和 B 的两个子矩阵作为相应的键值,然后将 A[i][j]和 B[j][k]这两个子矩阵相乘。接着,一个 reduce 任务将用公式 S[i][k] += multipliedblocks 来计算块的总和。

算法 5.3 块方法伪代码

```
INPUT: key, /* the blockID */
       value, /* two submatrices of A and B */
       context /* IO interface (HBase) */
void map(ImmutableBytesWritable key, Result value, Context context)  {
    SubMatrix a = new SubMatrix(value,0);
    SubMatrix b = new SubMatrix(value,1);
    SubMatrix c = a.mult(b); /* In-memory */
    context.write(new BlockID(key.get()),
    new BytesWritable(c.getBytes()));
}
INPUT: key, /* key by map task */
       value, /* value by map task */
       context /* IO interface (HBase) */
```

(续表)

算法 5.3 块方法伪代码

```
void reduce(BlockID key, Iterable<BytesWritable> values, Context context)  {
    SubMatrix s = null;
    for (BytesWritable value: values) {
        SubMatrix b = new SubMatrix(value);
        if (s = = null) s = b;
        else s = s.add(b);
    }
    context.write(…);
}
```

5.3.3 GPS

GPS(Graph Processing System,图形处理系统)是一个可扩展的、具有容错功能和易于执行大规模图算法的完全开源的系统[17],以下将对GPS系统进行介绍。

5.3.3.1 GPS概述

通过MapReduce框架以及它的开源实现Hadoop,来建立一个处理海量数据的系统已经变得非常容易。这些系统不仅提供了自动的可扩展性以应对超大规模数据,而且提供了自动容错能力,以及用于实现一些功能的简单编程接口。然而,这些系统并不总是适合于处理大规模图数据。如果有一个能够像MapReduce一样具有可扩展性、容错功能并且易于编程的面向大规模图数据处理的框架,那么它将具备很高的使用价值。Pregel系统就是为这个目的而开发的。受到Pregel的启发,Semih Salihoglu等人实现了一个开源系统GPS,用于大规模图数据处理。与Pregel系统相比,Giraph具有以下特点:

(1) 只有以顶点为中心的算法易于用Pregel提供的API实现,GPS提供的API进行了扩展,可以有效地实现包含一个或多个以顶点为中心的计算和全局计算相结合的算法。

(2) 与Pregel不同,GPS在计算的过程中可以通过在工作节点之间对图进行重新划分,来减少通信。

(3) GPS具有一个LALP(Large Adjacency List Partitioning,大邻接表分区)的优化机制,该机制可以在工作节点上对度数高的顶点的邻接表进行划分,这将进一步减少通信量。

GPS和Pregel的计算框架均是基于BSP模型。在开始计算的时候,图的顶点分布在工作节点上,计算过程由一系列超步的迭代组成。在每个超步,与MapReduce架构中的Map函数和Reduce函数类似,所有顶点都会并行地运行一个用户自定义的函数Vertex.compute()。在Vertex.compute()函数内部,每个顶点要做如下工作:更新自己的状态信息(可能是基于接收到的信息),向其他顶点发送下一次迭代所需的信息,设置一个标志变量以指明该顶点是否准备停止运算。在每个超步的最后阶段,所有的工作节点都必须在下一个超步开始之前完成同步操作。当所有的顶点结束运算时,迭代停止。和 Hadoop 相比,GPS 模型具有内在的迭代性,并且可以在计算的过程中将图数据保存在内存中,因此更适合于图计算。

在 Vertex. compute()函数中实现图计算,适合于一些特定的算法如 PageRank 算法、最短路径算法或寻找连通图算法,所有这些算法都完全可以用一种以顶点为中心的方式执行,因此可以并行运行。然而,一些算法是以顶点为中心和全局计算两种方式的结合,比如,k-means-like 图聚类算法由四个部分组成: ① 随机选择 k 个顶点作为"簇中心",用于整个图的全局计算;② 将每个顶点分配到一个簇中心,参与以顶点为中心的计算;③ 通过统计交叉簇中边的数量来评估簇的优度;④ 如果该簇的优度足够好,则停止全局计算,否则从①开始重新计算。GPS 可以通过指定主节点的方式在 Vertex. compute()函数中实现全局计算。然而,这种方法有两个问题: ① 主节点在一个超级步中执行全局计算的时候,所有其他顶点处于闲置状态,造成了资源的浪费。② Vertex. compute()函数中的代码变得难以理解,因为它既要包含所有顶点的公共部分,又要包含特殊顶点那一部分。为了使全局计算更容易更高效,GPS 用 master. compute()函数对 Pregel 提供的 API 进行了扩展。

和 Pregel 一样,在 GPS 中,不同工作节点上的顶点之间通过网络传递消息,除了 Master. compute()函数之外,GPS 中还有两个新的特征用于减少网络 I/O。第一,GPS 在计算过程中可以根据顶点的消息发送方式,在工作节点之间自动地对图的顶点进行重新划分,GPS 把那些相互间频繁发送消息的顶点放在同一工作节点上。第二,在许多图算法中,如 PageRank 算法和寻找连通图算法,每个顶点向它的相邻顶点发送相同的信息。比如位于工作节点 i 上的一个高维度的顶点 v 在工作节点 j 上有 1 000 个邻接顶点,则 v 在工作节点 i 和 j 之间发送 1 000 次相同的信息。GPS 提供的 LALP 优化机制可以将上述 1 000 条信息的发送量削减为 1 条。

在默认情况下,GPS 和 Pregel 将图的顶点随机地分配给工作节点。在这里需要探讨的一个 GPS 图分区问题是:如果在计算开始之前就将图的顶点智能地分配给工作节点,是否会提高一些算法的性能?比如对于 PageRank 算法,如果根据网页的域名进行划分,也就是说,所有具有相同域名的网页被划分到同一个工作节点上,在这种划分下 PageRank 算法的性能会有提高吗?如果在 PageRank、最短路径或其他算法运算之前,采用流行的 METIS 算法来对图的顶点进行划分,那么这些算法的性能会提高吗?使用 GPS 的动态划分策略,能进一步提高算法的性能吗?GPS 开发小组人员通过大量的实验表明,在某些环境下,上述答案都是肯定的;同时还发现,在使用一个精妙的划分方案时,维护计算节点之间的负载均衡并不容易,但对提高算法的性能是至关重要的。

5.3.3.2 GPS 系统

GPS 采用了 Pregel 中基于块同步处理的分布式消息传递模型。GPS 模型可以概括如下：GPS的输入是一个有向图，图中的每个顶点维护一个用户定义的值和一个用于指明该顶点是否处于活跃状态的标志Flag，图中的边可以带有权值，每一次迭代的计算过程称为一个超步，每个超步都在图中所有顶点均处于非活跃状态时才终止。在第i个超步中，每个处于活跃状态的顶点都并行地执行以下运算：① 接收在第i−1个超步中发送给本顶点的消息；② 修改顶点的值；③ 向图中的其他顶点发送消息并且决定是否将该顶点设置为非活跃状态。在第i个超步中由顶点u发送给顶点v的消息，在第i+1个超步中顶点v才可以使用。每个顶点的操作封装在Vertex. compute()函数中，该函数在每个超步中刚好执行一次。

1）总体架构

GPS的体系结构如图5-7所示。和Pregel一样，GPS有两种类型的计算部件元素：一个主节点和k个工作节点（W_0，…，W_{k-1}）。主节点负责维护节点标志和物理工作节点之间的映射关系。工作节点使用该映射的一个副本用于节点之间的通信。节点之间的通信采用Apache的MINA，它是一个基于java. nio的网络应用框架。GPS是用Java实现的。工作节点运行HDFS系统，这个系统主要用于存储持久数据，例如输入图和检查点文件。

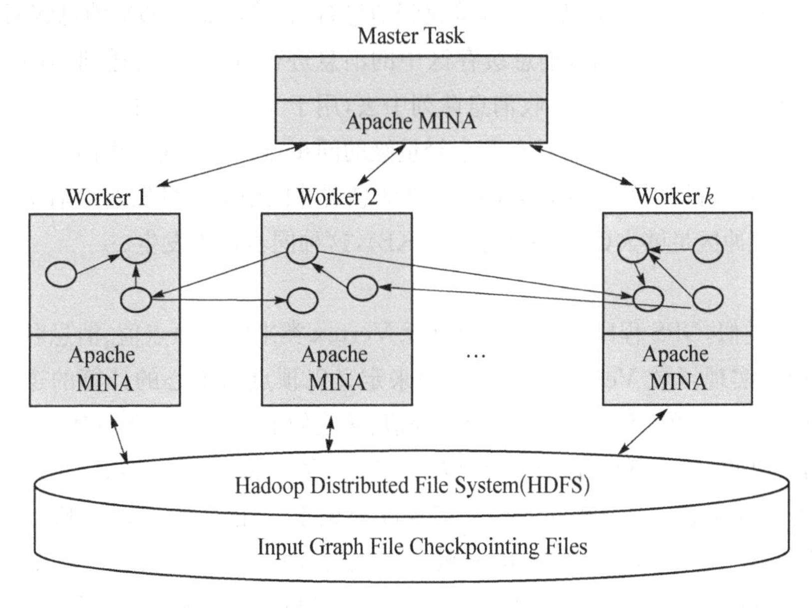

图5-7 GPS体系结构图

2）在工作节点输入分区图

输入图G是在HDFS文件系统中用一种简单的格式指定：每一行从顶点u的ID开始，紧随其后的是以u为出发点的各邻接顶点的ID，输入文件可以选择性地指定顶点值和边值。和Pregel一样，GPS使用简单的轮询方案，将图G的顶点u分配给工作节点$W_{(u \bmod k)}$。当使用更复杂的划分方案时，会先运行一个预处理步骤对各节点的ID进行划分，以使得轮询式划分方法能将节点的ID都分配到工作节点上去。GPS还支持在计算过程中选择性地在工作节点之间重新对图进行划分。

3）主节点和工作节点实现

主节点和工作节点的计算过程也与Pregel类似。主节点通过向工作节点发送指令来协调工作节点之间的工作，具体包含：① 开始解析输入文件；② 启动一个新的超步；③ 终止计算；④ 查询检查点的状态以进行容错。主节点等待所有工作节点的消息，并指导工作节点下一步要做什么，因此主节点也是超步之间工作节点同步的中心位置。在每个超步开始的时候，主节点也会调用Master. compute()函数。

工作节点会存储顶点的值、激活状态标志，并维护当前和下一个超步所需的消息队列。每个工作节点由三个“线程组”组成：

(1) 一个计算线程用于对工作节点中的顶点进行迭代操作，并在每个活跃的顶点执行Vertex. compute()函数。它为自己以及集群中的所有工作节点维护一个出边消息缓冲区。当缓冲区饱和后，它要么通过网络发送给MINA线程，要么直接传递给本地消息解析器线程。

(2) MINA线程用于发送和接收消息缓冲区中的消息，也用于简单地协调主节点和工作节点之间的消息。当一个消息缓冲区接收到消息时，它将消息传递给消息解析器线程。

(3) 消息解析器线程对输入消息缓存区中的消息进行解析，将发送到不同顶点的消息分离，并将消息放到相应顶点的接收消息队列中去，用于下一个超步中。

这种线程结构的优势之一是只有两个轻量级的同步点：计算线程将消息缓存区中的消息直接发送给消息解析器线程时，和MINA将消息缓冲区中的消息发送给消息解析器线程时。由于消息缓冲区足够大(默认大小为100KB)，这种同步很少发生。

4）API

与Pregel类似，GPS程序员可以通过继承Vertex类来定义顶点值、消息和可选项边值类型，可以通过实现函数Vertex. compute()来定义以顶点为中心的计算的逻辑关系。在Vertex. compute()函数内部，可以访问顶点的值、接收的消息和一个全局对象的Map操作。全局对象用于协调主节点和工作节点之间的消息、数据共享和统计汇总。在每一个超步的开始，每个工作节点都有一个相同的全局对象映射副本。在一个超步中，顶点可以更新工作节点本地映射的对象，在超步结束的时候，主节点会使用一个由用户自定义的Merge函数对这些对象进行合并。当计算结束后，一个顶点可以通过调用API中的VoteToHalt()函数声明自身处于不活跃状态。

可以完全用以顶点为中心的方式表示的算法很容易使用GSP提供的API实现，下面通过两个具体的例子来进行说明。

HCC是从一个有向图中寻找弱连通子图的算法。该算法中每个顶点首先将自身的值设置为它的ID值，然后，在迭代过程中，顶点的值设置为它的邻节点和它当前值中的最小值。当顶点值收敛时，每个顶点v的值是它所属的节点中具有最小ID的顶点，这些值可以用来确定最弱连通子图。HCC 可以很容易地利用 Vertex. compute()函数来实现，如算法 5.4 所示。

算法 5.4 寻找连通子图

```
class HCCVertex extends Vertex<IntWritable, IntWritable> {
@Override
void compute(Iterable<IntWritable> messages,
int superstepNo) {
if (superstepNo = = 1) {
setValue(new IntWritable(getId()));
sendMessages(getNeighborIds(), getValue());
} else{
int minValue = getValue().value();
for (IntWritable message: messages){
if (message.value() < minValue) {
minValue = message.value(); }}
if (minValue < getValue().value()) {
setValue(new IntWritable(minValue));
sendMessages(getNeighborIds(), getValue());
} else{
voteToHalt(); }}}}
```

考虑简单的 k-means 图聚类算法，并在算法 5.5 中列出。该算法有两个 Vertex-centric 部分：

(1) 分配每个顶点到最接近的聚类中心(算法 5.5 第 5 行)，这个过程是由算法从单源最短路径的简单扩展中寻找。

(2) 数集群交叉边(算法 5.5 第 6 行)的数量。

算法 5.5 简单的 k-means 图聚类

```
Input: undirected G(V, E), k,T
int numEdgesCrossing = INF;
while (numEdgesCrossing >T)
int [] clusterCenters = pickKRandomClusterCenters(G)
assignEachVertexToClosestClusterCenter(G, clusterCenters)
numEdgesCrossing = countNumEdgesCrossingClusters(G)
```

现在考虑算法 5.5 中的第 2 行和第 3 行：检查最新簇的结果和确定是否达到阈值或者选择新的簇中心。利用前面提到过的 API，必须把这种逻辑放到 Vertex. compute()函数内,并指派一个主节点来做这件事情。因此,在While循环的每次迭代中,在某个顶点用一个超步来完成这种非常短暂的计算,全局对象仅仅用于存储值,而不用于这种计算。

5.3.4 Giraph

5.3.4.1 概述

Giraph是Apache的一个开源项目[18],是一个迭代的图处理系统。一个Giraph计算可以作为一个Hadoop作业运行,因此任何已有的Hadoop用户可以立即从Giraph中受益。Giraph的工作节点使用Zookeeper选择一个主节点来协调计算。当图在工作节点上载入和划分后,主节点负责决定工作节点启动超步计算的时间。一旦计算终止,工作节点会保存输出数据。检查点的时间间隔由用户自定义,当一个工作节点失效后会自动重启应用程序。任何一个工作节点都可以当作主节点,当主节点失效之后,一个工作节点将自动接管失效主节点的所有工作。

Giraph提供了一些机制用来帮助实现一些大规模的图算法。可以从任何输入源输入顶点和边,同时可以支持多种Hadoop和Hive表的输入格式。聚合器(Aggregators)程序可用于计算各个顶点所提供数据的一个全局值。默认情况下,顶点的值、边的值和消息都存储在工作节点的内存中,也可以选择存储在磁盘上,比如在内存有限但磁盘空间足够的Hadoop集群下。

5.3.4.2 运行机制

一个Giraph计算的输入是一个由顶点和有向边组成的图(图5-8)。例如,一个顶点可以表示一个人,边可以表示朋友之间的请求。每个顶点和边均存储一个值。因此,输入不仅决定了图的拓扑结构,也决定了顶点和边的初始值。作为一个例子,考虑一个社会网络图中用来发现从预先定义的人到任何人之间距离的计算。在这个计算中,每条边的值是一个浮点数,代表相邻的人之间的距离。一个顶点v的值也是一个浮点数,代表一个预定义的顶点s到v的最短路径距离。预定义的源点s的初始值为0,任何其他顶点的初始值是无穷大。

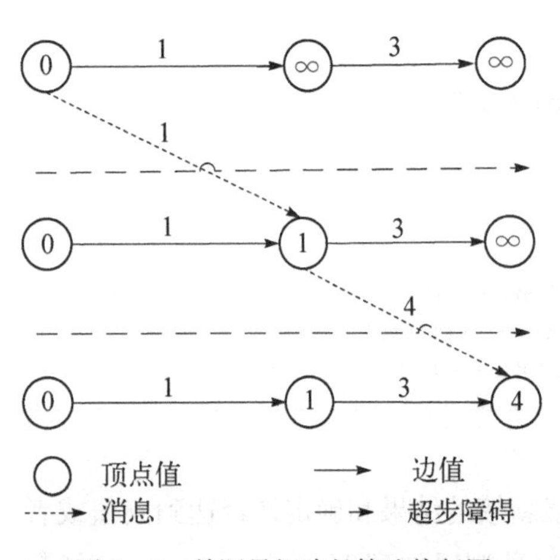

图5-8 单源最短路径算法执行图

图5-8是一个单源最短路径算法在Giraph上的执行说明。输入是一个具有三个顶点和两条边的图链,边的值分别为1和3。该算法用来计算最左边的顶点到别的顶点的距离。顶点的初始值是0、无穷大和无穷大(第一行)。距离上界以消息的形式发送,导致顶点值的更新(连续往下排),连续持续三步。

Giraph计算过程为一系列的迭代，每次迭代称为一个超步。最初，每个顶点都是活跃的。在每个超步，每一个活跃顶点调用用户提供的计算方法，这种方法实现了图算法，将在输入图中执行。

Giraph计算方法可以表示为：

(1) 接收在上一个超步中发送给该顶点的消息；

(2) 使用接收到的消息、顶点和出边的值进行计算，这可能导致顶点值的修改；

(3) 发送消息到别的顶点。

计算方法不能直接访问其他顶点和它们出边的值，顶点之间通过发送消息进行通信。

在单源最短路径的例子中，一个计算方法将：① 每个顶点找出其接收到的消息的最小值；② 如果该值小于顶点的当前值；③ 最小值将作为顶点的值；④ 该值加上边的值将沿着每个出边发送出去。下面是一个简单地用Java实现的代码。

算法 5.6 单源最短路径

```
public void compute(Iterable<DoubleWritable> messages) {
double minDist = Double.MAX_VALUE;
for (DoubleWritable message: messages) {
minDist = Math.min(minDist, message.get());
    }
if (minDist < getValue().get()) {
setValue(new DoubleWritable(minDist));
for (Edge<LongWritable, FloatWritable> edge: getEdges()) {
double distance = minDist + edge.getValue().get();
sendMessage(edge.getTargetVertexId(), new DoubleWritable(distance));
      }
    }
voteToHalt();
  }
```

算法5.6是一个单源最短路径计算的计算方法，该方法计算到达消息的最小距离且沿着每条边发送距离消息。图中的每个顶点在每个超步中执行这个方法。

连续的超步之间存在一个路障，这意味着：① 任何当前超步发送的消息，仅在下一个超步才可以被目标顶点使用；② 每个顶点完成当前超步的计算后才可以开始下一个超步的计算。

图可以在计算过程中通过添加或者删除顶点或边发生改变。例子中最短路径算法的图没有发生改变。

顶点的值在跨过路障后会保留，也就是说，当图的拓扑结构没有改变时，任何顶点或边在一个超步开始的时候的值等于在上一个超步末端相对应顶点或边的值。例如，当一个顶点已经设定距离上界为D,那么在下一个超步开始的时候,距离的上界将仍然是D。当然,在任何超步中,顶点和出边的值可以修改。任何顶点可以在任何超步之后停止计算,只需将自身设置为非活跃状态即可。然而,任何输入的消息可以使处于不活跃状态的顶点再次处于活跃状态。当顶点选择终止且没有消息传递时,Giraph计算将终止,每个顶点输出一些本地的信息,这些信息通常就是最终顶点的值。

Giraph应用从存储(通常是分布式)设备读取输入数据,运行一系列计算超步,然后写回输出。输入数据包含一个图的表示,通常在顶点和边上有一些元数据。输出数据通常包含顶点的最终值,也可以包含图本身,但图可能已被修改。例如,在一个标准的PageRank算法实现中,输入包含图的边,输出包含所有顶点最终的PageRank值。Giraph本身不指定一个特定的存储格式。相反地,用户实现一个通用的API,该API将可以在用户选择的数据类型和Giraph主类(顶点和边)之间转换。

◇参◇考◇文◇献◇

[1] Leslie G Valiant. A bridging model for parallel computation [J]. Communications of the ACM, 1990, 33(8): 103-11.

[2] Martin Beran. Decomposable bulk synchronous parallel computers[C]. Proceedings of the 26th Conference on Current Trends in Theory and Practice of Informatics on Theory and Practice of Informatics, 1999: 349-359.

[3] Pilar de la Torre, Clyde P Kruskal. Submachine locality in the bulk synchronous setting[C]. Proceedings of the Eurpo-Par Parallel Processing, 1996: 352-358.

[4] Alexandre Tiskin. The bulk-synchronous parallel random access machine[J]. Theoretical Computer Science, 1998, 196(1-2): 109-130.

[5] F de Sande, C León, C Rodríguez, et al. Nested bulk synchronous parallel computing [C]. Proceedings of the 6th European PVM/MPI Users' Group Meeting, 1999: 189-196.

[6] Rodrigo da Rosa Righi, La'ercio Pilla, Alexandre Carissimi, et al. MigBSP: a novel migration model for bulk-synchronous parallel processes rescheduling[C]. Proceedings of the 11th IEEE International Conference on High Performance Computing and Communications, 2009: 585-590.

[7] Bonorden, Olaf. Load balancing in the bulk-synchronous-parallel setting using process migrations [C]. Proceedings of the 21st International Parallel and Distributed Processing Symposium, 2007: 1-9.

[8] Mohan V Nibhanupudi, Boleslaw K Szymanski. Adaptive parallelism in the Bulksynchronous

Parallel model [C]. Proceedings of the Second International Euro-Par Conference on Parallel Processing, 1996: 311 - 318.

[9] Tiffani L Williams, Rebecca J Parsons. The heterogeneous bulk synchronous parallel model[C]. Proceedings of the 2000 IEEE International on Parallel and Distributed Processing Symposium, 2000: 102 - 108.

[10] Ben H H Juurlink, Harry A G Wijshoff. The E - BSP model: incorporating general locality and unbalanced communication into the BSP model[C]. Proceedings of the Second International Euro-Par Conference on Parallel Processing, 1996: 339 - 347.

[11] Alexandre Tiskin. The bulk-synchronous parallel random access machine[J]. Theoretical Computer Science, 1998, 196(1 - 2): 109 - 130.

[12] Leslie G Valiant. A bridging model for multi-core computing[C]. Proceedings of the 16th Annual European Symposium on Algorithms, 2008: 13 - 28.

[13] Noman Javed, Frédéric Loulergue. OSL: optimized bulk synchronous parallel skeletons on distributed arrays[C]. Proceedings of the 8th International Symposium on Advanced Parallel Processing Technologies, 2009: 436 - 451.

[14] Liu Xiaodong, Tong Weiqin, Zhiren, et al. BSPCloud: a hybrid distributed-memory and shared-memory programming model[J]. International Journal of Grid and Distributed Computing, 2013, 6(1): 87 - 98.

[15] Grzegorz Malewicz, Matthew H Austern, Aart J C Bik, et al. Pregel: a system for large-scale graph processing[C]. Proceedings of the 2010 ACM SIGMOD International Conference on Management of Data, 2010: 135 - 146.

[16] Sangwon Seo, Edward J Yoon, Jaehong Kim. HAMA: an efficient matrix computation with the MapReduce framework[C]. Proceedings of the Second International Conference on Cloud Computing Technology and Science, 2010: 721 - 726.

[17] Semih Salihoglu, Jennifer Widom. GPS: a graph processing system[C]. Proceedings of the 25th International Conference on Scientific and Statistical Database Management, 2013: 1 - 12.

[18] Giraph[EB/OL]. http://incubator.apache.org/giraph/.

[19] Hama[EB/OL]. http://hama.apache.org/.

[20] Michael Isard, Mihai Budiu, Yuan Yu, et al. Dryad: distributed data-parallel programs from sequential building blocks[C]. Proceedings of the 2nd ACM SIGOPS/EuroSys European Conference on Computer Systems, 2007: 59 - 72.

第6章

Dryad 模型

Dryad 是 Michael Isard 等人为处理海量数据而提出的一种分布式执行引擎[1-2]，它被用于帮助缺乏并行编程经验的开发人员在.Net 平台上编写高效的、大规模的分布式并行应用程序。本章主要介绍 Dryad 的原理、执行机制以及基于 Dryad 的执行引擎。

6.1　Dryad 简介

Dryad 专注于简化编程模型以及改善应用程序的可用性、有效性和可扩展性。如图 6-1 所示，Dryad 构建在集群服务（Cluster Services）和分布式文件系统（Cosmos[3] 或 CIFS/NTFS）之上，可以处理任务的创建、执行、资源管理、任务状态追踪、监控、可视化、容错以及任务调度等工作。与其他分布式计算平台不同，Dryad 具有良好的伸缩性，能够应用于单台多核计算机、计算机集群，以及由成千上万台计算机组成的数据中心。

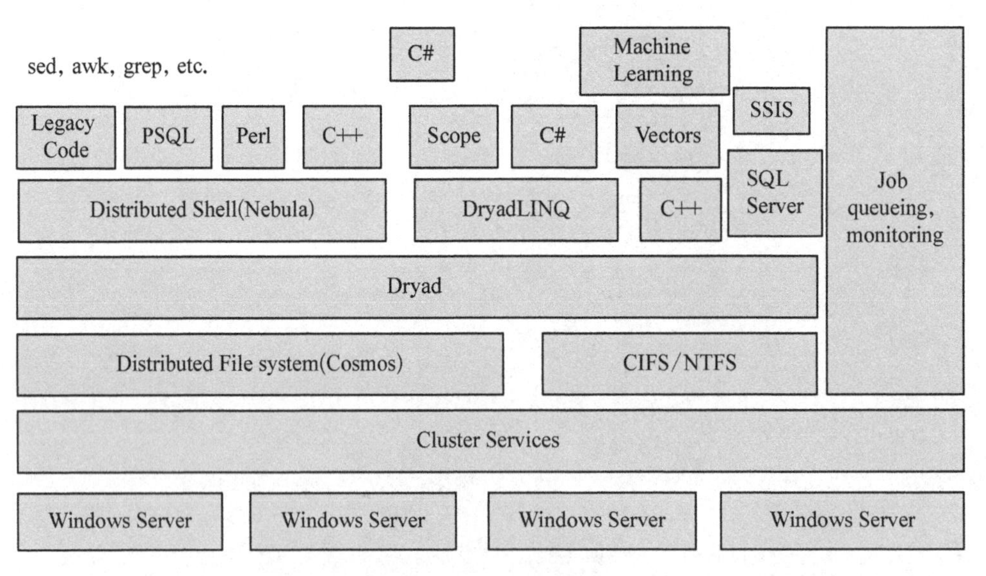

图 6-1　Dryad 技术架构

6.1.1　Dryad 系统概述

Dryad 系统主要用来构建能够用有向无环图（Directed Acycline Graph，DAG）描述的并行程序，根据程序的要求进行任务调度，自动完成任务在各个节点上的运行。在 Dryad

平台上，每个任务或并行计算过程都可以表示为一个有向无环图。图 6－2 中的每个节点表示一个执行的程序，节点之间的边表示数据通道中数据的传输，采用文件、TCP、管道或共享内存等方式进行传输。

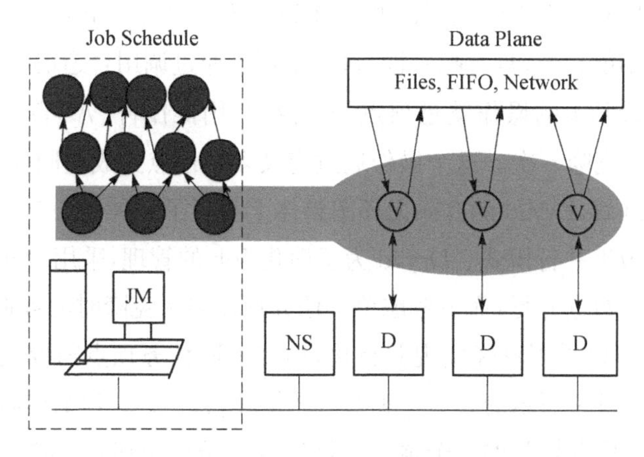

图 6－2　Dryad 系统架构

如图 6－2 所示，Dryad 系统构架主要包含以下几个组成部分：

（1）任务管理器(Job Manager, JM)。用于控制任务的执行，将一个任务实例化为有向无环图，并将作业分配到集群上的计算节点，监控各个节点的执行情况并收集一些信息，同时通过重新执行的方式来提供容错功能，并且能够根据用户配置的策略动态地调整工作图。

（2）集群(Cluster)。指部署 Dryad 架构的分布式集群。

（3）命名服务器(Name Server, NS)。命名服务器持有集群中所有可用节点的信息，以及每个节点的网络拓扑结构，为任务管理器中任务的分配提供依据。

（4）守护进程(PDaemon, PD)。守护进程是运行在集群中每个节点上的简单进程，负责在任务管理器实例化的节点上创建进程。当任务第一次执行时，它的数据会从任务管理器传输给守护进程，然后从缓存中执行。守护进程作为一个代理，便于任务管理器可以通过它监控任务在节点中的运行状况。

使用 Dryad 平台时，首先需要在任务节点上建立自己的任务，每个任务由一些处理过程以及在这些处理过程之间的数据传输组成。任务管理器获取有向无环图之后，便会在程序的输入通道进行准备，从命名服务器那里获得一个可用的计算机列表，当有可用机器的时候，通过节点机上的守护进程来调度这个程序。

6.1.2　Dryad 图描述

Dryad 通过使用一门简单的语言，可以很容易地指定常用通信方法。目前它主要是采取嵌入 C＋＋库的形式(混合的方法调用和操作符重载)。

图通过子图组合的方式创建，所有对图的操作都必须保证最终生成的图是无环图。在图中，一个顶点的输入输出边是有序的，一条边连接一对顶点的特定端口。因此，一对给定的顶点可能连接着多条边。对图的操作主要包括：创建新的顶点、添加图的边和合并图。

有向无环图中所有顶点上的程序都继承自 Dryad 库中的一个 C++基类，每一个顶点上的程序的程序名不能相同，具有唯一性，每一个顶点通过调用合适的静态工厂方法创建。

有向无环图中最基本的操作就是顶点的克隆[4]，用操作符“∧”表示，如图 6-3a、b 所示，分别将 A、B 顶点克隆 n 次。这个操作通过定义多个顶点完成相同任务来实现 Dryad 程序的并行化。不难理解，Dryad 的有向无环图整体上实现了一种任务并行模式，而每一个任务在局部上则采用数据并行模式。Dryad 为了简化 Job 的管理，采用“Job Stages”来描述单一 Job 的多个任务的数据并行，而不考虑单一任务顶点多次克隆时的数据并行。

单一任务顶点可以采用克隆实现并行化，但当不同任务顶点需要通信时，则需要使用如图 6-3c 和图 6-3d 中所示的“>=”和“>>”操作符。“>>”操作符用于构建完成二部图（即图中 A 的每个顶点与 B 的每个顶点有且仅有一条边相连）。而“>=”操作则会根据

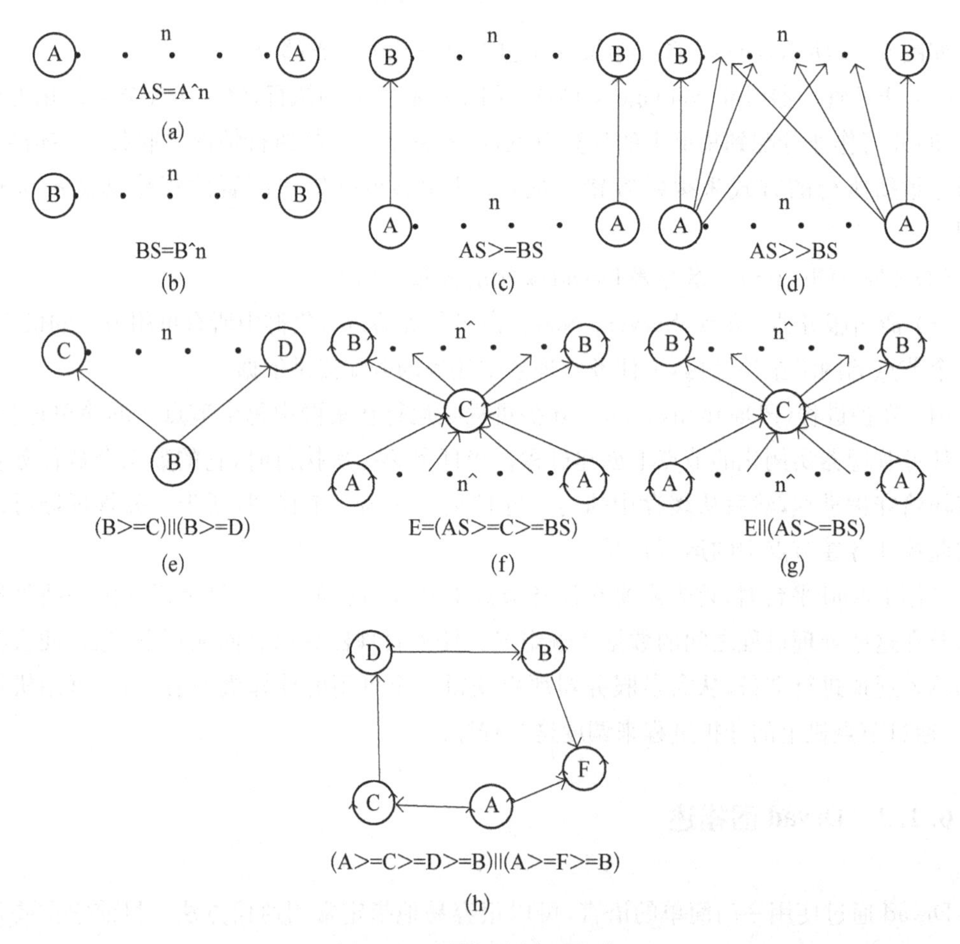

图 6-3 图描述语言的操作

A、B 任务克隆的顶点数决定实际产生的有向无环图。若 A、B 克隆顶点数相等，即|OA|=|IB|，则将所有 A 顶点的输出以循环方式作为 B 顶点的输入，比如图 6 - 3f 中任务 A、C 所示。

另外一个比较重要的操作就是“||”，如图 6 - 3e、g、h 所示，通过将简单的图合并成新图，用于提升 Dryad 的灵活性。图 6 - 3h 使用合并操作来实现 Fork/Join、管道传输等通信模式。

6.1.3 Dryad 执行机制

Dryad 的执行过程可以看作一个二维管道流的处理过程，其中每个节点可以执行多个程序，这种方法可以处理大规模数据。在每个节点进程(Vertices Processes)上都有一个处理程序在运行，并且通过数据管道(Channels)的方式在它们之间传送数据。二维的 Dryad 管道模型通过定义一系列操作来动态地建立并且改变这个有向无环图。这些操作包括建立新节点、在节点之间加入边、合并两个图以及对任务的输入和输出进行处理等。

网站或系统经常会出现无法承载大规模用户并发访问的问题[5]。解决该问题的传统方法是使用数据库，通过数据库所提供的访问操作接口来保证处理复杂查询的能力。例如当访问量增大，单数据库处理不过来时便增加数据库服务器。假设选择增加三台服务器，再把用户分成三类：A(学生)、B(老师)、C(工程师)。每次访问时先查看用户属于哪一类，然后直接访问存储那类用户数据的数据库，则可将处理能力增加 3 倍，这个例子实现了一个分布式的存储引擎过程。

可以通过 Dryad 分布式平台来解决云存储扩容困难的问题。在上一个例子中如果这三台服务器也承载了很大的数据要求，则需要增加到五台服务器，那必须更改分类方法把用户分成五类，然后重新迁移已经存在的数据，这时候就需要非常大的迁移工作，这种方法显然不可取。另外，当群集服务器进行分布式计算时，每个资源节点处理能力可能有所不同(例如采用不同硬件配置的服务器)，如果只是简单地把机器直接分布上去，性能高的机器得不到充分利用，性能低的机器处理不过来。Dryad 解决此问题的方法是采用虚节点，把上面的 A、B、C 三类用户都想象成一个逻辑上的节点。一台真实的物理节点根据其性能可以创建一个或者几个虚节点(逻辑节点)。视机器的性能而定。而一个任务程序可以分成 Q 等份(每一个等份就是一个虚节点)，这个 Q 要远大于资源数。现在假设有 S 个资源，那么每个资源就承担 Q/S 个等份。当一个资源节点离开系统时，它所负责的等份要重新均分到其他资源节点上；当一个新节点加入时，要从其他的节点“偷取”一定数额的等份。

在这个策略的建模算法下，当一个节点离开系统时，虽然需要影响到很多节点，但是迁移的数据总量只是离开那个节点的数据量。同样，一个新节点的加入，迁移的数据总量也只是一个新节点的数据量。之所以有这个效果是因为 Q 的存在，使得增加和减少节点的时候不需要对已有的数据作重新哈希(D)。这个策略的要求是 Q>>S(存储备份上，假设每个数据存储N个备份则要满足Q>>S∗N)。如果业务快速发展，使得不断地增加主机，从而导致Q不再满足Q>>S，那么这个策略将重新变化。

Dryad算法模型就是一种简化并行计算的编程模型，它向上层用户提供接口，屏蔽了并行计算特别是分布式处理的诸多细节问题，让那些没有多少并行计算经验的开发人员也可以很方便地开发并行应用，避免很多重复工作。这也就是Dryad算法模型的价值所在，通过简化编程模型，降低了开发并行应用的入门门槛，并且大大地减轻了工程师在开发大规模数据应用时的负担。

由上述，可以看到Dryad通过一个有向无环图的策略建模算法，提供给用户一个比较清晰的编程框架。在这个编程框架下，用户需要将自己的应用程序表达为有向无环图的形式，节点程序则编写为串行程序的形式，而后用Dryad将程序组织起来。用户不需要考虑分布式系统中关于节点的选择。节点与通信的故障处理方法都简单明确，嵌在Dryad框架内部，满足了分布式程序的可扩展性、可靠性和对性能的要求。DryadLINQ可以根据工程师给出的LINQ查询生成可以在Dryad引擎上执行的分布式策略算法来建模(运算规则)，并负责任务的自动并行处理及数据传递时所需要的序列化等操作。此外，它还提供了一系列易于使用的高级特性，如强类型数据、Visual Studio集成调试以及丰富的任务优化策略(规则)算法等。这种模型策略开发框架也比较适合采用领域驱动开发设计(DDD)来构建“云”平台应用，并能够较容易地做到自动化分布式计算。

6.2 SCOPE脚本语言

SCOPE是运行在Dryad平台上的一种声明式的、可扩展的脚本语言，由它编写的脚本程序会作为一个任务提交到Cosmos执行环境，SCOPE帮助应用程序在集群上高效地并行执行。如今提供云计算服务的公司越来越需要存储和分析海量数据集，如搜索日志和点击流。由于成本和性能的原因，典型的做法是在大型集群上进行处理。当务之急是开发出一个隐藏底层系统的复杂性，并且允许用户扩展功能以满足各种需求的灵活的编程模型。

数据分析在众多方面越来越具有价值，例如提高服务质量、支持新颖功能、探索随时间变化模式以及辨别欺诈行为等。由于数据集容量过大导致传统的并行数据库处理方法使用成本过高，为了在符合成本效益的前提下完成网络规模的数据分析，一些公司在大型无共享服务器集群中研发了分布式数据存储和处理系统，包括GFS、Bigtable、MapReduce、Hadoop、Pig、Neptune以及Dryad等。由于典型的集群系统通过高速宽带网络连接成千上万台商业机器，所以设计一种能高效使用集群中的所有资源，在最大程度上实现并行，并且易于编写的编程模型是一种挑战。

MapReduce编程模型在计算机集群中提出了一组分组和聚合操作的抽象。编程人员提供一个映射函数实现分类，使用规约函数实现聚类。底层的运行时系统通过数据划分，然后同时在多台机器上运行不同的数据块来实现并行处理。

但是，这种模型存在一定的局限性，如用户不得不将其应用映射到 MapReduce 模型中，才能进行并行处理，而一些应用非常不适用于这种映射操作。即使是一些简单的操作，用户都必须提供 Map 方法和 Reduce 方法来实现，这些自定义代码容易出错且几乎不能重复使用。对于复杂的应用可能需要多重映射，这会产生如何验证评价策略以及执行次序的问题。用户提供 Map 方法和 Reduce 方法的实现，对用户有较高的要求，如果所采用的方法不是最优的，那么就可能导致性能呈量级下降。

SCOPE 是一种针对大规模数据分析的脚本语言。由于许多用户已经熟悉了关系型数据库和结构化查询语言，SCOPE 就是建立在此基础上并作了一定的简化来适用于新的执行环境。熟悉 SQL 的用户能够快速熟练地运用 SCOPE。SCOPE 运行时提供了许多标准物理操作的实现，用户能有效地避免使用重复的操作。除一些辅助命令外，所有的命令都是数据转化操作。在实际应用中，SCOPE 用于对大量的数据进行分析以及数据挖掘。SCOPE 是一种说明性语言，它允许用户关注解决问题所需的数据转换，隐藏了底层平台的复杂性和实现细节。SCOPE 的编译器和解释器负责产生高效的执行计划并且将在运行时的执行开销降到最低。SCOPE 支持高度可扩展，用户可以根据需要自定义函数来实现一些操作，例如解析操作、处理方法、规约操作以及组合操作等。这种灵活性很大程度上拓展了 SCOPE 语言的应用范围，允许用户解决一些传统 SQL 方法不易解决的问题。SCOPE 提供的一项功能类似于 SQL 中的视图。这个特点极大地增强了 SCOPE 语言的模块化和代码的可重用性，也可以用于限制对敏感数据的访问。SCOPE 支持使用传统的嵌套 SQL 表达式或者一系列简单的数据转换来编写程序。常常将计算过程想象成一系列步骤的程序员通常更倾向于后一种风格。下面通过一个 QCount 查询的例子来说明 SCOPE 的使用范围。

QCount 查询操作用来计算关键字的搜索频率，即查询关键字出现的次数。QCount 查询有若干个变量，例如，一个 QCount 查询只返回前 N 个使用频率最高的查询，或者只返回出现次数超过 M 次的查询。然而，所有的 QCount 查询都包括在一个大的数据集上的一些简单聚合操作以及一些筛选条件之中。

在这个例子中，需要在搜索日志中找出点击率至少达到 1 000 次的热门搜索。使用 SCOPE 来表达是非常简单的，如下所示：

```
SELECT query, COUNT( * ) AS count FROM "search.log" USING LogExtractor
GROUP BY query HAVING count > 1000 ORDER BY count DESC;
OUTPUT TO "qcount.result";
```

这个筛选命令与 SQL 中的筛选命令非常相似，它使用一个内置的日志解析器来解析每个日志记录和获取所请求的列。默认情况下，一个命令将前一个命令的输出作为它的输入。在这种情况下，输出命令将筛选结果写到文件“qcount. result”中。

同样的查询在 SCOPE 中也可写成逐步计算的形式，如下所示：

```
e = EXTRACT query FROM "search.log"USING LogExtractor;
s1 = SELECT query, COUNT(*) as count FROM e GROUP BY query;
s2 = SELECT query, count FROM s1 WHERE count > 1000;
s3 = SELECT query, count FROM s2 ORDER BY count DESC;
OUTPUT s3 TO "qcount.result";
```

这个脚本也非常容易理解。提取命令表示的是从日志文件中提取所有的需要查询的字符串。第一个筛选命令表示的是计算每个查询字符串出现的次数。第二个筛选命令表示的是只保留那些出现次数大于1 000的行。第三个筛选命令表示的是根据出现次数的大小对保留的行进行排列。最终,由输出命令将筛选结果写到文件"qcount. result"中。

在脚本的执行过程中,用户都不需要进行任何操作,也不用关心如何在大型的集群中高效执行查询操作。SCOPE编译器和解释器负责将脚本转换为一个高效、并行的执行计划。

6.3 DryadLINQ

DryadLINQ是一个把LINQ程序转化为分布式计算指令,以便运行于Dryad的编译器。DryadLINQ也可以说是一种分布式编程语言[6]。由DryadLINQ语言编写的程序通过编译器转化后在Dryad平台上执行。它通过两种方式对执行环境(如SQL、MapReduce、Dryad)进行扩展,一种是通过强类型的.NET对象来表达数据模型,另一种是通过高级编程语言在数据集中进行命令式编程和声明式操作。DryadLINQ的设计目标是通过提供一种高级语言接口,使开发人员能够轻易地编写在大规模集群上运行的分布式应用程序。DryadLINQ结合了Dryad和LINQ两种关键技术。

DryadLINQ程序是一个由LINQ表达式组成的串行程序,可以在.NET开发工具中开发和调试。DryadLINQ保留了LINQ编程模型,并扩展了少量新操作符和数据类型以便于更好地适用于数据并行编程。DryadLINQ系统自动和透明地将并行数据转化成分布式执行计划并把它提交到Dryad执行平台。

1) DryadLINQ特点[7]

(1) 声明式编程。使用类似SQL的高级语言来表达计算。

(2) 自动并行化。DryadLINQ编译器将串行的声明式代码,转化为在大规模集群中高度并行的查询计划。

(3) 集成Visual Studio。在DryadLINQ中,使用者可以充分利用Visual Studio中的组件,例如智能提示、代码重构、集成调试、源代码管理等。

(4) 集成.NET。所有的.NET类库,包括Visual Basic和动态语言都可以自由使用。

(5) 类型安全。在分布式计算中,会进行静态类型检查。

(6) 自动序列化。自动处理数据传输机制中的所有.NET 对象类型。

(7) 作业图的优化。通过在查询计划中使用一组静态查询优化规则，可以使查询计划具有更好的局部性和更好的性能。同时，对已处理完的数据集进行统计，可以作为查询计划优化的依据。

(8) 简洁。在 DryadLINQ 程序中，因为不用考虑集群情况，所以 DryadLINQ 程序和普通程序一样简洁，而不用采用类似 MapReduce 中的编程框架。

2) DryadLINQ 执行流程

DryadLINQ 采用分层技术使开发人员在 DryadLINQ 编程环境中能够编写健壮的、高效的分布式应用程序[8]。其执行流程如图 6-4 所示，详述如下：

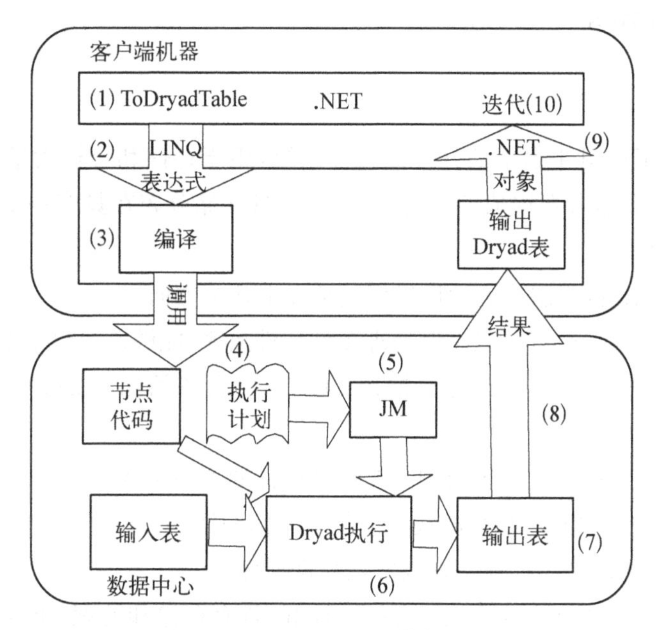

图 6-4 DryadLINQ 执行流程

(1) 一个.NET 用户应用程序的执行。它先创建一个 DryadLINQ 表达式对象，由于 LINQ 的延迟，不会发生 DryadLINQ 表达式的执行。

(2) 应用程序通过调用 ToDryadTable 来触发数据并行执行。然后将 LINQ 表达式对象交付给 DryadLINQ。

(3) DryadLINQ 编译 LINQ 表达式，生成一个能够在 Dryad 引擎上执行的执行计划。编译执行：将表达式分解成能够在 Dryad 顶点上单独运行的子表达式；为远程 Dryad 顶点生成代码和静态数据；为所需的数据类型生成序列化代码。

(4) DryadLINQ 调用 Dryad 任务管理器。任务管理器的执行可能在集群防火墙之后。

(5) 任务管理器将第(3)步中的执行计划生成作业图的形式。它根据集群中的可用资源，将作业图上的节点实例化到集群的节点上。

(6) 每一个 Dryad 节点运行由第(3)步生成的序列化代码。

(7) Dryad 作业成功执行完成后，将数据写入输出表中。

(8) 当任务管理器进程终止后，它将控制权交给 DryadLINQ。DryadLINQ 创建本地 DryadTable 对象来封装执行结果，因为这些对象有可能在用户程序中作为输入数据。当 DryadTable 中的数据对象确定不会被引用时，它会被写入本地文件。

(9) 将控制器交给用户应用程序。在 DryadTable 中的迭代器接口允许用户读取它的内容作为.NET 对象。

(10) 应用程序可能会生成后续的 DryadLINQ 表达式，通过重复第(2)～(9)步来执行。

6.4 Cosmos

Cosmos 作为 Dryad 平台下的分布式文件系统，用于存储和分析大量数据集。Cosmos 运行在由成千上万台服务器组成的大型集群上，磁盘存储分布在具有一个或多个直接附加磁盘的服务器集群上。

对于 Cosmos 来说，高层次的设计目标包括以下几个方面[9]：

(1) 高可用性。Cosmos 可以有效处理多种硬件故障，能够避免整个系统瘫痪。文件数据在整个系统中多次备份，文件元数据由 2f+1 个服务器组成的仲裁集管理，这使得 Cosmos 容许 f 个故障。

(2) 高可靠性。Cosmos 系统架构能够识别硬件的不稳定状态，以避免损坏系统。系统组件在端到端进行校验和检查，并把恢复机制应用到崩溃的故障组件中。保存在磁盘上的数据在被系统使用之前会定期地检查以发现数据损坏。

(3) 高可扩展性。Cosmos 系统的可扩展性好，具有存储和处理 PB 级数据的能力。存储和计算能力可以方便地通过增加集群中的服务器来提高。

(4) 性能。Cosmos 在几千个独立服务器组成的集群上运行，数据分散在各个服务器上。作业被分解成小的计算单元，分布在大量 CPU 和存储设备中，能显著减少作业完成时间。

(5) 开销。对于解决相同的问题，就成本而言，相对传统方式，建立、管理和扩展 Cosmos 系统要低很多。解决这种大规模计算问题，购买大量低成本服务器比起买数量略少但是价格昂贵的高性能服务器要更经济。

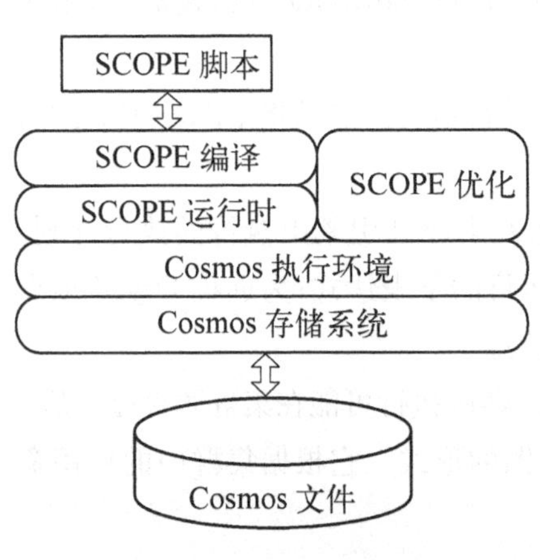

图 6-5 Cosmos 架构图

图 6-5 所示的 Cosmos 平台主要包括以下组件：Cosmos 存储层、Cosmos 执行环境和 SCOPE。

(1) Cosmos 存储层。一种分布式存储子系统,设计目标是可靠并且能够高效地存储超大序列化文件。

(2) Cosmos 执行环境。一个部署、执行和调试分布式应用的环境。

(3) SCOPE。一种用于编写数据分析程序的高级脚本语言。SCOPE 的编译器和解释器将脚本转化为高效的并行执行方案。

6.4.1 Cosmos 存储系统

Cosmos 存储系统能够存储 PB 级的数据,并且只支持添加操作,即更新数据时只能在文件后面追加新的内容,而不能修改已有内容。该系统针对 I/O 进行了优化,能够高效地处理超大流文件的 I/O 操作。在这个系统中,数据通过分布式存储并多次备份来提高容错能力。并且 Cosmos 对数据进行压缩以节省容量,能有效地提高 I/O 的吞吐率。

一个 Cosmos 存储系统提供多层命名空间,可以存储超大序列化文件。文件在物理上由一系列的存储块组成,存储块是最小的分配单元,通常大小为几百 MB。一个计算单元通常需要较少的存储块,为了保证可靠性需要对存储块进行冗余备份,并定期检查以防止位错误。

一个存储块内的数据由一系列的附加块组成。块的边界由应用程序定义。附加块通常为几个 MB,包含一个应用程序定义的记录。附加块被压缩存储,压缩和解压的过程都对客户端透明。

6.4.2 Cosmos 执行环境

Cosmos 执行环境的底层仅保证任意可执行代码在服务器上是可运行的。用户通过 Cosmos 执行协议将程序代码和程序资源上传至系统,响应服务器为任务分配优先级,并在合适的时间使程序在集群上运行。用户依赖于执行引擎提供的高层编程接口来编写应用程序,同时 Cosmos 的实时系统会对程序执行的细节进行优化、容错、数据分区和资源管理。否则在这种环境下编写的且具有容错性的并行应用程序是烦琐、耗时而且容易出错的。

一个应用程序可表示为一个数据流图:一个顶点代表处理过程,边代表数据流。执行引擎的运行时组件叫做作业管理器(Job Manager),管理整个应用的执行过程。任务管理器的基本功能是构造并执行运行时 DAG。当完成所有输入后,任务管理器将 DAG 顶点安排至系统工作节点并监测它的执行过程,在发生故障时,重新执行部分 DAG。

Dryad 执行引擎建立在 Cosmos 平台上。实现了一个任务管理器和一种由流程图构建的语言,并将计算顶点和顶点之间的通信通过图的边组合起来。

6.5 MapReduce与Dryad的比较

MapReduce作为大规模数据处理的编程模型，使非专业的分布式程序编写人员也能够为大规模集群编写应用程序而无须顾虑集群的可靠性、可扩展性等问题。MapReduce通过"Map(映射)"和"Reduce(规约)"这两个简单的函数来完成运算，用户只需提供自己的Map函数以及Reduce函数就可以在集群上进行大规模的分布式数据处理。

与传统的分布式程序设计相比，MapReduce封装了并行处理、容错处理、本地化计算、负载均衡等细节，还提供了一个简单而强大的接口。通过这个接口，可以把大量的计算任务自动地分布式执行，从而使编程变得更加容易。这使得由普通PC构成的巨大集群能够达到极高的性能。另外，MapReduce也具有较好的通用性，大量不同的问题都可以简单地通过MapReduce来解决。

与MapReduce不同，Dryad使用Dryad LINQ进行编程，DryadLINQ使用的是.NET的LINQ查询语言模型，有效地解决了传统分布式数据库SQL语句功能受限、类型系统受限等问题，与此同时还解决了MapReduce模型中的计算模型受限和没有系统级优化等问题。通过DryadLINQ，开发人员可以轻松获得对象封装、自动并行化、自动序列化和任务图的优化等好处，结合Visual Studio 2010，DryadLINQ程序可以得到比BigTable+MapReduce更快的联合查询的效率。所以在进行大规模数据处理时，使用.Net平台的用户更倾向于选择DryadLINQ语言。

Dryad是针对运行Windows HPC Server系统的计算机集群而设计的，并没有兼顾Linux系统，而目前Apache的Hadoop环境只支持Linux。

◇参◇考◇文◇献◇

[1] Michael Isard, Mihai Budiu M, Yuan Yu, et al. Dryad: distributed data-parallel programs from sequential building blocks[J]. Proceedings of the 2nd ACM SIGOPS/EuroSys European Conference on Computer Systems, 2007: 59-72.

[2] Dryad [EB/OL]. http://research.microsoft.com/en-us/projects/dryad.

[3] 徐永睿. 有向无环图——Dryad[J]. 程序员，2011(5): 82-86.

[4] 高阳.微软 Dryad 分布式并行计算平台解析[J].微型计算机,2011(9):89-92.
[5] Ronnie Chaiken, Bob Jenkins, Per-Ake Larson, et al. SCOPE: easy and efficient parallel processing of massive data sets[J]. Proceedings of the VLDB Endowment, 2008, 1(2): 1265-1276.
[6] Yuan Yu, Pradeep Kumar Gunda, et al. DryadLINQ: a system for general-purpose distributed data-parallel computing using a high-level language[C]. Eighth Symposium on Operating System Design and Implementation, 2008: 1-14.
[7] Dryad [EB/OL]. http://research.microsoft.com/en-us/projects/dryadling.
[8] Jaliya Ekanayake, Thilina Gunarathne, Geoffrey Fox, et al. DryadLINQ for scientific analyses[C]. e-Science, 2009: 329-336.
[9] 陆嘉恒.大数据挑战与 NoSQL[M].北京:电子工业出版社,2013.

[illegible]
Ronnie Chaiken, Bob Jenkins, Per-Ake Larson, et al. SCOPE: [illegible] parallel processing of massive data sets[J]. Proceedings of the VLDB Endowment, [illegible]
Yuan Yu, Michael Isard, [illegible] DryadLINQ: a system for general-purpose distributed data-parallel computing using a high-level language[C]. [illegible] Operating Systems Design and Implementation, 2008: [illegible]
[illegible]
[illegible]
[illegible]

第7章

其他计算模型

并行计算模型通常是从特定的应用领域中抽象而来，都有其适用的领域和范围。尚未出现能解决所有数据密集型应用的通用计算模型。随着数据类型日渐丰富，业界掀起了计算模型的研究热潮。本章将介绍一些其他的并行计算模型。

7.1 All - Pairs

虽然并行和分布式计算系统可以提供强大的计算能力，但非专业的使用者却很难有效地使用这种系统。一个庞大的计算任务可能会由于使用者没有并行和分布式方面的经验且盲目操作，而因此出现很明显的滥用共享资源的情况，将会导致性能低下。为了解决这个问题，并行和分布式系统需要为使用者提供高层次的抽象，使之可以简单地表达和高效地执行数据密集型工作负载。All - Pairs 就是一种用于解决一类数据密集型科学计算的编程抽象，All - Pairs 抽象易于使用，且性能可达传统人工优化方法的两倍[1]。

7.1.1 All - Pairs 简介

许多科学家需要利用并行和分布式系统来解决大规模科学计算问题，然而他们大都不是并行和分布式领域的专家，且没有分布式计算的经历和经验。对于整合了大量资源的分布式系统和软件，不熟悉分布式计算的人很难使用。不恰当的选择就会导致性能极度低下，甚至会导致应用的完全失败，从而出现低效率地使用共享资源和滥用分布式系统的现象，比如滥用工作队列和计算软件等。

针对某一类问题提供一个编程抽象是一种避免分布式计算缺陷的方法，这种抽象隐藏了具体的实现细节，为用户提供一个编程接口，使用者可以根据数据和计算需求定制自己的应用。编程抽象可以对不熟悉的人隐藏细节，降低做出灾难性决定的概率。它的设计目标不是减少使用者的控制力，而是使分布式计算对非专业人士也更易用。

All - Pairs 就是针对科学计算领域一类问题的一个编程抽象。具体实现主要包含以下几步。首先，对工作流进行建模，来预测基于网格和工作量参数的执行，例如主机的数量。然后，将分布式数据通过最大生成树分布到工作节点上，依据灵活的方式选择资源和目标。最后，当批量的任务完成时，将结果以一个规范的表格形式呈现给终端使用者，并且删掉工作节点上的中间数据。

7.1.2 All - Pairs 的应用

All - Pairs 问题可以简单地描述为：

All - Pairs(集合 A,集合 B,函数 F)返回矩阵 M：

通过函数 F 将集合 A 中的所有元素与集合 B 中的所有元素进行比较，生成矩阵 M，例如：

$$M[i,j]=F(A[i],B[j])$$

目前，科学和工程领域存在着各种各样的 All - Pairs 问题，这些领域研究者的目标是理解一个在集合 A 和集合 B 上新创建函数 F 的行为，或者在一个标准的内积 F 上学习集合 A 和集合 B 的协方差。在此介绍生物统计学和数据挖掘两个领域的使用群体对 All - Pairs 计算的使用情况。

在生物统计学中，All - Pairs 主要通过对人体属性进行一些测量进而对人体进行识别，测量参数主要包括人脸照片、声音记录以及人体结构等。识别算法可以被理解为一个接收函数，例如，将两张照片作为函数的输入，然后输出 0 到 1 之间的一个值用于反映两张照片中人脸的相似度。

假设一个研究者发明了一个新的人脸识别算法，并用代码实现了比较函数。为了评估此算法，在生物统计学领域公认的流程为：获取一个已知的图像集合，然后利用比较函数将集合中所有的图像与其他每一个图像进行比较，最后形成一个比较结果的返回矩阵。因为已知图像集来自同一个人，因此返回矩阵代表了比较函数的准确性，并且可以和其他的算法(定量图像集)作比较[2]。

数据挖掘技术主要用于从大数据集中提取信息。知识发现的重要步骤是对数据集中的偏见和噪声进行过滤。为了提高过滤的准确性，需要确定不同的分类器运行在相应的噪声上。为达到上述目的，使用数据集的分布作为函数的一个输入，噪声分布作为另一个输入。函数为每一个分类器返回一个数据集，可以根据返回集确定哪一个分类器最适用于此类型噪声。

7.1.3 All - Pairs 面临的挑战

解决 All - Pairs 看起来很简单。比如一个典型的单机程序 F，它接受两个文件作为输入，然后进行比较，对 F 进行测试之后，使用者连接到计算中心执行一个如下的脚本：

```
Foreach $i in A
Foreach $j in B
Submit_job F $i $j
```

从非专业人士的角度去看,这似乎是一个完美的、合理的大数据应用。但是对于使用者而言这也许会导致非常差的性能,甚至导致共享计算资源的浪费。如果这些工作负载在独享的集群内完成,并且使用单一的交换网络,那么唯一需要考虑的因素就是资源使用率。然而事实并非如此,许多科学任务通常需要使用很多人共享的资源,比如高校计算中心、大型网格计算系统。不合理地分配工作负载,比如滥用计算和存储资源、网络连接,以及管理软件资源都会给其他用户和管理员带来问题。

如何让任务高效执行对于分布式计算专家来说不算很难的问题,但是对于非专业的普通使用者而言,这些问题很难解决。

任务分配就是一个解决这一问题的很重要的环节。在分配任务的过程中,CPU 需要进行很多网络操作,包括通信双方的身份确认、资源访问等,这些操作都会产生延时。很多任务系统的执行需要很长时间:可能需要几个小时甚至更久,在这些任务中短暂的延时是可以容忍的。但是对于一个比较小的任务,延时就会产生很大的性能问题。假设执行一次分配任务需要消耗 CPU 1 s 而任务本身执行只需要 4 s,那么将产生 25%的延时,导致很低的效率。

另外,还有很多其他因素需要考虑,例如失败的可能性、工作节点的数量、分布式数据的存储等,这些问题都会影响任务的执行效率。

7.1.4 All - Pairs 的具体实现

为了让共享计算系统避免上述问题,使用者需要给出将要执行程序的抽象声明。在有限的可利用资源的前提下,引擎需要选择如何实现这个声明。要特别指出的是,这个抽象必须包含执行引擎所需的工作负载数据。传统计算集群和抽象计算集群的区别如图 7 - 1 所示。在

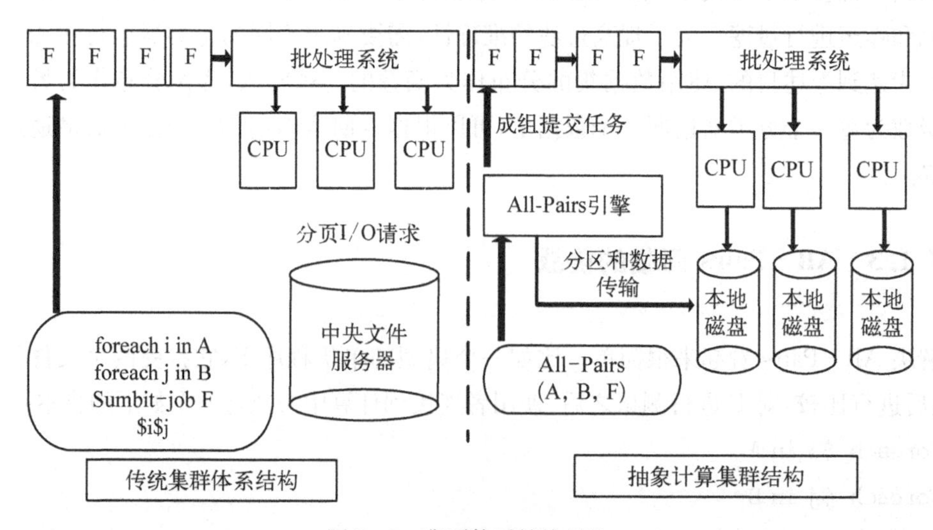

图 7 - 1 集群体系结构对比

一个传统的集群中，使用者通过名字来指定任务执行，为每一个任务分配一个 CPU，并将 I/O 操作统一到一个共享的文件系统中，系统不关心数据和任务什么时候进入执行。在使用 All－Pairs 这样的抽象模型时，使用者需指定数据和计算需求，以允许系统分割和分布数据，进而分派任务。

可以利用从本地存储到每个 CPU 的连接，在传统批处理系统的顶层执行来构建一个 All－Pairs 引擎的原型。执行过程可以分为系统建模、数据分布、作业分配以及收集结果和数据清理四个阶段。

1）系统建模

传统的系统很难预测工作负载的性能，因为它取决于系统的很多内在因素，比如每个任务的 I/O 的细节、网络情况等。在使用抽象的时候，系统可以通过本地存储取代网络存取，进而最小化这些因素的影响。引擎可以根据每一个输入元素、输入元素个数 n 和元素集大小 m 这三个参数来处理输入数据。提供的函数可以通过在小规模数据集上进行测试，来决定每次运行时间 t 所调用的函数。

2）数据分布

对于工作负载较大的并行运算，需要考虑的主要问题是寻找到合适的工作节点。大数据集通常不会被复制到每一个工作节点，所以需要预先将要访问的数据存放在合适的节点或者服务器上。图 7－2 所示是一种采用生成树算法决定分布节点的数据分布方法。它的过程为：一个文件分配器负责将所有的数据依据贪心算法分配到一些合适的节点上，然后这些合适的节点作为每一个中间节点，将一个新的转移目标节点当成源节点，直到整个传输过程完成。

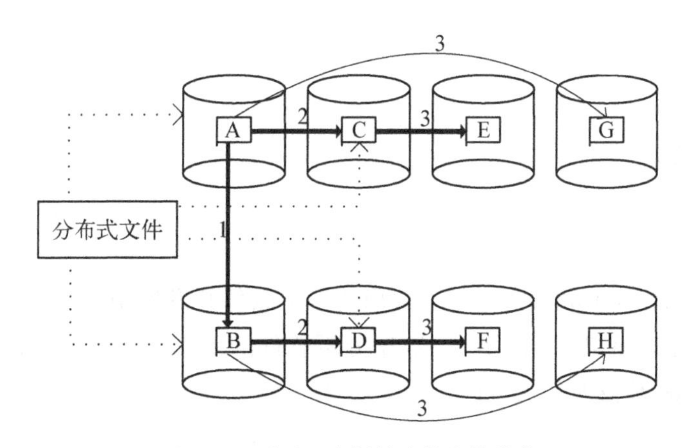

图 7－2　采用生成树算法的文件分布

然而在一个共享的计算环境中，数据转移不一定能成功。目标节点失去连接、配置出错，或者可用空间不足都可能导致整个传输完全失败。在共享网络的竞争环境中，CPU 和虚拟内存文件系统负载过重时，这个传送可能会出现明显的延迟，而且要解决延迟问题需要找出每一个超时的传送操作，这项工作几乎无法完成，结果导致延迟问题很难得到有效的解决。最好的解决办法是设置一个可以满足大部分传输需求的超时时间。

3）作业分配

当数据传输到节点以后，All - Pairs 引擎对每一个任务组构建一个批处理脚本，在数据可用的节点上形成一个批处理队列。

All - Pairs 可以监视运行环境以及判断本地资源是否过载，比如，判断批处理任务队列的稳定性时，当遇到一次性排列 1 000 个批处理任务的不合理需求时，All - Pairs 可以限制队列中的任务数量，使所有的主机避免过载运行，并且确保任务可以在某个期限内完成。另外，对于在这种高负载下出现的批提交失败的情况，引擎可以对批提交进行恢复或者重新提交。

另一方面，All - Pairs 的结构可以用来评估任务完成的时间。如果每个函数实例的执行时间接近预期执行时间，则可以通过模型计算出任务的执行时间。对于其他类似大小的任务，All - Pairs 可以预判出执行较慢的任务，并通过提交一份重复的任务或者对此任务进行重新提交的方式来避免工作负载延迟。

4）收集结果和数据清理

当批处理系统完成工作时，抽象引擎必须收集结果并将结果进行整理，比如将所有的结果整理成一个规范格式的单个文件。这些操作体现了 All - Pairs 容错性：如果函数的输出不符合使用者提供的模板，这个任务需要被重新提交，而且确保在将结果提交给使用者之前校正错误。

当一个工作负载执行完毕时，抽象引擎负责删除数据分布过程中产生的所有数据。在共享的环境中，这一点至关重要，因为在共享资源中残留下来的数据会影响共享资源的继续使用。

7.2 DOT

DOT 是 Yin Huai、Rubao Lee 等人提出的一个软件开发模型[8]，旨在为应用程序和底层软件框架之间架起桥梁，用于指导大数据分析软件的开发。本节主要介绍 DOT 模型架构，侧重介绍其基本概念及发展方向。

7.2.1 DOT 简介

随着大数据时代的来临，信息技术领域需要一个统一的、普遍的、具有代表性的软件开发模型来指导大数据分析软件的开发，DOT 模型就是在这样的背景下诞生的。

大数据分析将有助于有关行业和组织从巨大而无序的数据集中提取有用的信息，应用于商业和科学中。为了应对大数据分析的需求，业界提出了多种大数据处理模型，其中具有代表性的包括 Google 的 MapReduce、Hadoop、Dryad、Pregel。这些系统框架的实现有两个共同目标：

(1) 为分布式应用提供可伸缩、高容错的基础设施和支撑环境；

(2) 通过隐藏并行化的技术细节，为软件开发人员提供一个易于使用的编程模型。

尽管上述系统能够提供大数据分析所需的性能，但是以下三个问题急需解决：

(1) 行为抽象。目前有一些软件框架声称具有可伸缩性和高容错性，但是关于任务执行具有可伸缩性和高容错性的依据和规则没有统一。为了解决这一问题，需要一个通用的模型去准确地判断抽象任务是否具有可伸缩性和高容错性。

(2) 应用优化。当前大数据分析程序的优化主要依赖于软件底层框架，导致优化算法只适用于特定的软件框架和特定的系统。而应用程序和底层软件架构之间的桥接模式使程序的优化能够独立于软件架构和具体的系统，性能和效率将得到提高。采用桥接模式，系统设计者和应用人员可以只专注于一组常规的优化规则，不需要考虑软件架构和底层基础设施。

(3) 系统的比较、模拟和迁移。由于大数据分析应用的不同需求，从而引发了应用程序需要在软件设计框架之间进行比较和迁移。然而，目前没有一个通用的抽象模型去分析各种软件框架，所以，很难比较不同框架的可扩展性、容错和功能。此外，由于应用程序与底层软件架构的桥接模型是透明的，因此把应用程序从一个软件框架迁移到另一个框架难以实现。

综上所述，可以得出，大数据分析需要一个通用的模型在应用程序和底层软件框架之间架起桥梁。在可扩展的分布式系统上，大数据处理软件的开发需要的既不是更快的硬件支持，也不是高性能计算的垂直扩展模型(Scale-up Model)，而是一个水平扩展(Scale-out)的软件开发模型以保证数据高通量(Data Throughput)的可持续性增长。DOT 就是这样一个模型，DOT 有着特殊的含义，D 代表分布式数据集(Distributed Data Sets)，O 代表并行数据处理操作(Concurrent Data Processing Operations)，T 代表数据转换(Data Transformations)。DOT 以矩阵的形式精确地描述了一个处理大数据软件的基本行为，并给出了以下软件开发的指导原则：

(1) DOT 给出了一个大数据处理软件可扩展和可容错性的充分条件；

(2) DOT 提供了一个比较各种不同的大数据处理软件的分析工具；

(3) DOT 定义了一系列矩阵优化规则，用于指导高性能软件的开发；

(4) DOT 给出了一个为设计和验证大数据处理软件而做的模拟器框架，这样可以大大减少不必要的人力开销。

7.2.2 DOT 模型

DOT 模型由三部分组成，共同完成大数据分析的工作：一个基本的 DOT 模块，一个可扩展的复合的DOT模块,和一个数据流方法的DOT模块。

7.2.2.1 基本的DOT模块

在DOT模型中,基本的DOT块作为根块,由以下部分组成:

(1) 一个大数据集,分布式存储在分布式系统中。

(2) 一组工作节点,即并行数据处理单元,每一个节点都能作为一个工作节点来处理和存储数据。

(3) 节点的工作机制,规范工作节点的处理模式。首先,由于大量的工作节点并发地处理大数据集,节点之间没有依赖关系,每个节点处理一部分数据,然后输出中间结果。然后,通过一个根工作节点收集所有的中间结果。最后,由单个节点将中间结果进行数据转换和存储,作为最终的结果。

如图7-3所示,基本的DOT由一个三层架构构成。最底层(D-Layer),D_1 到 D_n 表示分布式存储的大数据集。中间层(O-Layer),O_i 表示的是工作节点与 D_i 相对应,每一个工作节点处理一个数据块然后存储中间结果。最上层(T-Layer),单个工作节点t收集所有的中间结果,根据中间结果进行最终的数据转换,输出最终的结果。

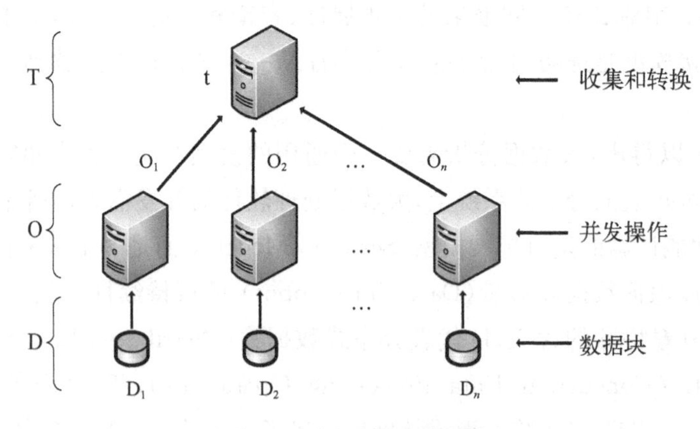

图7-3 一个基本块架构

7.2.2.2 复合的DOT模块

在一个基本的DOT块中,只有一个工作节点根据中间结果执行最终的数据转换。由于中间结果的数据量往往是巨大的,所以很容易联想到使用多个工作节点来收集中间结果和数据转换所引起的复杂性,因此一组独立的基本DOT块是必要的,而复合DOT块是基本的DOT块的延伸。复合DOT块由一组独立的基本块构成,它们具有相同的中间层,并共享数据集。假设一个复合块由 m 个基本DOT块组成,每个块在中间层对应着 n 个工作节点,这将形成如图7-4所示的结构。

基于复合DOT块构架,各个工作节点之间的通信有以下三个限制:

(1) 中间层的各个节点之间不能相互通信;

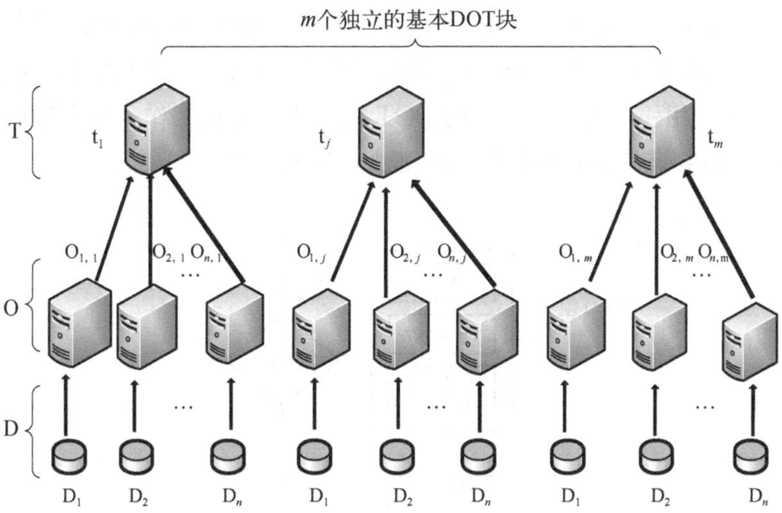

图 7-4 一个复合的 DOT 块构架

(2) 顶层的各节点之间不能通信；

(3) 中间层工作节点向顶层工作节点的数据传输是一个复合 DOT 块中唯一出现的通信。

7.2.2.3 大数据分析

在 DOT 模型中，数据流、全局信息和停止条件用来描述大数据分析工作。

(1) 数据流。大数据分析工作的数据流是由基本的或复杂的 DOT 模块的特定的或非特定的数字来表示的。对于数据流来说，任何两个 DOT 模块都存在着独立或依赖关系。对于两个基本或复杂的 DOT 模块来说，如果一个模块所产生的结果直接或者间接地消耗另外一个模块，那么这个模块必须在另一个模块之前完成，它们之间是依赖的关系，否则是独立的关系。

(2) 全局信息。框架有时候需要访问一些轻量级的全局信息，例如系统参数。在 DOT 模型中，这种全局信息可以从协调者或分布式系统的主节点获得。在一个 DOT 模块中可以随时访问到全局信息。

(3) 停止条件。停止条件决定在何时和何种条件下停止工作。如果使用特定数字的基本/复合 DOT 模块来表示工作，那么它在给定数字的模块完成后结束，在这种情况下，不需要结束条件。当由递归关系来表示工作时[9]，需要给出一个或者多重条件，来决定是否停止。例如，在迭代算法中收敛条件和最大迭代次数是两种常用的停止条件。

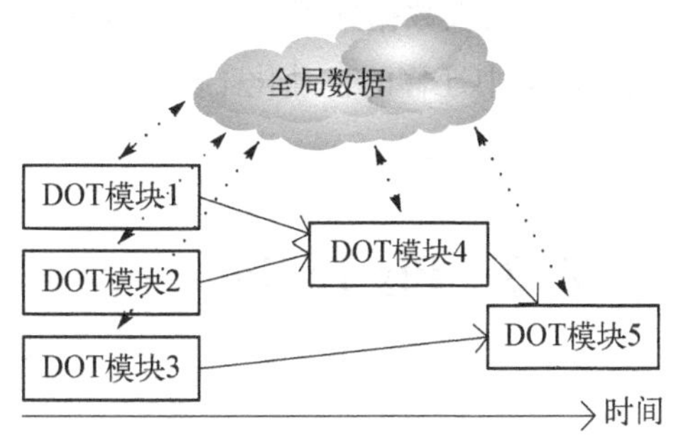

图 7-5 大数据分析的例子

图 7-5 描述了一个带有 5 个 DOT 模块的数据流。模块 1、2、3 用来输入数据。模块 4 利用模

块1、2的结果。模块5利用模块3和4的结果作为输入来产生最终结果。全局数据可以被所有的模块来访问和更新。因为模块5结束后工作就会停止,所以不需要结束条件。

图7-6描述了用一个无特定数字的DOT模型表示迭代工作。每次迭代后都对停止条件进行评估。如果所有停止条件都为真,那么工作就结束。

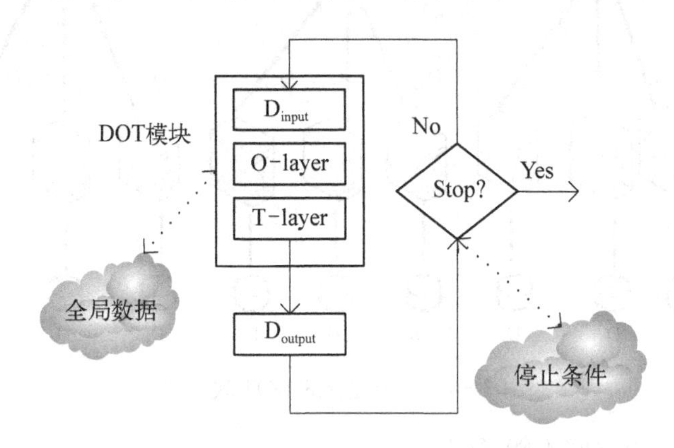

图7-6 无特定数字的DOT模块表示迭代工作

7.2.3 DOT展望

DOT模型主要给出并行程序编写的指导思想,在程序编写之前就可以把框架通过模型表现出来。在此基础上,程序开发者可以考察编程模型的诸多性能,例如是否具有可伸展性、是否具有冗余能力等,以此减少计算机软件开发周期。

使用DOT模型有以下几个优势:① 降低开发费用,在大数据分析软件的设计过程中,通过DOT模型可以判定软件是否具有伸缩性和容错性,从而减少开发成本;② 通过DOT模型,可以找出一些软件优化的切入点,从而加快软件开发速度;③ 通过DOT模型可以比较不同的大数据分析软件,为企业选择大数据分析软件提供依据。

未来DOT的研究将在以下两个方向展开:

(1) 扩展和完善DOT模型,探索其他影响大数据处理软件可伸缩性和可容错性的因素;

(2) 为大数据处理软件框架设计和实现一个模拟器,以及一个能够使应用程序在不同软件框架中迁移的自动化工具。

7.3 Pig Latin

Pig是基于MapReduce计算框架的海量数据分析平台,Pig Latin是为其提供类似SQL

的查询语言。本节主要介绍 Pig Latin 语言的特点、数据模型以及 Pig Latin 程序的执行实例。

7.3.1 Pig Latin 简介

对海量数据的处理需求不断增加，尤其是对于互联网公司，它们的技术革新主要依赖于对每天收集的数据的分析处理能力。要提高如此巨大数据集的存储和分析效率，必须采用高度并行的系统，例如并行数据库产品 Teradata 提供了一种解决方案，但是这种方案的 Web 规模扩展开销太大、性价比不高，而且为程序员提供了一种不太自然的编程语言——SQL。

事实上很多程序员更加偏爱过程式程序设计语言，因为这种语言的数据流更加清晰，便于分析和调试。这也是 MapReduce 编程模型流行的原因之一。另外 MapReduce 运行于普通商业硬件组成的集群中，软件框架保证了它的可靠性和可用性，通过低端硬件实现了高性能计算，这也是 MapReduce 的优势所在。

尽管如此，MapReduce 也存在一些限制，它的单输入、两阶段数据流编程模式过于苛刻。对于超出该限制之外的数据分析任务，需要进行一些额外的数据转换。另外，它没有通用的操作集，即使是常用操作，如 Projection 和 Filtering 等。这些限制导致 MapReduce 代码重用性和可维护性不高、任务的分析语义不够清晰，将对系统性能优化造成影响。

基于以上问题，开发了一种新的基于数据流的大规模数据分析处理语言——Pig Latin，Pig Latin 是一种顺序执行的编程语言，每一步都完成一次数据转换。这种风格为很多程序员所喜爱。同时每步的转换也都是高级抽象，例如 Filtering、Grouping、Aggregation 等，抽象级别类似于 SQL。Pig Latin 的实现系统叫 Pig。Pig Latin 程序编译为 MapReduce 作业，在 Hadoop 上执行[4]。

7.3.2 Pig Latin 的功能及原理

Pig 的首要设计目标是能吸引有经验的程序员，并适用于专门的大数据分析。因此，从传统的数据库和 SQL 来看，Pig Latin 语言有很多突出的功能。下面将介绍 Pig 的功能及原理。

7.3.2.1 数据流语言

Pig Latin 与 SQL 语言在编程上有较大差异，前者关注程序执行数据流，后者只关注最终结果。对于经验不够丰富的程序员或者小规模数据集，SQL 是一个不错的选择，但是，针对大规模的数据集，Pig Latin 更加适合，并且要求操作人员具有丰富的编程经验。

尽管 Pig Latin 程序提供了一个明确的操作序列，然而该操作的执行没必要按照这个顺序进行。类似于传统数据库优化，Pig Latin 通过使用高层次的关系代数风格的原语，使执行顺序得到一定的优化。

例如，假设某人对类型为 Spam 的网页的 url 感兴趣，并且要求高 Pagerank 分数，在 Pig Latin 中，可以写为：

```
spam_urls = FILTER urls BY isSpam(url);
culprit_urls = FILTER spam_urls BY pagerank > 0.8;
```

根据上面的语句片段，通过 isSpam 函数，可以找到 spam urls，然后通过 Pagerank 过滤它。当 isSpam 是一个大开销的使用者自定义函数时，这不是一种高效的方式。更高效的方法是通过 Pagerank 过滤 urls，然后只通过页面调用 isSpam。

7.3.2.2 快速开始与协同工作

Pig 主要用于特定的数据分析，如果用户有一个数据文件，想进行转储，可以使用 Pig Latin 直接查询它。前提是提供一个函数，使 Pig 能够解析文件的内容，提取需要的元组。因此，Pig 不需要像传统的数据库管理系统那样，在查询之前要进行一个耗时的数据导入过程。同样，Pig 程序的输出可以根据用户提供的函数转换为特定格式的字节序列。这就简化了后续应用程序对 Pig 输出结果的使用，例如可视化和电子表格应用程序。

在大多数数据生态系统中，Pig 只不过是其中的一个应用程序，由于 Pig 采用的是在外部文件中存储数据，而不是接管控制数据，所以很容易与生态系统中的其他应用程序交互。传统数据库系统需要将数据导入系统管理表主要是因为以下三点：

(1) 保证事务的一致性；

(2) 通过元组标志实现高效的点式查询；

(3) 为用户管理数据、记录存储模式，以方便其他用户理解数据。

Pig 只支持只读数据分析，对数据的读取是顺序式的，所以不需要保证事务一致性与索引查询。Pig 通常用于分析每天或者每两天产生的临时数据集，不需要长期保留，因此数据托管和模式管理也是多余的。Pig 对存储模式的支持是可选的，用户可以在任何时候提供模式信息，也可以不提供。

7.3.2.3 用户自定义函数 UDF

对于搜索日志、爬虫数据、点击流等，数据分析的关键就是定制化处理。例如，用户可能对自然语言填充感兴趣或者判断一个特殊的网页是不是 Spam，都需要定制化处理。

为了完成专门的数据处理任务，Pig Latin 支持用户自定义函数（User-Defined Function，UDF）扩展。Pig Latin 的所有处理（包括 Grouping、Filtering、Joining 和 Per-tuple Processing）都可以通过 UDF 定制。UDF 的输入和输出比较灵活，都可以使用嵌套式数据模型。因此，在 Pig Latin 中，UDF 可以采取非原子参数作为输入，也可以输出非原子值。

例如，根据 Pagerank 为每一组 category 找出前十的 urls，在 Pig Latin 中，可以表示为：

```
groups = GROUP urls BY category;
output = FOREACH groups GENERATE
category, top10(urls)
```

top10()就是一个 UDF。接收一组 urls，根据 Pagerank 输出每组前十的 urls，该输出包含非原子字段。Pig UDFs 使用 Java 实现，正在开发对其他语言的支持，以便于程序员使用。

7.3.2.4 并行化

Pig Latin 是为处理 Web 大规模数据设计的，并未考虑非并行计算，它只实现了一些容易并行处理的原语，不容易并行处理的原语（如非等价表连接以及相关子查询）刻意地被排除在外。但是，这些操作可以通过编写 UDF 来实现。然而，由于语言不提供明确的原语操作，难以判断程序是否并行运行。

运行在 MapReduce 模式时，需要告诉 Pig 每个作业要用多少个 Reducer。这需要在 Reduce 阶段的操作中使用 PARALLEL 子句。在 Reduce 阶段使用的操作包括所有的“分组”和“连接”操作以及 DISCTINCT 和 ORDER。在默认的情况下，Reducer 的个数为 1（和在 MapReduce 中相同）。因此，在大规模数据集上运行时，设置并行度就变得尤为重要[5]。设置 Reduce 任务个数比较好的方式是把该参数设为稍小于集群中 Reduce 任务槽数。Map 任务的个数由输入的大小决定，不受 PARALLEL 子句的影响.

7.3.3 Pig 数据模型

在了解 Pig Latin 有哪些功能前，首先需要了解 Pig 的数据模型。这包括 Pig 的数据类型、Pig 的处理思想，以及 Pig 对缺失数据的处理等。

7.3.3.1 基本类型

Pig 的数据类型可以分为两大类：基本类型和复杂类型，其中基本类型只能包含一个简单的数值[6]。由于 Pig 是基于 Java 开发的，它的基本类型在大多数编程语言里都可以找到。Pig 提供的基本类型包括 int、long、float、double、chararray（string）和 bytearray（字节类型）。除 bytearray 外，其他基本类型都是 java. lang 包中对应类型的实现，这使它们易于在用户自定义函数中被使用。

7.3.3.2 复杂类型

Pig 的数据模型包括四种复杂数据类型：Atom、Tuple、Bag 和 Map。复杂类型可以包含其他所有类型。

（1）Atom。一个原子类型包括一个简单的原子值，可以是字符串或数字等，例如‘alice’。

(2) Tuple。一个元组由一系列字段组成，每个字段可以是任意数据类型，例如('alice','lakers')。Tuple可以理解为Java中的List或Python中的Tuple[元组]，可表示为(1, "abc", 1.5)等。

(3) Bag。一个Bag由一组Tuples构成，其中tuples字段可以重复出现。组成Bag的每个元组是很灵活的，即Bag中每个Tuple不需要具有相同的字段数和字段类型。例如：

$$\left\{\begin{array}{l}(\text{'alice'},\text{'lakers'})\\(\text{'alice'},(\text{'ipod'},\text{'apple'}))\end{array}\right\}$$

通过上面的示例可以看出Tuple是可以嵌套的，Bag中的第二组Tuple('ipod','apple')是作为字段嵌套出现的。

(4) Map。一个Map是由一个数据项的集合和与它们关联的索引键组成的。和Bag一样，Map中数据项的组成模式非常灵活，即在Map中所有的数据项不需要相同类型。但是，为了实现高效查询，索引键必须是原子类型的数据。例如：

$$\left[\begin{array}{c}\text{'fan of'}\rightarrow\left\{\begin{array}{c}(\text{'lakers'})\\(\text{'ipod'})\end{array}\right\}\\\text{'age'}\rightarrow 20\end{array}\right]$$

在上面的Map中，索引键'fan of'被映射为一个包含两个Tuple的Bag，索引键'age'被映射为原子类型20。Map类型非常适用于建模模式随时间变化的数据集，例如：如果Web服务器想添加一个新字段来存储日志信息，新字段可以通过Map中添加一个索引键来完成，这样就不需要改变现有的程序，而且新程序又允许访问新字段。

7.3.3.3 嵌入式数据模型

很多时候，程序员想使用嵌套数据结构，例如：为获取术语在一组文件中出现的位置信息，程序员一般会希望为每个术语创建一个类似于Map<documentId, set<positions>>的结构。对于数据库而言，只允许扁平式表的存在，即只有原子字段可以作为列，否则会违反第一范式(1NF)。在满足第一范式的条件下抓取术语位置信息要求创建两个表，对数据进行标准化处理：

```
term_info：(termId,termString,…)
position_info：(termId,documentId,position)
```

然后按照termId进行表连接，再按照termId和documentId进行分组。

Pig Latin具有灵活的、完全嵌套的数据模型，允许复杂的非原子数据类型(Set, Map, Tuple)作为一个表的字段。嵌套数据类型比1NF更适合Pig的执行环境，主要是出于以下考虑：嵌套式数据模型更符合程序员在编程过程中的需求，对他们来讲这种数据模型比标准化数据格式更加自然。

存储在磁盘上的数据本身往往具有嵌套的特点。比如，Web 爬虫程序为每个 url 和来自该 url 的外部连接集合产生输出。而利用 Pig 直接对文件进行操作，将这种 Web 规模的数据进行标准化，然后再通过多次表连接进行数据重组，这显然是不现实的。

嵌套数据模型有助于实现代数式语言程序，即逐步执行，每步只完成一次数据转换。例如，GROUP 原语产生的每个输出元组都会有一个非原子字段(来自 GROUP 输入中属于每个组的所有元组的嵌套集合)。嵌套数据模型有助于用户写出各式各样的用户定义函数(UDF)。

7.3.4 Pig 实现

Pig Latin 在 Pig 系统中得到全面的实现。Pig 被设计为允许不同系统以插件形式作为 Pig Latin 的执行单元。目前采用 Hadoop 作为执行平台，在 Hadoop 系统中 Pig Latin 程序被编译成 MapReduce 作业，运行在 Hadoop 上。下面将首先介绍 Pig 系统如何为 Pig Latin 程序建立逻辑计划，然后介绍如何将逻辑计划编译成可以在 Hadoop 上执行的 MapReduce 作业。

7.3.4.1 建立逻辑计划

当客户端发出 Pig Latin 命令后，Pig 解释器会首先分析它，并验证命令中输入的文件和 Bags 的有效性。例如，如果用户输入"c=COGROUP a BY…，b BY…，"命令，Pig 会验证 a 和 b 两个 Bags 是否被定义。Pig 为用户定义的每一个 Bag 建立一个逻辑计划，当命令定义了一个新的 Bag 的时候，Pig 系统将输入 Bag 和这条命令的逻辑计划结合在一起作为新 Bag 的逻辑计划。因此在上面的例子中，c 的逻辑计划包含 a 和 b 的逻辑计划。

当逻辑计划建立后并没有任何处理过程发生，处理过程只发生在用户调用 STORE 命令后。这时，逻辑计划将被编译成具体的计划并执行。这种惰式执行方式有许多好处，它允许使用内存管道以及其他优化，比如跨多个 Pig Latin 的命令重定序。

Pig 系统的 Pig Latin 解析和逻辑计划的建立独立于执行平台。只有逻辑计划被编译成具体的执行计划时才依赖于特定的执行平台。

7.3.4.2 MapReduce 计划的编译

把 Pig Latin 逻辑计划编译成 MapReduce 作业很简单。MapReduce 的本质特点是具有大规模分组聚集的能力，即 Map 任务通过指派 Keys 对数据进行分组，Reduce 任务每次处理一个组的数据。编译器通过它自身的 Map 和 Reduce 函数将逻辑计划中每个 COGROUP 命令转化为不同的 MapReduce 作业，如图 7-7 所示。

与 COGROUP 命令 C 相关联的 Map 函数首先基于 C 中的 BY 短语将 Keys 指派给元组；Reduce 函数最初不做任何操作，不同 MapReduce 作业的界限就是 COGROUP 命令。

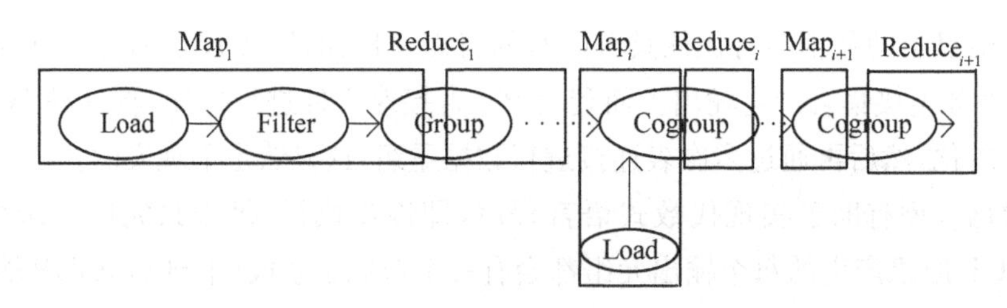

图 7-7 Pig Latin 的 MapReduce 编译

第一个 COGROUP 命令 C_1 的命令都由 C_1 对应的 Map 函数处理(图 7-7)。在 C_i 与 C_{i+1} 之间的 COGROUP 命令序列要么由 C_i 的 Reduce 函数处理,要么由 C_{i+1} 的 Map 函数处理。目前 Pig 通常选择由 C_i 的 Reduce 函数处理,因为 Grouping 经常跟随在 Aggression 之后,这种方法有利于减少不同 MapReduce 作业之间的数据量。

当 COGROUP 操作的输入为多个数据集时,Map 函数会为每个元组附加一个字段来标志元组的起源。与之相应的 Reduce 函数会对该信息进行解码并把它插入合适的 nested bag 处。

LOAD 的并行性通过 HDFS 实现(文件存储在 HDFS 上),另外由于一个给定的 MapReduce 作业或者多个 Map 和 Reduce 实例是并行执行的,因此该操作同样可以实现 Filter 和 Foreach 操作的自动并行化。COGROUP 的并行性是通过将多个 Map 实例产生的输出划分为不同部分,每个部分对应一个 Reduce 实例而实现的。

ORDER 命令被编译为两个 MapReduce 作业实现。第一个作业通过对输入取样来确定排序键的数量;第二个作业根据排序键数量确定划分区域(保证均匀划分),接下来在 Reduce 阶段进行本地排序,最后产生一个全局的排序文件。

由于 MapReduce 并不灵活的处理模式,由 Pig Latin 编译为 MapReduce 作业时会产生额外开销。例如,MapReduce 过程中的数据必须以冗余的方式存储在分布式文件系统上,处理多个输入数据集时必须对每个元组添加一个额外字段以标志数据来源。虽然 Hadoop 的 MapReduce 模型给 Pig 带来了额外开销,但与之相比其带来的优势更多,如并行化、负载均衡、容错等。另外,使用者也可以通过插入其他的执行平台以补充 MapReduce 的不足之处,减少不必要的开销。

7.4 GraphLab

许多并行数据处理模型简化了对大规模数据处理系统的设计与实现,这导致它们不能高效地支持许多数据挖掘或机器学习算法。为解决这个问题,业界提出了 GraphLab 图计算模型。在共享内存的基础上,GraphLab 实现了异步、动态的并行图计算功能,同时也保证了数据的一致性[11-12]。

7.4.1 GraphLab 出现背景

机器学习的算法主要有以下两个特点：① 数据依赖性强，运算过程中在各个机器之间需要进行频繁的数据交换；② 流处理复杂，在处理的过程中需要多次迭代，数据的处理条件分支多。

随着机器学习和数据挖掘应用需求的快速增长以及需求复杂度的提高，业界需要一个能够在大规模集群上快速执行数据挖掘和机器学习算法的系统。不仅如此，该系统还需要能够保证可以像亚马逊弹性云计算那样，在不具备实体集群的情况下进行大规模分布式计算。然而现有的、基于并行分布式机器学习和数据挖掘的系统，都不能很好地满足需求。为解决以上问题，2010 年，CMU 的 Select 实验室提出了 GraphLab 框架。

GraphLab 是面向机器学习的流处理并行框架。同年，GraphLab 基于并行处理技术实现了 1.0 版本，较其他模型而言在机器学习的流处理和并行性能方面得到很大的提升，引起了业界的广泛关注。2012 年 GraphLab 升级到 2.1 版本，其并行模型得到进一步的优化。

7.4.2 GraphLab 特性

GraphLab 在大规模分布式机器学习、数据挖掘的应用中具有一些其他分布式框架不具备的特性。它的典型特性包括以下几个方面：

1）图结构计算

机器学习、数据挖掘方面的研究主要集中在对数据相关性的建模上。通过对数据相关性进行建模，使用者能够从包含不相关信息的数据中抽取出更多有价值的信息。例如，与单一的处理购物者数据相比，对相似购物者的相关性建模就能够得出更好的分析结果。但是类似于 MapReduce 的分布式数据处理模型并不能适应相关性计算需求，而并行处理特性又是很多机器学习、数据挖掘算法所需要的。尽管在某些特定情况下可以将相关性计算映射到 MapReduce 计算模式中，但是很难实现计算结果的转换，而且很可能导致执行效率的降低。

与 Pregel 类似，支持数据相关性计算的 GraphLab 采用以顶点为中心的计算模型，并把计算作为核心在每个顶点上执行。GraphLab 建立在有序共享内存的基础上，每个顶点均可以读写相邻顶点的数据。GraphLab 并行执行的稳定性为执行效率提供了保障。开发者在使用 GraphLab 时可以不用考虑并行数据的流动，而将主要注意力放在算法各部分的执行顺序上。因此，GraphLab 可以让图的并行算法在设计和实现上更为简单。

2）异步迭代计算

很多常用的机器学习、数据挖掘算法需要迭代更新大量参数。由于底层采用图数据结构，因此顶点或者边上的参数更新依赖于相邻顶点或边的参数。同步型系统在更新参数时会使用上一迭代步骤输出的参数值作为输入，同时将参数更新到集群中的各个节点上。同样情形下，异步型系统可以使用最新的参数作为输入更新参数值。因此，异步系统给很多算法带来了性能提高。例如，线性系统（很多机器学习-数据挖掘算法都是线性系统）已经被证实如果能够解决异步问题，其执行性能将会因此得到很大的提升。除此之外，还有很多例子（如置信传播、最大期望化、随即优化等）都是异步执行的性能优于同步执行的性能。

同步计算将会带来高昂的性能损失，这是因为每一个步骤的执行时间都是由运行最慢的机器决定的。最慢机器的不佳表现由很多因素导致产生，包括负载和网络的不稳定、硬件变化、一机多用（云主机中首要因素）。如果使用同步计算，运行速度慢的机器导致非常严重的性能问题。

另外，就算图结构可以被均匀地分割到各个节点，运行时多个节点聚合也会产生额外的不确定性。在实际应用中，图谱会受到幂律分布特征的影响，导致运行时间曲线产生很大的倾斜，甚至图谱被随机切分。此外，每个节点实际运作会以特定方式和数据产生依赖关系。

3）动态计算

在许多机器学习和数据挖掘算法中，不同参数之间存在收敛速度差异性。例如，在参数最优化的计算中，有的参数会在迭代几次后就收敛，而有的参数会迭代很多次后慢慢收敛。优先计算可以对包含 PageRank 在内的图算法进行深入的收敛优化。如果总是更新所有的参数，会让很多已经收敛的参数重复计算以致浪费大量时间。相反地，如果能够尽早地将计算聚集在那些较难收敛的参数上，那么能够加速它们的收敛。

4）可串行化

所有的并行化执行都能够转化为串行化执行，串行化能够消除很多在并行算法的设计、实现和使用中遇到相关难题。

在程序的运行中，数据竞争会带来“脏数据”，而在并行程序运行过程中调试程序又非常困难。GraphLab 的强制串行化计算框架能够消除由一致性问题引入的复杂度，能够让机器学习和数据挖掘程序的开发者把更多的注意力放在算法和模型的设计上。很多其他异步框架例如 Piccolo 也提供最初级的弥补数据竞争的机制，但 GraphLab 支持多种一致性级别，允许程序从中选择能够保证算法正确性的合理级别。

7.4.3 GraphLab 框架

GraphLab 框架主要由三部分组成：数据图，更新函数和同步操作。图状数据描述用户可修改的程序状态，而且存储了用户自定义数据和稀疏矩阵编码的计算相关性。更新函数代表在用户图上被分解出来的计算和操作，负责在上下文中数据的转换。而同步操作负责维护数据图的全局聚合统计表。

1）数据图

GraphLab 框架把程序状态存储为一个有向数据图。数据图 G(V,E,D)是一个管理用户定义数据 D 的容器，其中数据主要是指模型参数、算法状态和统计数据。用户可以将特定的数据同图中的每个顶点 v 和边 e(u,v)关联起来。然而，由于 GraphLab 框架不依赖边的方向，所以使用 u↔v 表示 u 和 v 之间存在双向边。虽然图状数据容易改变，但图的结构是静态的，在程序执行的过程中不会改变。

2）更新函数

在 GraphLab 框架中，计算将被编码成更新函数的形式。更新函数是一个无状态的程序，这个程序可以在一个顶点的作用域内修改数据，也可以对其他顶点将要执行的更新函数进行调度。顶点的作用域，指的是顶点中存储的数据和存储在所有相邻节点和相邻边中的数据。GraphLab 框架更新函数以顶点 v 和它的作用域 S_v 作为输入，返回更新过数据的作用域 S_v 以及顶点集合 T。函数如下所示：

Updata：$f(v,S_v) \rightarrow (S_v,T)$

更新函数被执行完成后，被修改后的数据 S_v 会被更新到数据图中。相比于采用消息传递和数据流的模型，GraphLab 允许使用者定义更新函数来实现在相邻顶点和边上自由读取和修改数据。这样可以简化代码，而且使用者不需要了解数据是怎么流动的。通过控制那些执行后返回集合 T 的顶点，GraphLab 更新函数能够高效地实现自动适配计算。

3）同步操作

在许多机器学习算法里，必须要有维持全局状态的数据图。比如，在很多统计算法中需要追踪全局收敛量。为了达到这个目的，GraphLab 向全局参数赋予可以被更新函数读取，但只能通过同步操作写入的特性。在 Pregel 模型中每个超级步执行过后系统都会进行聚合，而 GraphLab 为确保全局参数保持为最新，需要在后台进行持续的同步操作。

7.5 工作流

CloudWF 是基于 Hadoop 的一个轻量级的、可扩展的计算工作流计算系统。它采用一个简单的原型工作流描述语言，把工作模块和模块之间的依赖关系分别编码为可独立执行的组件；采用一种新的工作流存储方法，即用 Hadoop 中的 HBase 稀疏表来存储工作流的内部信息，并且为了工作流的高效执行重新组织其中的工作流块；采用支持 Hadoop DFS 系统的文件部署方式；使工作流在空间和时间上分布执行，程序的执行管理依赖于 MapReduce 架构的任务调度和容错[13-14]。

7.5.1 工作流简介

在商业和学术领域，云计算得到越来越多的关注。云计算提供了一种按照硬件的需求来分配资源的方案。云计算软件框架管理着云资源，并且为全局统一的、透明的硬件用户接口提供了可扩展的、高容错的计算单元。比如，Hadoop[15]是一种常用的开源云计算框架，适用于目前各种各样的应用场景，且性能良好，它的 MapReduce 框架为计算任务和计算数据提供了透明的分布式机制，这种机制不仅具备数据局部优化功能而且提供了任务级的容错性能。

CloudWF 的分布式文件系统(Distributed File System，DFS)为容错性提供了数据备份，这使得它能为用户提供一个全局化的接口，用户通过这个接口可以从任意节点获取需要的数据，并且 HBase 的稀疏数据存储允许管理 DFS 顶层之上的元数据。由于云计算所具有的可扩展性、容错性、透明性和易于部署性，Hadoop 和其他云计算框架可以快速地把那些大型数据集分成小的数据块，这些小的数据块在运行时彼此之间仅存在有限的内部任务交互。在云环境下，由于 Hadoop 不支持工作流任务，因此大型数据集需要复杂的计算工作流，并且在 Hadoop 顶层尚未出现一个行之有效的计算工作流系统来完成数据的自动处理。

复杂的计算进程需要通过相互依赖的多个计算步骤以及步骤之间的数据传输来执行，CloudWF 是一个基于 Hadoop 的计算工作流系统，其主要目标是使这些复杂的计算进程变得更有序且能自动执行。CloudWF 以接收 xml 格式文件的使用者工作流、工作流模块和连接器作为工作流组件，这些组件存储在 Hadoop 的 HBase 中，通过数据流和存储在 DFS 中的程序进程来调用 Hadoop 的 MapReduce 框架，进而处理工作流数据。

在 CloudWF 中，每个工作流模块包含一个 MapReduce 程序或者一个传统的程序(没有使用 MapReduce API 的程序)。每个工作流连接件包含从块到块的依赖体，这些依赖体将参与块与块之间的文件复制。DFS 文件系统在不同块之间采用分散的存储文件，并且此操作可以在不同的云节点上执行。由于 HBase 记录了工作流中的组件，每个工作流的数据块依赖关系树将得到保持和强化，因此所有的块和连接器都可以独立工作。

由于工作流的执行是离散的，因此不会为了追踪工作流任务间的依存关系而对每一个工作流实例单独地作执行控制。CloudWF 系统将对工作流进行统一调度，所有工作流中的块和连接器都会在一个给定时间内得到执行。CloudWF 的这种特性使得它在同时处理多个工作流时保持很高的并行性和可扩展性。

在 CloudWF 和 Hadoop 云环境下，使用者可以轻松连接到 MapReduce 或为工作流请求调用通用的 unix 命令行程序，而且使用者几乎无需对代码进行重写就可适用于工作流描述语言。同时，使用者无须考虑块之间的存储细节：使用者可以假设工作流命令描述中用到的文件已经存到本地机器，无须考虑文件位置和访问协议的一致性。

与网格的工作流[16-18]以及近期出现的数据流系统比较，CloudWF 具有易用性、可容错性、高可扩展性。

CloudWF 的特点主要体现在以下几个方面：

(1) 采用一种简单的工作流描述语言原型。工作流模块独立分开,类似于可独立执行的组件。如图 7-8 所示,CloudWF 无须为每一个工作流实例作集中化的执行控制,也无须为每个工作流指明数据流方向,大大提高了其可扩展性。

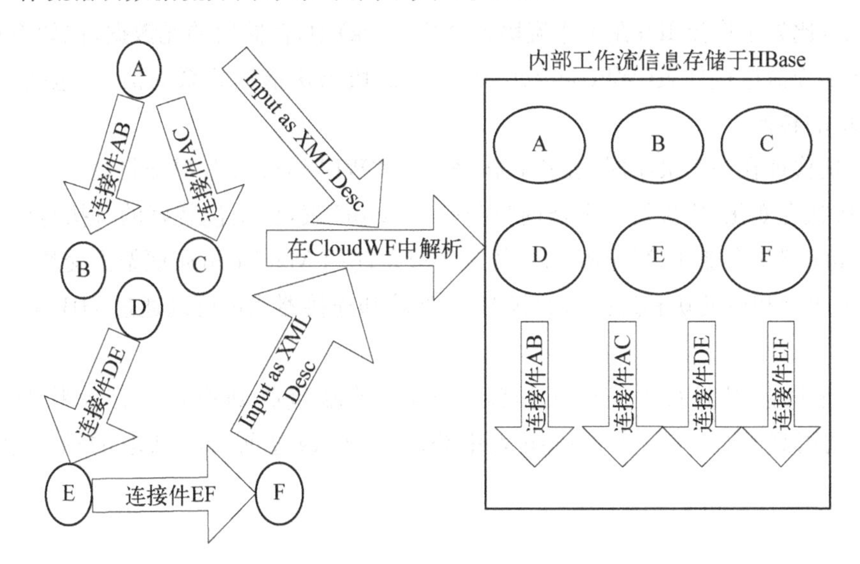

图 7-8 拆分工作流示意图

图 7-8 中,CloudWF 拆分两个工作流的组件集成到独立的模块和连接器中。HBase 中的表隐含着存储组件之间的依赖关系。

(2) 采用一种新的工作流存储方法。CloudWF 使用 HBase 稀疏表存储工作流的内部信息,重构工作流的依赖关系。工作流的有向无环图被编码成稀疏 HBase 表,表中数据不仅适合构造图,而且支持高效的图连接查询。

(3) 采用 DFS 来存储相互连接的块文件。使用 DFS 时,使用者和工作流系统拥有一个全局的文件存储库,并且使用 DFS 存储和转发文件时,可以大大降低在分布式环境下处理文件的复杂性。

(4) 采用 Hadoop 的 MapReduce 框架来进行简单的调度和任务级的容错。

(5) 既可以简单地逐步执行,又可以在几乎不影响工作流组件的情况下处理实时工作流的变化。

7.5.2 CloudWF 的系统设计

CloudWF 将基本功能集成到云中,使用者通过在一个简单的界面中,提交 xml 描述的规范工作流文件或命令来启动工作流,并且监视它们的执行。在启动工作流之前,使用者需要将输入文件和程序放在使用者的 DFS 空间,同时此空间还用于保存工作流的输出文件(注意:DFS 分为两部分,一个是系统空间用来转存工作流块,另一个是使用者空间用来存储工作流输入输出文件)。

当云的前端收到使用者的工作流描述文件后,CloudWF 首先将文件放到独立的工作流组件中,并将组件存储到三个 HBase 表中。其中,在工作流表中,存储工作流的元数据(Metadata),比如工作流 ID;在工作流块表(WFBlock)中,存储块的元数据,比如 ID 号和执行状态;在工作流连接件表(WFconnector)中,存储块与块依赖关系的信息,包括所有从源块到目标块的转换。

然后,块代理在一个最小时间间隔内轮循查询"WFBlock 表",提交封装好的待执行块,以及管理块状态变化;连接器代理查询"WFConnector"表,提交包装好的待执行的连接器,以及管理连接器状态变化;MapReduce 的工作节点使用 MapReduce 框架提交块和连接器,更新对应的表中相应的块和连接器的状态,以便块和连接器代理可以通过 HBase 查询执行结果。

最后,通过监视器获得实时工作流状态,当前端接收到检查工作流状态命令后,CloudWF 调用监视器,从三个 HBase 表中获取信息,通过前端将获取的结果返回给使用者。

7.5.2.1 工作流描述

CloudWF 拥有自身的工作流原型描述语言,此语言可以使使用者通过对已有的 MapReduce 程序和传统的 unix 命令行调用程序中作最小的改变,来简单快速地构建自身的工作流。创建工作流原型描述语言的因素主要体现在以下三个方面:① 目前存在一些轻量级的语言可以直接使用,而无须使用复杂度类似于 Bash 类的脚本语言;② 需要一种专门的语言来处理命令行程序和 MapReduce 程序;③ 当工作流在大规模的 Hadoop 云环境下执行时,需要一个可扩展的描述工作流的语言,减少在处理语言上花费的额外开销。

以下为两个需要嵌入工作流的命令行调用例子,一个是传统 unix 命令行,另一个是 MapReduce 程序:

① legacy unix command line: cat inC1 inC2 >outC

② MapReduce command line:

/HadoopHome/bin/hadoop jar wordcount.jar org.myorg.WordCount

/user/c15zhang/wordcount/input/user/c15zhang/wordcount/output

第一个例子(图 7-9a)是简单的 unix cat 命令,连接两个输入文件。当它执行时,两个输入文件和一个输出文件都存储在云节点的 unix 本地文件系统的工作目录中。而第二个例子(图 7-9b)是 Hadoop 的单词计数程序,包含一个输入文件和一个输出文件(使用 DFS 文件通常通过引用 DFS 文件的绝对路径,因为在 Hadoop 或者 DFS 中没有工作目录的概念)。在第二个例子中,当 Hadoop 真正执行时,wordconut.jar 驻留在云节点的 LFS 中的 unix 工作目录。

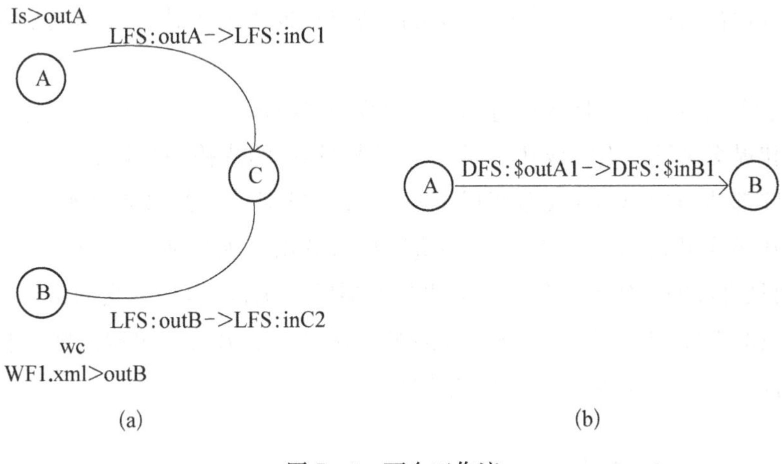

图 7-9 两个工作流

7.5.2.2 工作流存储——HBase 表

CloudWF 使用 HBase 来存储工作流组建信息，主要有三方面的原因：① CloudWF 需要类似于数据库的可靠容器来存储各种类型的工作流元数据，此数据主要用于控制工作流的执行，例如保存工作流执行的中间结果能够容错和再利用；② 设计一系列稀疏表，可以避免使用复杂的关系型数据库和数据库查询语句；③ HBase 与 Hadoop 框架的紧密结合性，使其比其他主流数据库更易于部署。

HBase 中包含三个表：WF 表、WFBlock 表和 WFConnector 表。CloudWF 主要通过上述三个表来存储数据和控制执行。并且，一个工作流模块的依赖关系树隐含地存储在 WFBlock 和 WFConnector 中，可用于快速地找到下个要执行的块。

7.5.2.3 使用 DFS 存储文件

工作流管理的主要问题是文件存储。CloudWF 通过将 DFS 作为文件全局访问仓库，使出现在工作流组件的、命令行中的文件可以存储到任意一台云机器上。

在 CloudWF 中，有两种类型的文件存储。第一种是块之间的文件存储，另一种是用户 DFS 空间和工作流之间的文件存储。DFS 被划分为用户空间和 CloudWF 系统空间，并且云节点上的每个本地文件系统(Local File System，LFS)均被创建 CloudWF 系统区域。当工作流执行时，CloudWF 为每个已经执行的块创建两个工作目录：一个 DFS 工作目录，存储在可以全局访问的系统分区；一个 LFS 工作目录，存储在执行块所在的云节点的 LFS 系统分区。

7.5.2.4 工作流的执行

当块和连接件进入预备执行状态时，CloudWF 开始对块和连接进行执行，如图 7-9a、b 所示。当 WFBlock 表中块 A 和块 B 的状态被设置为“Ready for Execution”时，使用者通过前端对执行进行初始化,并经过轮循查询块代理查找处于准备执行状态的块,提交封装器到云池中。

当块 A 执行完时,起源于 A 的连接器被设置成“Ready for Execution”,然后通过连接器代理选取和提交执行。当完成从 A 到 C 的连接件,C 的依赖关系计数减一。当所有与 C 相关的连接件都执行时,C 的状态变成准备执行。当有一个封装器失败时,它就要按照 MapReduce 框架重新自动执行,默认最多重新执行 6 次。如果所有的重试均失败,不仅此任务失败,而且全部的工作流均失败。如果封装器顺利执行,但是提交的组件执行失败,封装器查出失败的组件,重新启动执行失败的组件命令。如果命令再次失败,封装器将组件状态标记为执行失败,并造成整个工作流失败。

7.5.3　工作流的特性

CloudWF 的设计支持一些高级特性,而且这些特性的原型已经实现。

(1) 虚拟起始块和终结块。CloudWF 为每一个工作流实例创建一个虚拟起始块和终结块,虚拟块不通过连接件与所有的块相连。工作流执行时设置起始块状态为“Ready for Execution”,当工作流完成时,只需删除虚拟终结块。

(2) 工作流模板和嵌套工作流。CloudWF 不仅支持重复利用已经存在的工作流组件,而且将工作流组件当作模板来避免代码重复,同时也支持工作流嵌套。

(3) 指导和运行工作流结构转化。基于块和连接器之间的耦合性,工作流可以逐步在交互中执行。而且,当部分组件处于执行状态时,工作流结构转化可以支持修改未执行的组件。

◇参◇考◇文◇献◇

[1] Christopher Moretti C, Bulosan J, Thain D, et al. All - Pairs: an abstraction for data-intensive cloud computing[C]. IEEE International Symposium on Parallel and Distributed Processing, 2008: 1 - 11.

[2] P Jonathon Phillips, Patrick J Flynn, et al. Overview of the face recognition grand challenge[C]. IEEE Computer Society Conference on Computer Vision and Pattern Recognition, 2005: 947 - 957.

[3] Zhao Y, Dobson J, Moreau L, et al. A notation and system for expressing and executingcleanly typed workflows on messy scientific data[J]. ACM SIGMOD Record, 2005, 34(3): 37 - 43.

[4] Olston C, Reed B, Srivastava U, et al. Pig latin: a not-so-foreign language for data processing[C]. Proceedings of the 2008 ACM SIGMOD International Conference on Management of Data, 2008: 1099 - 1110.

[5] White T. Hadoop: the definitive guide[M]. O'Reilly Media, Inc. , 2012.

[6] Gates A. Programming Pig[M]. O'Reilly Media, Inc. , 2011.

[7] Jim Gray, Surajit Chaudhuri, et al. Data cube: a relational aggregation operator generalizing group-by, cross-tab, and sub totals[J]. Data Mining and Knowledge. Discovery, 1997, 1(1): 29 - 53.

[8] Yin Huai, Rubao Lee, Simon Zhang. DOT: a matrix model for analyzing, optimizing and deploying software for big data analytics in distributed systems[C]. Proceedings of the 2nd ACM Symposium on Cloud Computing, 2011: 4.

[9] Hazewinkel, Michiel. Encyclopedia of mathematics[M]. Springer, 2001.

[10] Karloff H, Suri S, Vassilvitskii S. A model of computation for MapReduce[C]. Proceedings of the Twenty-First Annual ACM - SIAM Symposium on Discrete Algorithms Society for Industrial and Applied Mathematics, 2010: 938 - 948.

[11] Low Y, Gonzalez J, Kyrola A, et al. Graphlab: a new framework for parallel machine learning[C]. The 26th Conference on Uncertainty in Artificial Intelligence, 2010: 340 - 349.

[12] Yucheng Low, et al. Distributed GraphLab: a framework for machine learning and data mining in the cloud[J]. Proceedings of the VLDB Endowment, 2012, 5(8): 716 - 727.

[13] Chen Zhang, Hans De Sterck. CloudWF: a computational workflow system for clouds based on Hadoop[C]. Lecture Notes in Computer Science, 2009: 393 - 404.

[14] Pang J, Cui L, Zheng Y, et al. A workflow-oriented cloud computing framework and programming model for data intensive application[C]. The 15th International Conference on Computer Supported Cooperative Work in Design, 2011: 356 - 36.

[15] Hadoop[EB/OL]. http: //hadoop. apache. org/.

[16] Ludäscher B, Altintas I, Berkley C, et al. Scientific workflow management and the Kepler system [J]. Concurrency and Computation: Practice and Experience, 2006, 18(10): 1039 - 1065.

[17] Majithia S, Shields M, Taylor I, et al. Triana: a graphical web service composition and execution toolkit[C]. IEEE International Conference on Web Services, 2004: 514 - 521.

[18] Oinn T, Greenwood M, Addis M, et al. Taverna: lessons in creating a workflow environment for the life sciences[J]. Concurrency and Computation: Practice and Experience, 2006, 18(10): 1067 - 110.

附录

英文缩略语

缩略语	英 文 全 称	中 文 名 称
BBSRAM	Battery Backed Static Random Access Memory	自带电池静态随机存储器
BSP	Bulk Synchronous Parallel	整体同步并行
ccNUMA	cache-coherent Non-Uniform Memory Access	缓存一致性的非统一内存访问构架
CIFS	Common Internet File System	通用的网络文件系统
CPU	Central Processing Unit	中央处理器
DAG	Directed Acyclic Graph	有向无环图
DBSP	Decomposable Bulk Synchronous Parallel	可分解的整体同步并行
DCIN	Data Center Internetwork	数据中心互联网络
DCN	Data Center Network	数据中心网络
DDDC	Double Device Data Correction	双机数据恢复
DHT	Distributed Hash Table	分布式哈希表
DIC	Data Intensive Computing	数据密集型计算
DOT	Distributed Data Sets, Concurrent Data Processing Operations, Data Transformations	分布式数据集、并发数据处理操作、数据转换
DPPA	Data Parallel Processing Array	数据并行处理器阵列
DPRAM	Dual-Port Random Access Memory	双端口随机存储器
DRDB	Disk Resident Database	磁盘数据库
ECMP	Equal-Cost Multipath Routing	等价多路径
FCP	Fibre Channel Protocol	网状信道协议
FIFO	First Input First Output	先进先出
FRAM	Ferroelectric Random Access Memory	铁电存储器
GFS	Google File System	谷歌文件系统
GPGPU	General Purpose Graphic Process Unit	通用计算图形处理器
GPS	Graph Processing System	图像处理系统
GPU	Graphic Processing Unit	图形处理器
HA	High Available	高可用性
HBSP	Heterogeneous Bulk Synchronous Parallel	异构的整体同步并行
HDFS	Hadoop Distributed File System	Hadoop 分布式文件系统

（续表）

缩略语	英 文 全 称	中 文 名 称
HIP	Host Identifier Protocol	主机识别协议
HMC	Hybrid Memory Cube	混合内存立方
HPC	High Performance Computing	高性能计算
IaaS	Infrastructure as a Service	基础设施即服务
ILCM	Information Life Cycle Management	信息生命周期管理
IPoIB	Internet Protocol over InfiniBand	IB 网络协议
IS－IS	Intermediate System to Intermediate System Routing Protocol	中间系统到中间系统的路由选择协议
JAR	Java Archive	Java 归档文件
JBODS	Just a Bunch of Disks	简单磁盘组
JM	Job Manager	任务管理器
KPNs	Kahn Process Networks	Kahn 处理网络
LAG	Link Aggregation	链路聚合
LALP	Large Adjacency List Partitioning	大邻接表分区
LFS	Local File System	本地文件系统
Lisp	List Processor	列表处理语言
LISP	The Locator/ID Separation Protocol	探测器分离协议
LSST	The Large Synoptic Survey Telescope	大型综合巡天望远镜
LVM	Logical Volume Manager	逻辑卷管理器
MA	Machine Address	机器地址
MAN	Metropolitan Area Network	城域网
MCA	Machine CheckArchitecture	机器校验结构
MigBSP	Migration Model for Bulk-Synchronous Parallel	迁移整体同步并行
MMDB	Main Memory Database	内存数据库
MMU	Memory Manage Unit	内存管理单元
MPI	Message Passing Interface	消息传递接口
MRAM	Magnetic Random Access Memory	磁阻内存
MTJ	Magnetic Tunnel Junction	磁性隧道层
Multi-BSP	Multi-Bulk Synchronous Parallel	多核整体同步并行
NAS	Network Attached Storage	网络附加存储
NBSP	Nested Bulk Synchronous Parallel	嵌套的整体同步并行

（续表）

缩略语	英文全称	中文名称
NDMP	Network Data Management Protocol	网络数据管理协议
NFS	Network File System	网络文件系统
NS	Name Server	命名服务器
NSD	Network Shared Disks	网络共享磁盘
NTFS	NT File System	NT 文件系统
NVM	Non-Volatile Memory	非易失性内存
NVRAM	Non-Volatile Random Access Memory	非易失性静态随机存储器
OSL	Orleans Skeleton Library	Orleans 框架库
OSPF	Open Shortest Path First	开放短路径优先
OTV	Overlay Transport Virtualization	叠加传输虚拟化
PA	Physics Address	物理地址
PaaS	Platform as a Service	平台即服务
PACTs	Parallelization Contracts	一个基于 MapReduce 的并行编程模型
PCM	Phase Change Memory	相变存储器
PD	PDaemon	维护进程
QoS	Quality of Service	服务质量
QPI	QuickPath Interconnect	快速通道互联
RAID	Redundant Array of Independent Disks	磁盘冗余阵列
RAID/DP	Redundant Array of Independent Disks/ Double Parity	双校验磁盘冗余阵列
RDD	Resilient Distributed Datasets	弹性分布式数据集
RRAM	Resistive Random Access Memory	阻变随机存储器
SaaS	Software as a Service	软件即服务
SAN	Storage Area Network	存储区域网络
SARAM	Single Access Random Access Memory	单端口随机存储器
SDDC	Software-Defined Data Centers	软件定义数据中心
SDN	Software-Defined Networking	软件定义网络
SDS	Software-Defined Storage	软件定义存储
SIMD	Single Instruction Multiple Data	单指令多数据流

（续表）

缩略语	英 文 全 称	中 文 名 称
SKA	The Square Kilometer Array	平方千米阵
SLA	Service-Level Agreement	服务水平协议
SMP	Symmetrical Multi-Processing	对称多处理技术
SoC	System on Chip	片上系统
SPB	Shortest Path Bridge	最短路径网桥
SPE	Synergistic Processing Element	协处理器
SPT	Shadow Page Table	影子页表
STP	Spanning Tree Protocol	生成树协议
STTRAM	Spin Transfer Torque Random Access Memory	自旋转移力矩随机存取存储器
TRILL	Transparent Interconnection of Lots of Links	透明多链路互联
TSV	Through Silicon Via	硅穿孔技术
UDF	User-Defined Function	用户自定义函数
VA	Virtual Address	虚拟地址
VLB	Valiant Load Balancing	Valiant 负载平衡
VLIW	Very Long Instruction Word	超长指令字
VM	Virtual Machine	虚拟机
VMM	Virtual Machine Monitor	虚拟监控器